南海高温高压钻完井液技术

李 中 著

科学出版社
北京

内 容 简 介

本书是对南海高温高压钻完井液技术的系统介绍和全面总结，共七章。书中较全面地阐述了南海高温高压钻完井液技术难点和技术要点，并尽力反映国内外高温高压钻完井液近期研究成果和最新技术进展。主要内容有：南海高温高压地质特征、高温高压钻完井液作用机理、南海高温高压钻完井液技术、南海高温高压钻完井储层保护技术、南海高温高压钻完井液防腐技术和南海高温高压钻完井液技术实践。

本书可供从事石油钻井的研究人员和现场工程技术人员阅读，也可作为石油院校相关专业师生的参考用书。

图书在版编目(CIP)数据

南海高温高压钻完井液技术 / 李中著. —北京 :科学出版社, 2016.10
ISBN 978-7-03-047047-8

Ⅰ.①南… Ⅱ.①李… Ⅲ.①南海–海上油气田–海上钻进–钻井液–技术 ②南海–海上油气田–海上钻进–完井液–技术 Ⅳ.①TE254②TE257

中国版本图书馆 CIP 数据核字 (2015) 第 320502 号

责任编辑：张　展　李　娟/责任校对：陈　靖
责任印制：余少力 / 封面设计：墨创文化

科学出版社 出版
北京东黄城根北街16号
邮政编码：100717
http://www.sciencep.com

四川煤田地质制图印刷厂印刷
科学出版社发行　各地新华书店经销
*
2016 年 10 月第 一 版　开本：B5 (720×1000)
2016 年 10 月第一次印刷　印张：18
字数：360 千字
定价：119.00 元
(如有印装质量问题,我社负责调换)

前　言

我国南海孕育着丰富的油气资源，受板块交汇的影响，盆地沉积类型和油气分布复杂，高温高压天然气资源占比大，与墨西哥湾、北海一起被称为世界三大高温高压地区，高温高压区域面积大于 $25000km^2$，预计天然气总资源量超过 5 万亿方。从 20 世纪 80 年代起，SHELL、CHEVRON、BP、ARCO 等国际知名公司便开始在南海进行高温高压领域的勘探，90 年代中海油进入自营勘探阶段。从 2010 年开始，随着地质认识的深入和钻井技术的发展，先后发现了东方 13-1 气田、东方 13-2 气田等一批大中型有商业开发价值的高温高压气田，表明我国海上高温高压领域的勘探获得重大突破。2015 年我们在南海建成了首个高温高压气田，从而实现了高温高压气田从勘探向开发生产的重大跨越。

南海高温高压区域具有独特的地质特征，普遍具有地层压力高、安全作业压力窗口窄、地温梯度高的特点，这些客观因素给高温高压钻完井液技术带来了巨大难题，具体难点如下：①高温高密度下加重材料和处理剂加量增多，钻井液固相含量高，造成钻井液流变性调控困难；②高温高密度下钻井液的抑制封堵难，钻井液的分散和抑制是一对矛盾，在不影响钻井液流变性和高温稳定性的前提下控制分散、加强抑制、强化封堵是一个难题；③高温高密度下钻井液泥饼质量和润滑性控制难，在砂岩段容易形成虚厚泥饼，造成阻卡，给钻井安全带来较高风险；④高温高密度下的储层保护难，当钻开储集层时，井内钻井液有效液柱压力与地层压差大，致使钻井液中的滤液和固相进入地层而损害油气层。因此，钻完井液技术是开发南海高温高压油气田的关键技术之一。

本书共 7 章，分别对南海高温高压地质特征、高温高压钻完井液作用机理、国内外高温高压钻完井液技术现状、南海高温高压钻完井液技术、高温高压钻完井过程中储层保护技术和南海高温高压钻完井液技术实践等方面进行阐述，内容涉及高温高压钻完井液技术的室内研究到现场应用等诸多环节。全书由李中统稿，第 1 章介绍南海高温高压气藏地质特征；第 2 章介绍高温和高压条件下，钻完井液及其外加剂的作用机理；第 3 章介绍高温高压钻完井液的国内外发展现状，重点阐述目前国外最新的抗高温水基和油基钻完井液体系；第 4 章介绍南海钻井液和完井液技术、高温高压条件下的固相控制技术和井漏的预防与处理等；第 5 章介绍高温高压钻完井储层保护技术；第 6 章介绍南海高温高压钻完井液防腐技术；第 7 章介绍南海高温高压钻井液应用案例。

　　本书内容主要来源于中海石油(中国)有限公司湛江分公司近年来在高温高压钻完井液技术方面的研究成果及在现场的应用情况，同时也反映了高温高压钻完井液技术方面的研究进展，以期较全面地反映高温高压钻完井液技术的最新发展状态。

　　另外，黄熠、李炎军、王昌军、吴江等也参与了部分章节相关资料的整理工作，在此一并表示感谢。

　　由于作者水平有限，难免存在不当之处，敬请读者批评指正！

编　者

2015 年 12 月

目　　录

第1章　南海高温高压地质特征及勘探概况

南海油气资源丰富，但普遍存在高温高压，因此被称为全球海上三大高温高压盆地之一。南海高温高压天然气勘探可追溯到 20 世纪 80 年代中期，到现在已有三十多年的勘探和开发历程，先后经历了：自营勘探阶段(1957~1979 年)、自营与对外合作并举阶段(1979 年至今)两个阶段，其中 1979~1984 年以对外合作为主，1985 年至今以自营为主。

南海高温高压领域具有温度高、压力高、地层压力窗口窄、地层高压机理成因复杂的地质特征，本章将重点介绍莺歌海盆地东方 13 区高温高压气田的地质特征。

1.1　南海高温高压地质特征

南海高温高压天然气资源丰富，分布区域广阔，本章重点围绕南海高温高压勘探开发的主战场—莺歌海盆地进行介绍。南海莺歌海盆地处于南海西北部印支地块和华南板块交界部位，其形成主要受欧亚板块超级大陆系统陆-陆碰撞动力学演化过程的控制。

莺歌海盆地整体处于高地热值背景。莺歌海盆地热流值平均 $77.8\pm7.2\mathrm{mW/m^2}$，最高值达 $95\mathrm{mW/m^2}$。地温梯度平均 $4.04℃/100\mathrm{m}$，最高达 $5.56℃/100\mathrm{m}$。除了底辟作用引起的热流体涌向浅层外，南海扩张引起海盆区周边陆壳及过渡壳相继裂解并减薄，莫霍面、居里面变浅也是重要因素。莺歌海盆地东方 13 区高温高压气田是一个在东方 1-1 底辟构造背景下形成的多个砂体纵向重叠、横向连片构造背景下的岩性气藏。主要气层埋深于 2500~3000m，气藏具典型的高温超压特征，现将东方 13 区气田地质特征总结如下。

1.1.1　储层特征

1. 储层沉积相特征

东方 13 区海底扇主要发育中扇和外扇两种亚相。中扇分布面积广、厚度大，又分为主水道、分支水道、天然堤及漫溢沉积微相；外扇以远源低流态浊流沉积为主，水道体系不发育。结合地震资料、岩心相、测井相与粒度等资料综合分析，东方 13 区黄流组一段海底扇沉积微相主要有主水道、分支水道、天然堤及漫溢沉积等。与优质储层相关的沉积微相主要为主水道和分支水道。主水道在地震剖面上表现为低频连续强振幅反射，见"U"型和"V"型下切特征，通常由厚层中-细砂岩、细砂质粉砂岩组成，为较强水动力下的沉积。岩心相常见鲍马序列的 AB、BC 段组合，底部可见冲刷面，中下部以块状层理和递变层理为主，上部发育平行层理。伽马曲线表现为厚层高幅箱形，顶底突变接触。纵向上表现为多套砂体相互叠置，横向上砂体分布稳定且较为连续。

2. 储层岩石学特征

东方 13 区黄流组一段储层以细砂岩、（含泥）细砂质粉砂岩、含细砂泥质粉砂岩、粉砂岩为主，少量泥质粉砂岩。薄片分析结果表明，东方 13-1 海底扇水道砂，长石、岩屑含量较高，绝对含量分别为 2.8%～6.9%、6.9%～10.5%，平均为 4.4%、8.5%，仍以岩屑石英砂岩为主，成分成熟度指数 3.5～5.19，为中等-高成分成熟度，泥质含量微量～4.4%，平均为 1.6%，结构成熟度较高。东方 13-2 海底扇水道砂，长石、岩屑含量更高，绝对含量分别为 6.9%～7.6%、9.5%～14.4%，平均为 7.3%、11.3%，成分成熟度偏低，成分成熟度指数为 2.3～3.5，属中等成分成熟度，泥质含量略高于东方 13-1，为 2.9%～4.1%，平均 3.3%，但仍属高结构成熟度；同是源于西部昆嵩隆起区物源体系的海底扇水道砂，但东方 13-1 成分成熟度高于东方 13-2，相比之下反映出东方 13-2 更靠近物源。

3. 孔隙类型及结构特征

铸体薄片观察，原生粒间孔和各种溶蚀孔构成东方 13 区储层主要孔隙类型。统计表明，原生孔隙为 65%，次生孔隙为 35%。次生孔隙类型以长石粒内溶孔、铸模孔、粒间溶孔、岩屑溶孔为主，溶解强烈处可见伸长状或超大孔。据镜下观察，东方 13 区内铸模孔多为长石溶蚀形成的长石铸模孔。东方 13-2 孔隙类中原生孔占绝对优势，占总孔 72.2%～82%，次生溶蚀孔只占 18.0%～27.8%，次生溶蚀孔不如东方 13-1 发育。东方 13-1 孔隙类中原生孔占总孔的 49%～77.3%，次生溶蚀孔占总孔的 22.7%～51%。

东方 13-1、13-2 主要流通孔喉半径相对较粗，砂岩压汞曲线呈粗歪度，排驱压力低，曲线平台段明显。从孔隙结构参数表中看出，同是西物源的水道砂，但东方 13-2 孔隙结构仍明显优于东方 13-1，孔喉半径大，均值在 0.05～3.49μm（平均 1.54μm），排驱压力分布为 0.08～6MPa，平均 0.48MPa。水道砂总体上为细喉、均匀-较均匀型孔隙结构，表现中孔、中-高渗特征，属非常好-较好储层类型。东方 13-1 平均渗透率 $6.46 \times 10^{-3} \mu m^2$，孔喉半径均值在 $0.05 \sim 1.49 \mu m$（平均 $0.79 \mu m$），孔喉配位数为 $1 \sim 4$，排驱压力分布为 $0.16 \sim 14.48 MPa$（平均 $0.87 MPa$）。总体上为微细喉、均匀型孔隙结构，表现中孔、中-低渗特征，属好-中等储层类型。

4. 储层物性特征

东方 13 区黄流组一段储层为中-低孔、高-特低渗类型，孔渗关系总体上呈正相关，随着孔隙度的增大，渗透率也相应增大。由于陆源碎屑搬运距离、沉积微相、砂岩粒级的差异，本区储层存在较强的非均质性。东方 13-2 主要储层岩心孔隙度为 $6.37\% \sim 21.50\%$，平均 17.30%，渗透率为 $0.05 \times 10^{-3} \sim 345 \times 10^{-3} \mu m^2$，平均 $49.31 \times 10^{-3} \mu m^2$，渗透率主峰在 $20 \times 10^{-3} \mu m^2$ 之上，为中孔、高-中渗特征，属非常好-较好储层类型；东方 13-1 岩心孔隙度为 $10.92\% \sim 21.86\%$，平均 18.33%，渗透率为 $0.2 \times 10^{-3} \sim 23.27 \times 10^{-3} \mu m^2$，平均 $4.84 \times 10^{-3} \mu m^2$，渗透率主峰为 $2.56 \sim 5.12$、$10.24 \times 10^{-3} \sim 20.48 \times 10^{-3} \mu m^2$，为中孔、中-低渗特征，属好-中等储层类型。反映东方 13-2 水道砂孔隙度虽然不如东方 13-1，但由于粒度、孔喉半径相对较粗，东方 13-2 渗透性优于东方 13-1。

5. 储层控制因素

沉积微相控制储层的砂体沉积类型和厚度、粒级以及碎屑成分等，从而影响储层的孔隙度和渗透率。

1）砂体沉积类型控制储层质量

东方 13 区海底扇水道砂单层厚度大多在 10m 以上，最大单层厚度可达 91.2m，沉积微相控制着储层物性特征，海底扇水道砂物性良好，岩心孔隙度平均为 18.05%，渗透率为 $22.55 \times 10^{-3} \mu m^2$，其中东方 13-2 水道砂物性最好，孔隙度为 $6.37\% \sim 21.5\%$，平均 17.2%，渗透率分布为 $0.05 \times 10^{-3} \sim 345 \times 10^{-3} \mu m^2$，平均 $45.73 \times 10^{-3} \mu m^2$，为中孔、高-中渗特征，属非常好-较好储层类型，东方 13-1 水道砂孔渗平均值分别 18.69%、$5.1 \times 10^{-3} \mu m^2$，为中孔、中-低渗特征，属好-中等储层类型；水道间、海底扇天然堤砂体物性最差，平均孔隙度分别为 11.61%、11.88%，渗透率分别为 0.2×10^{-3}、$0.08 \times 10^{-3} \mu m^2$，为低孔、特低渗差储层或非储层。

2）砂岩粒级对储层质量有明显的控制作用

东方 13 区不同粒级砂岩物性统计表明，粒级越粗，物性越好，孔渗相关性也越高。细砂岩物性最好，平均岩心孔隙度、渗透率分别为 17.7%、$21.59 \times 10^{-3} \mu m^2$；极细砂岩次之，平均孔隙度、渗透率分别为 17.8%、$3.6 \times 10^{-3} \mu m^2$；粉砂岩最差，平均孔隙度为 15.5%，渗透率仅为 $1.76 \times 10^{-3} \mu m^2$。

渗透率与孔喉半径、粒度中值呈正相关，孔喉半径、粒度中值越大，渗透率越高。东方13-2砂岩喉道以细喉为主，其孔喉半径均值为 $0.05\sim3.49\mu m$，平均 $1.54\mu m$，大于东方13-1($0.05\sim1.49\mu m$，平均 $0.79\mu m$)；东方13-2的砂岩粒度中值为 $95\sim200\mu m$，平均 $140\mu m$，以细砂岩为主；东方13-1粒度中值分布为 $40\sim200\mu m$，平均 $95\mu m$，以极细砂岩为主。东方13-2孔喉半径大、粒度中值大是其渗透率优于东方13-1的原因之一。中深层储层在成岩过程中粒级对孔隙演化也有影响。首先是粗粒级砂岩抗压性高，孔隙随埋深增大，衰减速度慢于细粒级砂岩；其次是细粒级的砂岩喉道小，原始渗透率相对较差，成岩过程中流体排出不畅，各种离子如 Ca^{2+}、Mg^{2+}、Fe^{2+}、Si^{4+} 等相对聚集，易形成碳酸盐或石英胶结物以及自生黏土，缩小孔喉半径，降低储层物性；而粒级偏粗的砂岩孔喉粗，渗透性好，成岩流体流动性好，且可把溶解的物质带走，致使胶结作用不易进行，从而保存较高的孔渗性。粒级对中深层储层质量的控制作用在测试中得以证实。

3)砂岩碎屑组分对储层质量有明显的控制作用

黄流组一段储层物性明显受碎屑组分所控制，石英含量越低、长石岩屑含量越高，面孔率越高。显示源于西物源东方13-1、东方13-2水道砂岩的长石、岩屑含量相对较高，东方13-1三端元含量平均值分别为 6.1%、11.5%，视面孔率平均值高达 17.3%；东方13-2三端元含量平均值分别为 9.5%、14.8%，视面孔率平均值高达 15.2%。孔隙类型统计也表明，长石、岩屑溶蚀孔隙是东方13-1、13-2气田主要次生孔隙类型。这是岩石在深埋过程中，石英组分稳定，不易被酸性流体溶蚀，而长石、岩屑等不稳定组分，容易发生溶解，出现长石粒内溶孔、岩屑粒内溶孔、铸模孔。当前长石、岩屑含量虽然不能代表沉积时期的含量，但可以肯定现今稳定组分石英含量少，沉积时不稳定的长石、岩屑组分含量就相对较高，长石、岩屑遭受溶蚀，可使储层孔隙相对发育，这也是西物源海底扇水道具备较高储层物性的原因之一。

4)高温热流体和强超压是黄流组一段砂岩保留较好储层物性的重要成岩因素

强超压环境可有效保护孔隙，增加溶解作用的时间和强度，增加砂岩储层孔隙度。强超压保护大量原生孔隙：Jon Gluyas 的研究表明，地层在异常压力梯度下，孔隙流体压力高于静水压力，超压支撑了部分埋藏负载，并由此减少了压实作用的影响，异常高孔隙可以被保存下来。他的理论推导表明，1MPa的超压可以减小80m的有效埋深。

莺歌海盆地中央底辟带内普遍发育了异常高压。底辟带东方区大约在2500m开始出现强超压，按浅层的压实曲线外推，其孔隙度将减少至10%以下，但实际资料显示该层段的孔隙度高于正常压实值，岩心孔隙度高达20%。受超压保护，孔隙演化减缓，保留大量原生孔隙，以致黄流组一段储层在现今埋深(2600~3500m)条件下仍保留以原生孔隙为主孔隙类型，其中东方13-2水道砂最高可保留82%原生孔隙。

高温热流体活动增强溶蚀作用，扩大了储层孔隙空间。东方区是底辟活动较为强烈的地区之一，该区黄流组砂岩储层中流体包裹体均一，温度普遍为 120～170℃，最高可达到 200℃之上，由均一温度计算的平均古地温梯度为 6.04℃/100m，明显高于现今地温梯度（4.42℃/100m），天然气中普遍含有 CO_2 气体，部分钻井 CO_2 含量可达 89%，这表明东方区在地质时期曾有过大规模的富含 CO_2 热流体活动。受高温热流体的影响，提前释放的黏土矿物层间水、有机酸酸性水以及富含 CO_2 的高温热流体一同进入储层后，溶蚀砂岩中铝硅酸盐矿物、碳酸盐胶结物以及生物壳体，储层普遍出现长石溶孔、铸模孔、岩屑溶孔、胶结物溶孔以及生物溶孔等次生孔隙。在富含 CO_2 的储层，溶解作用更为强烈，东方 13-1 黄流一段气层普遍含 CO_2，如 DF13-1-6 井区天然气 CO_2 含量高达 73.4%，其溶蚀孔可达 11.1%，低含量 CO_2 的井区溶蚀孔仅为 6.1%～9.4%。东方 13-2 气层天然气组分 CO_2 含量低，为 1.5%～4.9%，溶蚀作用不发育，溶蚀孔为 2.4%～5.9%，平均 3.8%。前人研究认为富含 CO_2 热流体可使砂岩产生 4%～5% 的溶蚀孔，证实了高温热流体活动引起的溶蚀作用对黄流组一段次生孔隙发育带有重大贡献，而在没有超压和流体活动的莺东斜坡带，溶蚀作用相对较弱，次生孔隙也不太发育。

1.1.2　圈闭特征

东方 13 区气田的圈闭为西物源大型海底扇水道砂岩性圈闭群。黄流组一段低位体系域（LST）三个准层序组发育时期，主要接受东侧海南物源和西侧越南物源的供给。西部越南物源的低位三角洲在构造坡折带控制下继续向东搬运、沉积，从而在东方区形成多期叠置、纵横广布的海底扇砂体，其周围被浅海相泥岩所包裹，因而容易形成远端超覆上倾尖灭侧封岩性圈闭，这一类型的圈闭在东方 13-2 区和东方 13-1 区最为明显。东方 13-2 位于东方 13-1 构造西南方向，为西物源大型海底扇砂体在低位时期的不同阶段，时间空间上不断迁移而形成的不同朵叶体，在东方 13-2 区，这套砂体向东部超覆于浅海相泥岩之上，由于东方 1-1 底辟构造抬升隆起较晚（进入上新世以后），所以在现今剖面形态上表现为似上超状超覆于构造的西翼，其他方向的超覆边界也十分清楚，从而形成远端超覆上倾尖灭侧封的岩性圈闭。

1.1.3　气水系统特征

东方 13-1 和东方 13-2 气田均为由岩性控制的层状边水气藏，虽然形成的成藏动力学过程相似，但在气水系统上存在明显的差异。

东方 13-1 气藏由黄流组一段Ⅰ气组和Ⅱ气组的多个不同的独立成藏单元组

成，由于砂体的分块性，所以气藏具有不同的气水界面，各气藏天然气组分也不尽相同。东方 13-1 已钻井揭示气水界面为−2840～−2954m 深度，其中低部位的 14 井Ⅰ气组气水界面在−2954m，DF13-1-4 井Ⅱ气组气水界面−2881.3m，DF13-1-6 井该气组气水界面−2844.7m，这三口井的气水界面随着构造部位的变高而逐渐增高。分析原因在于东方 13-1 区砂体大多被后期泥质水道切割，把整个砂体分成若干不连续单元，因此形成同一气组，多个气水系统分布的格局。

东方 13-2 气田从平面和纵向上分为Ⅰ气组和Ⅱ气组两套主力含气层系和 H1Ⅰa、H1Ⅰb、H1Ⅱb、H1Ⅱc 等多个气水系统。其中 H1Ⅰb 气藏（4 井区）、H1Ⅱa、H1Ⅱc 气藏（1 井区）为独立的系统，H1Ⅰa、H1Ⅱb 为整装大气藏，3 井和 6 井在 H1Ⅱb 气藏较低部位已钻遇气水界面，深度相近，H1Ⅰa 气藏目前各井均未钻遇气水界面，推测与 H1Ⅱb 气水界面相近。由于东方 13-2 更接近物源，储层更发育，砂多泥少，砂体整装连片，故而形成整装成藏分布的局面。根据测压数据分析，东方 13-2 气田 1 井与 2 井的Ⅰ气组、Ⅱb 气组以及 3 井的Ⅱb 气组均位于同一压力梯度线上，它们的压力系数相当，压力的差异来源于各井钻探深度的不同，说明了它们可能为一个含气系统。

1.1.4 天然气特征及来源

从平面分布特征来看，含量大于 50% 的高含 CO_2 的天然气主要分布于靠近东方 1-1 底辟体附近，而远离底辟的东方 13-2 区 CO_2 含量很低，仅为 2%～4%。在底辟核部，断层发育且泥底辟活动强烈，CO_2 分布更为复杂。勘探实践表明，底辟发育演化是控制东方 13 区中深层 CO_2 分布的主导因素。由于泥底辟构造的发育过程中伴随着断裂或大量微裂隙的生成，为天然气及其他流体运聚成藏提供了重要的运移通道，是深部气源及其流体向浅层垂向运聚的快速途径。另外，由于 CO_2 在水中的溶解度远大于烃类气体，尽管高温高压仓内的温压条件有利于 CO_2 和烃类的生成，但更多 CO_2 将溶于水中。当高压仓开启时压力的骤然降低会使 CO_2 从水中逸出。因此泥底辟活动有利于 CO_2 大量出溶，并形成垂向运移。由此看来，距离中央泥底辟带的远近将直接影响到 CO_2 富集程度。

东方 13-1、13-2 强超压气藏的形成揭示了莺歌海盆地中央底辟构造及围区中深层超压领域天然气成藏的新模式，东方 13 区强超压大气田具有"流体超压驱动、底辟裂缝输导、重力流扇体储集、高压泥岩封盖、天然气幕式脱溶成藏"这一独具特色的天然气成藏模式。这一模式的建立对于指导莺歌海盆地东方区中深层勘探和推进乐东区中深层勘探都具有十分重要的理论和借鉴意义。

1.2　南海高温高压勘探概况

一百多年前，在我国海南岛西南海岸的莺歌海村附近浅海区便发现了大量的油气苗。自 20 世纪以来，我国在莺歌海盆地投入了大量的勘探工作。在莺歌海盆地的油气勘探大致可分为两个大的阶段，即自营勘探阶段、自营与对外合作并举阶段。

1.2.1　自营勘探阶段（1957～1979 年）

20 世纪 50 年代末 60 年代初，原石油工业部利用渔船对海南岛西部和西南部沿岸浅海水域进行油气苗调查，发现油气苗 39 处，落实 15 处，并作了浅海地震，钻浅井 8 口，捞获原油 150kg。后来由于国际形势的影响，我国莺歌海盆地海上油气勘探工作被迫停止。1974～1979 年，从国外引进数字地震船和钻井平台，采集了 11116.2km 地震，9839.2km 航磁作业，钻探了莺 1 井、莺 2 井、莺 6 井。莺 1 井与莺 2 井钻获油气层，首次证实在盆地拗陷内存在油气资源。

1.2.2　自营与对外合作并举阶段（1979 年至今）

1979 年以后，莺歌海盆地的勘探进入自营与对外合作并举阶段。根据中外双方的投入工作量，将该阶段划分为两个次一级勘探阶段：对外合作为主阶段（1979～1984 年）、自营为主阶段（1985 年至今）。

1.　对外合作为主阶段（1979～1984 年）

1982 年 9 月，中国海洋石油总公司与美国阿科中国有限公司（ARCO CHINA INC）、美国圣太菲矿业（亚洲）有限公司［SANTA FE MINERALS (ASIA). INC］在北京签定中国南海莺歌海盆地部分海域合作进行石油和天然气勘探开发和生产的合同（含莺歌海盆地与琼东南盆地）。

然而，以阿莫科为首的 27 家外国石油公司通过资源评价，对莺歌海盆地的勘探前景持悲观态度，认为该盆地存在缺乏烃源、储层等诸多问题，并未钻井。

位于紧邻琼东南盆地的狭小区域内以阿科公司为作业者的合作井 LD30-1-1A、LT35-1-1 井均未发现油气层。至此，莺歌海盆地的油气勘探陷入困境，在第一、二轮石油招标时，外国石油公司无一竞投。

2. 自营为主阶段(1985 年至今)

在对外合作过程中，南海西部石油公司的地质家们并未停止对莺歌海盆地的研究。1984 年 4 月，胡代圣等完成"莺歌海盆地石油地质基本特征"的研究，1987 年张启明等发表论文"一个独特的含油气盆地——莺歌海盆地"，指出莺歌海盆地是一个新生代走滑拉张盆地，有巨厚的第四系和新近系沉积，沉积速率快，地温梯度高，底辟活动为油气运移提供通道，具有很好的含油气远景。随后，地质家们陆续发表多篇论文论证莺歌海盆地的勘探前景。

1988 年年底，南海西部石油公司研究院成立莺歌海组，收集整理前人有关莺歌海盆地及其围区的研究成果，开展大规模的自营勘探研究。

1989 年 10 月开始至 1996 年，南海西部石油公司对莺歌海盆地的莺东斜坡、中央拗陷开展大规模的二维地震采集，包括常规地震采集和高分辨率地震采集。相继发现了东方 1-1、乐东 15-1 等一批底辟背斜构造及岭头 34-1、岭头 9-1 等地层岩性圈闭。

1991 年年底，在中央拗陷底辟构造带的东方 1-1 底辟背斜构造上首钻DF1-1-1 井。由于当时对地层高压估计不足，该井钻入黄流组顶部遇高压，发生钻井事故，经两次侧钻，对高压造成的复杂井况无法处理，在黄流组顶部提前完钻。该井在黄流组顶部及莺歌海组二段发现气层。

1)浅层勘探

随着浅层各个底辟背斜的相继钻探，先后在中央拗陷探明了数个大中型浅层气田。其中，东方 1-1 浅层气田天然气探明地质储量超过千亿立方米，为南海北部大陆架首个超千亿方气田。同时，发现了乐东 8-1、乐东 20-1、乐东 21-1 等相同成藏类型的浅层底辟背斜含气构造，获得了可观的天然气地质储量。

在重点勘探底辟带浅层的同时，在莺东斜坡带先后钻探了岭头 34-1、海口 30-3、岭头 1-1、海口 29-1、岭头 26-2 等圈闭，突破了莺东斜坡带的出气关。但由于成藏条件复杂，或因储层物性，或因气层高含 CO_2，均未有商业性发现。

与此同时，在地震资料采集、地质研究方面也开展了小规模的对外合作。1990 年与 BP 公司签订 50/20 区块联合研究协议，BP 公司于 1991 年采集了801.6km 常规二维地震。经过两年的研究，BP 公司认为勘探风险大而放弃合作。1995 年，雪佛龙公司在 50/20 区块采集了 1028.4km 二维地震，其合作亦无果而终。1995 年 4 月，美国阿科中国有限公司与中国海洋石油总公司在湛江签订莺歌海 62/01 区块联合研究协议。该协议于 2001 年终止，协议期间采集了 132km多波地震，未实施钻探。

在业已发现的浅层底辟背斜构造全部钻探后，底辟带浅层的勘探潜力已然有限，莺歌海盆地的勘探向何处去？一批有远见、有胆识的地质家重新将目光聚焦到了高温高压底辟带的中深层。

2）转战中深层

1997 年，南海西部研究院组织精兵强将成立东方 1-1 构造中深层井位研究组，在各方的共同努力下，完成了对该构造黄流组的评价，首次提出东方 1-1 构造周缘黄流组一段发育西物源（即越南蓝江等）低位域三角洲储层的观点，并针对该三角洲前缘砂岩目的层设计 DF1-1-11 井。

然而莺歌海盆地中深层存在高温高压场，中央底辟带地温梯度平均达 4.30℃/100m，最高可达 4.62℃/100m，大地热流值最高达 92.5mW/m²，地层压力系数超过 1.8。国内外的一些专家学者认为，在此条件下的圈闭不可能形成游离气藏，只能形成水溶气藏。高温高压能否成藏成为一个关键性突破难题摆在研究者面前。实践出真知，经过再三斟酌，当时的总公司领导还是毅然决定进行钻探。

DF1-1-11 井于 1999 年 8 月开钻，2000 年 1 月测试结束弃井。该井 DST 测试 4 层。其中 DST1、DST1A、DST2 三个测试层段，由于固井和测试工艺等工程方面的原因，致使测试不成功，这三个测试层是否为气层尚存争议，但测试气样分析，烃类气含量均超过 80%；DST3 测试层由于储层物性等原因日产天然气仅 10 万 m³，产能较低。DF1-1-11 井钻后，中海油内外掀起了新一轮高温高压环境下能否形成游离气藏及对中深层 CO_2 含量风险问题的讨论。与此同时，南海西部研究院以及中海油研究中心坚持继续中深层的研究。

DF1-1-12 井于 2009 年 6 月得以钻探。在黄流组一段目的层发现了高含烃气层。与邻井对比，该井储层物性较差，预测产能不高，未进行 DST 测试。尽管 DF1-1-12 井获得了一定的储量，但难有好的开发价值。DF1-1-12 井钻探结果进一步证实了莺歌海盆地高温高压可以形成游离气藏，且天然气组分并非具有很大的风险。储层风险是莺歌海盆地中深层天然气勘探的主要风险却再一次被验证。

DF1-1-12 与 DF1-1-11 井分别钻探了东方 1-1 构造区的东西物源储层，均未发现好储层，这给莺歌海盆地的勘探蒙上了浓厚的阴影。中深层的勘探向何处去是急需研究人员回答的深刻而紧迫的问题。

3）绝境重生

经过认真梳理多年来的研究成果，莺歌海项目组研究人员提出，在评价 DF1-1-12 井发现黄流组气层的同时，加强东方 1-1 构造西翼以盆地西物源储层为目的层的岩性圈闭成藏条件与井位研究工作。2010 年 9 月钻探 DF1-1-14 井，从此，以盆地西物源黄流组一段低位三角洲（钻后修改为海底扇）为主要目的层的岩性圈闭勘探拉开了序幕。最终实现了莺歌海盆地中深层高温高压领域天然气勘探的真正突破！

第2章　高温高压钻完井液作用机理

高温对钻井液的影响十分复杂，一般认为这是高温引起钻井液组分变化和影响各组分间的化学及物理化学作用的结果。在高温条件下，钻井液处理剂会发生高温降解、高温交联、高温解吸附、高温去水化等高温破坏作用，从而使钻井液性能发生变化，并且不易调整和控制，严重时将导致钻井作业无法正常进行。同时为了平衡高的地层压力，钻井液必须具有很高的密度，而这种情况下，发生压差卡钻及井漏、井喷等井下复杂情况的可能性会大大增加。因此，有必要对高温高压钻完井液作用机理进行研究与探讨。

2.1　高温对水基钻井液影响机理

2.1.1　高温对钻井液中黏土粒子的影响

在深井高温状态下，造浆材料的性质、用量对体系稳定性的影响更大。常规井由于其温度很少能达到200℃，因此常规的水基抗高温化学助剂完全可以使硅酸盐类的造浆材料形成性能稳定的流体。对于蒙皂石族黏土矿物，在自然状态下当温度达到100℃时，吸附水开始脱附，200℃时基本完全脱附。如果黏土颗粒吸附有强水化基团(以抗高温处理剂处理后)，可以保证温度高于200℃时水分子不发生脱附，即体系的稳定性不会被破坏。然而，当温度超过500℃时，黏土矿物的结晶水亦开始丢失，这意味着黏土矿物正在发生类似于压实成岩的作用，这一过程是不可逆的。由于黏土矿物的物质结构特点所致，当温度超过某一限度(如高岭石为550～600℃、伊利石为500～650℃、蒙脱石为600～700℃)时，其微观结构彻底改变，而成为另外一种矿物质。就微观结构而言，海泡石族黏土矿物与水分子的结合力更强。

1. 钻井液中黏土粒子的高温分散作用

钻井液中的黏土粒子在高温作用下，自动分散的现象称为黏土粒子的高温分散作用。实践发现,水基膨润土悬浮体经高温后膨润土粒子分散度增加,比表面增大,粒子浓度增多。表观黏度和切力(静、动切力)亦随着变大。同时实验还发现黏土粒子的高温分散能力与其水化分散能力相对应,即钠膨润土>钙膨润土>高岭土>海泡石。而任何黏土在油中的悬浮体都未见到高温分散现象。因此可以认为,钻井液中黏土的高温分散本质上仍然是水化分散,高温只不过激化了这种作用而已。

1)高温促进黏土水化分散的原因

高温加剧了钻井液中各种粒子的热运动,可能导致以下结果:

(1)高温增强了分子渗入未分散的黏土粒子晶层表面的能力,从而促使原来未被水化的晶层表面水化和膨胀。

(2)随着水分子渗入晶层内表面,CO_3^{2-}、OH^- 和 Na^+ 等有利于黏土表面水化的离子随之进入,增强原来被水化表面的水化能力,促进了进一步的水化分散。因此,随着高温分散的发生,钻井液中 CO_3^{2-}、OH^- 含量及钻井液 pH 都下降。

(3)高温不影响黏土的晶格取代,但却促进了八面体中 Al^{3+} 的离解(pH 愈高,促进离解作用愈大),使黏土所带负电荷增加,同时补偿了因高温而解吸的离子,促进黏土粒子 ζ 电位的增加,从而有利于渗透水化分散。

(4)高温使黏土矿物晶格中片状微粒热运动加剧,从而增强了水化膨胀后的片状粒子彼此分离的力。

2)影响高温分散的因素

由于高温分散的实质是水化分散,所以凡有利于黏土水化分散的因素都有利于高温分散。

(1)黏土的种类。在常温下越容易水化的黏土,高温分散作用也越强;

(2)温度及作用时间。显然,温度越高,作用时间越长,高温分散也就越显著。

(3)pH。由于 OH^- 的存在有利于黏土的水化,因此高温分散作用随 pH 升高而增强。

(4)一些高价无机阳离子,如 Ca^{2+}、Mg^{2+}、Al^{3+}、Cr^{3+} 和 Fe^{3+} 等的存在不利于黏土水化,因而它们对黏土高温分散具有抑制作用。

(5)钻井液处理剂的吸附包被作用(即护胶能力)。中高分子量的有机处理剂分子通过吸附基团在黏土颗粒表面吸附,从而在黏土颗粒表面形成吸附膜,该层吸附膜具有一定的强度,能够阻止自由水的渗透和颗粒的分散作用,对黏土颗粒的高温分散具有一定的抑制作用,该作用的强弱取决于处理剂分子在高温条件下在颗粒表面的吸附能力和高温稳定性。

高温分散作用使钻井液中黏土粒子浓度增加。因此,对钻井液在高温下的性能和热稳定性有很大的影响,尤其是对钻井液的流变性影响最大,且这种影响是不可逆的和不可恢复的。

2. 钻井液中黏土粒子的高温聚结作用

高温加剧水分子的热运动，从而降低了水分子在黏土表面或离子极性基团周围定向的趋势，即减弱了它们的水化能力，减薄了它们的外层水化膜。高温降低水化粒子及水化基团的水化能力，减薄其水化膜的作用称为高温去水化作用。同时，温度升高一般可促进处理剂在黏土表面的解吸附，这种作用可称为处理剂在黏土表面的高温解吸，高温也引起黏土胶粒碰撞频率增加。以上三种因素的综合结果使黏土粒子的聚结稳定性下降，从而产生不同程度的聚结现象。根据经典胶体化学理论，高温的这种作用一般只引起体系聚结稳定性的局部降低。虽然对钻井液性能有严重影响，但一般还未达到使体系凝结或絮凝的程度，只达到所谓隐匿凝结阶段，这种现象被称为钻井液中黏土粒子的高温聚结作用。影响此种作用的因素有黏土表面的水化能力、温度高低、钻井液中的电解质浓度和种类、处理剂品种和用量、黏土粒子的分散度和浓度等。

由于高温去水化和解吸作用随温度可逆变化，故钻井液中黏土粒子的高温聚结作用和由它引起的钻井液性能的变化也可能随温度而可逆变化。高温聚结作用是指已经高度分散的粒子由高温作用降低分散度的趋势，它与黏土粒子的高温分散作用是相反而并存的。显然高温聚结对钻井液性能的影响是复杂的，它有随温度可逆的一面，也有不随温度可逆的一面，而且它与钻井液中黏土粒子的高温分散作用同时发生，再加上土量的影响，使它们对钻井液性能的综合影响更为复杂。

影响高温聚结的因素主要是 pH、高价阳离子、处理剂的解吸附作用和去水化作用等。pH 降低、高价阳离子浓度增加往往促进黏土的高温聚结作用，而处理剂护胶能力减弱既能促进黏土的高温分散作用，也能促进黏土的高温聚结作用，究竟哪种因素起作用，主要取决于处理剂的种类和黏土在不同温度下的水化分散特性。

3. 钻井液中黏土粒子的高温表面钝化

实验发现，黏土悬浮体经高温（一般高于 130℃）作用后，黏土粒子表面活性降低，我们称这种现象为黏土粒子表面高温钝化，人们可从经高温作用后的黏土粒子单位表面的吸附量下降的结果得到证实。一般认为，高温下黏土晶格里 Si、Al、O 和钻井液中的 Ca^{2+}、OH^-、Fe^{2+}、Al^{3+} 等发生类似水泥硬化的反应，生成了类似硬硅酸钙或铁铝硅酸钙那样的物质，改变了晶格表面的结构和带电状况，从而降低了表面的剩余力场和表面活性，也降低了表面的水化能力。也有人认为，高温增强了钻井液中类似黏土－石灰的反应，生成了一种类似玻特兰水泥的组分——雪硅钙石，可以设想这种反应多发生在黏土粒子的端面，因而降低了形成网架结构的能力和所形成结构本身的强度。

影响表面钝化的因素首先是温度，此种作用在低温下也能进行，但温度愈高，钝化反应愈厉害。文献记载，130℃以上钝化反应即可明显发生，钻井液中的 Ca^{2+}、OH^-、Fe^{2+}、Al^{3+} 的含量愈大愈有利于钝化反应，而以 Ca^{2+} 和 OH^- 影响最大。钝化反应的结果必然使钻井液 pH 下降。因此，石灰钻井液中的黏土粒子容易发生高温钝化作用。这是不随温度而可逆的永久性变化，主要影响钻井液的热稳定性。

2.1.2　高温对钻井液中处理剂的影响

钻井液中的处理剂包括无机处理剂和有机处理剂两种，高温对无机处理剂的作用主要是加剧了无机离子的热运动从而增强了其"穿透"能力，故着重讨论高温对有机处理剂的影响。

1. 高温降解作用

1) 处理剂的高温降解机理

有机高分子化合物因高温而产生分子链断裂的过程称为高温降解。降解反应为

$$R\cdots\overset{\overset{\displaystyle R_1}{|}}{C}-\overset{\overset{\displaystyle R_2}{|}}{C}\cdots R' + O_2 + H_2O \xrightarrow{\text{高温}} R\cdots\overset{\overset{\displaystyle R_1}{|}}{C}-OH + HO-\overset{\overset{\displaystyle R_2}{|}}{C}\cdots R'$$

对于钻井液处理剂，高温降解包括高分子主链断裂、亲水基团与主链联结链的断裂两个方面。前者使处理剂相对分子质量降低，部分或全部失去高分子性质，导致部分或全部失效，后者降低处理剂亲水性，使处理剂抗盐、抗钙能力和效能降低，以致丧失其作用。任何高分子化合物都要发生高温降解，只是随其结构和环境条件不同，发生明显降解的温度不同而已。因此，高温降解是抗高温钻井液必须考虑的另一重大问题。高温降解与介质关系很大，所以通常讨论的是它在水溶液中的降解问题。

影响高温降解的主要因素有三个：

(1) 处理剂分子结构。由处理剂分子的各种键在水溶液中高温热稳定性所决定。

(2) 温度及作用时间。各种高分子在不同的条件下，发生明显降解的温度彼此不同，用常用处理剂在其溶液中发生明显降解的温度来表示该处理剂的抗温能力。

(3) 溶液 pH 及矿化条件。一般而言，高 pH 促进降解的发生。降解是一种逐渐进行的过程，所以它与受高温作用时间关系很大，必须认真考虑这一因素。降解还与其他一些因素如细菌、含氧量、搅拌剪切程度等有关。

2)处理剂的抗温能力

国内外目前对此概念尚无统一而严格的定义，可能包含以下不同的含义：处理剂本身的热稳定性；处理剂处理的钻井液在使用温度下的热稳定性，即处理剂处理的钻井液在多高的温度下仍能保持良好性能；处理剂处理的钻井液适用的井底最高温度等。显然，它们是紧密相关但又并不相同的概念。几种常见处理剂的抗温能力见表 2-1。

表 2-1 各种常用处理剂的抗温能力

种类	降解温度/℃
腐殖酸及其衍生物	200～230
聚丙烯酰胺类	230 以上
铁铬盐及其衍生物	130～180
纤维素及其衍生物	140～160
栲胶及其改性产品	180 以上
磺甲基酚醛树脂	200～220
淀粉及其衍生物	115～130

3)高温降解对钻井液性能的影响

处理剂的高温降解主要对钻井液的热稳定性产生影响，当然也涉及高温下的性能。其影响共有两个方面：

(1)处理剂失效，钻井液体系性能破坏。如降黏剂降解可导致钻井液增稠；增稠剂降解导致钻井液减稠；降滤失剂降解导致钻井液滤失量骤升、泥饼增厚等。

(2)处理剂降解产生的副产物，如 H_2S、CO_2 等破坏钻井液性能并使钻井液 pH 下降。

所以高温降解对钻井液体系的影响是全面的，涉及钻井液大多数性能，且常常是破坏性的。因此，它是在抗高温钻井液设计和使用中必须加以考虑的关键问题。实践证明，现在行之有效的办法是使用抗氧剂，如酚及其衍生物、苯胺及其衍生物、亚硫酸盐、硫化物等。另一方面，也可巧妙地应用高温降解以帮助我们更好地调整和维护钻井液性能，这在国内外都有成功的经验。

2. 处理剂的高温交联作用

1)高温交联机理

处理剂分子中存在着各种不饱和的键和活性基团，在高温作用下，可促使分子之间发生各种反应、互相联结，从而增大相对分子质量，这种作用叫高温交联。显然，可以把它看作是与处理剂高温降解相反的作用。一般的有机高分子处理剂都能发生高温交联，而高温交联可能产生两个结果：

(1)高分子交联过度，形成三维空间网状结构成为体型高聚物，处理剂失去水溶性，整个体系成为冻胶，处理剂完全失效。

(2)处理剂交联适当，增大相对分子质量，抵消了降解的破坏作用，从而保持以至增大处理剂的效能。另一方面，两种处理剂的适当交联可使它们的亲水能力和吸附能力互为补充，其结果相当于处理剂进一步改性增效。

2)高温交联对钻井液性能的影响

处理剂高温交联有利弊两个方面：

(1)若交联过度，处理剂完全失效，钻井液完全破坏，滤失量骤增，钻井液胶凝，从钻井液中可以明显见到不溶于水的体型高聚物。

(2)若交联适当，则大大有利于钻井液性能，使钻井液在高温作用下，性能愈来愈好，其结果必然是现场使用效果优于室内实验且越用越好；室内实验中受高温作用后性能优于高温作用前。在一定温度范围内，井越深，温度越高，效果越好。由于高温交联实际上可以抵消高温降解作用，所以可以用加入有机交联剂的方法有效地防止处理剂的高温降解作用。但由于高温交联及其影响因素至今研究很少，对于如何控制至今还没有一个较为成熟的方法。对于高温交联作用的认识和有关概念的建立，至少给我们提供了利用高温交联反应以改善深井钻井液体系的可能，从而能把高温对深井钻井液性能的破坏转化为利用高温改善钻井液体系，这样就为深井钻井液技术研究开辟了新的途径。

2.1.3　高温对黏土和处理剂的综合影响

1. 处理剂在黏土表面的高温解吸作用

温度升高，处理剂在黏土表面的吸附平衡向解吸方向移动，吸附量降低，且此种变化是可逆的。处理剂这种高温下的解吸作用必然大大影响高温下的性能和热稳定性。由于处理剂高温下大量解吸，大大加剧了黏土粒子的高温聚结作用，从而使钻井液滤失量猛增，流变性变坏。虽然这种变化为可逆的，但是由于黏土大量或全部失去处理剂的保护而使黏土的高温分散、聚结、钝化等作用无阻碍地发生，从而严重地影响钻井液热稳定性。因此，保证处理剂在高温下的吸附能力是深井钻井液技术研究又一必须考虑的重要问题，它主要由处理剂吸附基团的特性和数量决定的。

2. 处理剂的高温去水化作用

处理剂的亲水基去水化作用也会在高温下发生，因此即使高温下不分散、不破坏、少解吸的处理剂，在高温下不一定就能有效地达到保护黏土粒子的目的。高温下，由于黏土粒子水化膜减薄，促进了高温聚结作用，这样必然使高温下滤失量上升，流变性变坏，这种变化亦具有可逆性。影响高温去水化的因素，除温度高低外，还有亲水基团本性。凡靠极性基水化或氢键水化的基团，一般高温去水化作用比离子基强。而电解质浓度越大，高温去水化作用表现越强。对于离子基，pH 高，高温去水化影响减少。

实践证明，钻井液经高温作用后 pH 下降，其下降程度视钻井液体系不同而异。钻井液矿化度越高，其下降程度越大，经高温作用后的饱和盐水钻井液 pH 一般下降到 7~8。这种 pH 下降必然会恶化钻井液性能，影响钻井液的热稳定性，使用中钻井液体系这种经高温后 pH 下降的趋势，一般不能用加 NaOH 的办法来解决，加量越多，高温后钻井液的 pH 下降越厉害，性能越不稳定。一般采用表面活性剂来抑制体系 pH 的下降或采用较低 pH 的钻井液体系。

对于甲酸盐钻井液，甲酸盐中的 pH 缓冲剂由碳酸盐/碳酸氢盐缓冲剂组成，即使体系中混入大量的 CO_2 仍能保持 pH 为 9~11。该缓冲剂保证了 pH 降低的限度，在缓冲体系中，无论体系中混入了多少 CO_2，pH 都不能低于 6~6.5。加入碳酸盐/碳酸氢盐的同时加入 KOH 能够提高其缓冲能力，并改善滤失性。

2.1.4　高温对水基钻井液性能的影响

2.1.4.1　高温对水基钻井液流变性影响

1. 高温下黏土性能变化对流变性影响

1)高温分散影响钻井液流变性

高温分散使钻井液中黏土粒子浓度增加，因此对钻井液高温下的性能都有影响。而对流变性的影响最大，且其影响都是不可逆的。

假若黏土粒子为温度惰性的固体粒子，则其悬浮体(称为理想悬浮体)随温度升高而按正常规律下降，但由于黏土的高温分散作用使钻井液中浓度增加，则使钻井液的表观黏度和静、动切力值都高于对应温度下的"正常黏度"。若这些因素对黏度影响的增值大于升温引起理想悬浮体黏度下降，会导致钻井液高温下的黏度高于低温黏度的现象。

钻井液高温增稠的原因比较复杂，若排除处理剂等外加组分的高温变性所引起的增稠而研究黏土的因素，其主要原因是黏土高温分散增加了钻井液中黏土粒子的浓度。因此，由高温分散引起的钻井液严重增稠，用降黏剂一般不能有效降黏，有时反而使钻井液增稠，唯有大量稀释或利用无机絮凝剂降低黏土分散度才能解决。显然，凡是影响黏土高温分散的因素必然会影响钻井液高温增稠，但是高温分散对钻井液增稠的实际效果却与钻井液中黏土的含量有很大关系，其他条件相同时，钻井液中黏土越多则高温后钻井液黏土粒子浓度的绝对值增加越多，使钻井液黏度类似指数关系急剧上升。当黏土的含量增大到某一数值时，钻井液高温作用后丧失流动性形成凝胶，即产生了高温胶凝。因此，钻井液的高温胶凝可认为是钻井液高温增稠在黏土含量增大到某一数值后的极限形式。

2）高温胶凝影响钻井液流变性

凡高温胶凝的钻井液，必然丧失其热稳定性，性能破坏。在使用中可表现为钻井液井口性能不稳定，黏度、切力上升很快，维护处理频繁，处理剂用量大。且每次起下钻后钻井液黏度、切力都会有明显增加。因此，防止钻井液高温胶凝及严重增稠是保持钻井液热稳定性的重要问题。

防止钻井液高温胶凝而获得较好的热稳定性有两条途径：一是使用抗高温处理剂有效地抑制和减少黏土粒子的高温分散，这是问题的本质，但要彻底消除黏土的高温分散比较困难。二是必须把钻井液中的黏土含量控制在某一"量限"以下。凡钻井液中黏土含量高于此量限，钻井液发生高温胶凝；而低于此量限则只发生高温增稠而不至于胶凝，低得越多，钻井液高温增稠作用越小。任一水基钻井液体系，在某一高温下都有对应的"黏土量限"。其可以简单理解为，在某一温度下，钻井液体系发生高温胶凝所需的最低土量，与钻井液中黏土类型、处理剂效能及含量、介质化学环境、经受温度高低及作用时间长短等因素有关。因此，不可能存在一个适用于所有钻井液体系的"黏土量限"，但它却是一个保证钻井液热稳定性的重要概念，而且对于具体的钻井液都可通过实验方法求出其黏土量限。

3）高温聚结影响钻井液流变性

假如钻井液中的黏土粒子对温度是惰性的，随温度上升，其黏度、切力按理想悬浮体的规律下降。在淡水钻井液中，高温聚结作用主要促进了黏土粒子的边-边和边-面联结形成网架结构，使钻井液的切力和较低剪切速率下的表观黏度比对应温度下理想悬浮体高。若同时考虑黏土粒子的高温分散作用，则高温聚结作用形成的网架结构的密度和强度必然会因同时发生的黏土粒子高温分散作用而大大加强。如果钻井液中黏土不发生高温分散或高温分散能被处理剂有效抑制，则黏度、切力随温度上升而下降的变化过程更接近理想悬浮体。假若钻井液的矿化度高，形成了一种对黏土粒子的聚结环境，则高温进一步促进这种聚结作用，黏土粒子发生以面-面为主的联结而降低其分散度，使钻井液的黏度和切力下降。一般地，高矿化度条件下黏土的高温分散较弱，对钻井液不产生重要影响。由于高温聚结作用是不可逆的，高温钻井液常表现为黏度、切力降低。因此，为保持高温下有合适的黏度，钻井液中黏土含量不能过高或过低，而应有一个下限，且矿化度愈高，其下限愈高。

4）高温钝化使得钻井液高温后减稠

黏土粒子的表面高温钝化降低了黏土粒子形成面-面、边-边网架结构的能力且减弱所形成的结构强度，从而影响了钻井液高温后的流变性。假若钻井液中黏土含量降低，黏土高温分散较弱，则上述作用将导致钻井液经高温作用后切力下降，甚至使表观黏度下降。显然，这是引起钻井液体系高温后减稠的另一重要因素，由它所引起的高温后减稠是以切力和塑性黏度的下降为特征。在膨润土钻井液中若土量较低，高温后可见切力、塑性黏度下降，但表观黏度不一定下降；若土量较多则产生高温增稠。在劣土钻井液中若土量超过一定数值后都观察不到高温减稠的现象。从这种影响考虑，抗高温钻井液黏土含量应有一个下限，它是以钻井液不出现高温减稠为限度的。

5)高温固化使得钻井液高温后严重减稠

当钻井液中黏土含量超过其高温容量限，则高温分散作用使钻井液黏土粒子剧增到足以使钻井液胶凝的程度。在高温聚结作用形成凝胶的同时，在其凝胶的网架结构中的众多黏土粒子边、面的联结部位上发生水泥浆硬化似的表面钝化反应，其结果使网架结构的连接部分"固结"起来而强化，具有一定强度，从而产生高温固化。显然，高温固化是钻井液中黏土粒子的高温分散、高温聚结以及高温表面钝化在黏土含量大到一定值后的综合结果，因为 Ca^{2+}、OH^- 含量对"钝化"反应有利。因此，石灰钻井液用于超深井必须严格控制钻井液中的黏土含量，否则将会产生钻井液高温固化成型或高温后严重减稠。换言之，黏土含量高的抗高温钻井液不宜采用石灰处理，而低黏土含量的抗高温钻井液用石灰处理要注意其有高温严重减稠的可能性。

2. 加重剂对钻井液流变性影响

1)高密度钻井液加重剂对流变性影响

加重剂，特别是重晶石，在通常的观念里，它是惰性的且不带电荷。但据一些研究发现在碱性环境里，重晶石粒子表面带微负电荷，因此只要所用处理剂带有大量三价以上的高价金属离子，根据法扬斯吸附规则，这些离子易吸附于重晶石粒子表面，带负电的处理剂又通过这些离子吸附到重晶石粒子表面，从而改变重晶石表面性质。在超高密度钻井液中，重晶石所占固相含量高，密度为 $2.40g/cm^3$ 的钻井液，重晶石重量百分比高达 75%，体积百分比高达 43%，而黏土含量一般不超体积比 4%。在这种情况下，仍然确定仅是黏土形成网状结构来悬浮重晶石就不合适了，因为大量的重晶石颗粒大大减少了黏土颗粒的接近几率，黏土颗粒之间要形成结构就变得十分困难。实际上在超高密度钻井液体系中，重晶石颗粒不仅参与了网状结构的形成，而且起着重要的作用。有人研究认为，随着重晶石含量增加，黏土与重晶石颗粒之间相互作用有三种形式：①黏土凝胶由于黏土颗粒表面的静电斥力而使黏土颗粒分散，颗粒之间的端–面、面–面、端–端等多种形式形成网状凝胶结构。②重晶石体积含量少于 15%时，重晶石粒子插入黏土颗粒的网状结构，一定程度上影响网状结构的形成，引起动切力下降。③重晶石体积含量大于 15%时，重晶石粒子相互靠近，参与形成网状结构，增强体系的凝胶强度，造成体系的动切力，塑性黏度急剧增加。要降低重晶石对高密度钻井液体系流变性的影响，改变重晶石表面结构的处理剂必须具有两个条件：首先，处理剂中必须含有足够的三价以上高价金属离子；其次，必须是低分子量的聚阴离子聚合物，它通过高价金属离子吸附在重晶石表面形成聚合物膜可以减小固-固之间的摩擦力。超高密度钻井液固相含量高，因此加入的主处理剂浓度要高，只有这样，才能保证重晶石颗粒吸附足够的处理剂，使 ζ 电位达到稳定胶体的界限以及起到改善钻井液摩擦力作用。

实验证明，随着重晶石粉颗粒粒度分布范围变宽，钻井液的黏度降低且存在最小值。这是因为：①流变性。固相含量较高时，粗颗粒能够参与体系结构的形成，特别是老化后出现类似于絮凝的现象。这可能是由于粗颗粒尺寸比处理剂分子尺寸大得多，很多处理剂与颗粒表面结合后，形成以粗颗粒为核心的毛球，当粗颗粒的含量高于一定程度后，这些毛球之间相互作用，搭建成结构。另外，加工出的粗颗粒形状不规则，它们之间的摩擦阻力大大增加。以上两者是造成颗粒粒度较大时钻井液的黏度和切力都很高的主要原因。②稳定性。加重剂颗粒粒度较大时，钻井液沉降稳定性很差。完全由粒径为 0.0385～0.1540mm 的颗粒加重的钻井液在老化前静置后的沉降现象比较严重；随着粒径小于 0.0385mm 颗粒配比的增多，钻井液的稳定性有很大的改善，当其比例大于 50％后，钻井液的沉降稳定性已经非常好。这也说明，只有当固相颗粒与体系结合紧密后，才能稳定悬浮于钻井液中，单独从切力值判断高密度钻井液的沉降稳定性是不合适的。③由于加重剂颗粒粒度较大时，不参与滤饼的形成，因此对滤失量和滤饼质量的影响不大。随着粒径小的颗粒比例增加，参与形成泥饼的加重剂固相颗粒逐渐增多，从而破坏了膨润土浆泥饼的结构，使滤失量有所增加。为了配制流变性和滤失性较好的超高密度钻井液，建议加重剂中粒径为 0.0385～0.1540mm 的颗粒比例为 10％～50％，粒径小于 0.0385mm 的颗粒比例为 50％～90％。

2)高密度钻井液自由水对流变性影响

一般把钻井液体系中能够提供给钻井液流动性的液相称为自由水。

加重剂加量对自由水量影响最大，其次是聚合物。即高密度钻井液体系中惰性固相(实验中指加重剂)含量对体系自由水量影响最大，因此为了获得较好的流变性，在配制超高密度钻井液时应选用密度尽量高的加重剂，释放更多自由水，改善钻井液流变性，或加入加重剂时同时配合一定量的液相(水或胶液)。此外，大分子和膨润土的量也影响着钻井液自由水量，应选用分子量中等的大分子降滤失剂，并严格控制它们的加量。

水基钻井液体系中自由水量的多少，与体系的流变性有密切的关系，随着体系自由水量的增加，塑性黏度逐渐降低。

高密度水基钻井液体系流变性能维护困难的主要症结是体系固相含量太高，此时，如果固相粒子分散性增强，较大的固相粒子比表面积通过润湿和吸附作用使得整个体系的自由水含量大幅度减少，导致体系的固相容量限降低，一旦遇到外来物的污染，固相粒子极易连接形成结构，从而导致体系黏切增高，被迫冲放钻井液，以维持性能稳定，可能形成恶性循环。

研究证明：①当采用 API 标准重晶石与亚微米 $BaSO_4$ 粉（中值粒径 $0.89\mu m$）不同比例加重，在处理剂作用下，可以形成多种粒径搭配，而不是简单的只在API 标准重晶石粒径范围内或亚微米 $BaSO_4$ 粉粒径范围内；②当钻井液固相含量出现三级粒径分布时，该钻井液具有较好的流变性能；③当重晶石粒径分布范围较大时，该钻井液具有较好流变性能；④当重晶石粒径较小，且颗粒粒径分布范围较窄时，该钻井液流变性能较差。

综上所述，虽然钻井液中黏土含量以及固相颗粒粒径都能影响钻井液的流变性能，但是合理的粒径搭配对高密度钻井液流变性能的影响远远大于黏土含量对高密度钻井液流变性能的影响，所以低密度钻井液控制流变性能，所采用的研制对黏土作用的降黏剂的思路，在高密度钻井液流变性能控制上作用效果有限。

2.1.4.2　高温对水基钻井液滤失性影响

(1)高温聚结作用使泥饼质量降低，所以它必然增加钻井液的高温高压滤失量。在高矿化度钻井液中更是如此，促进高温后钻井液滤失量增加，即影响钻井液造壁性的热稳定性。另外，在高聚物钻井液中，由于高温可能促进高聚物的絮凝能力，其结果也使钻井液黏度随温度上升而增加，滤失量急剧增加。这种现象在盐水钻井液中较为常见，且高聚物相对分子质量越大越明显。它是另一类型的高温聚结作用，也是随温度可逆变化的一种现象。

(2)高温固化破坏钻井液造壁性而使滤失量大增。防止高温固化的办法是把钻井液中黏土含量控制在上限和下限之间，其次是用处理剂有效地防止和抑制黏土粒子的高温分散、高温聚结和高温钝化。

(3)降滤失剂高温降解导致钻井液滤失量骤升，泥饼增厚。

目前采用的降滤失剂基本为以下几种：

①纤维素类。纤维素是一种天然高分子化合物，经改性后可以生成水溶性的改性纤维素。改性纤维素是一种抗盐、抗温能力较强的降滤失剂，但抗钙能力相对较弱。

②腐殖酸类。常用的腐殖酸类降滤失剂有腐殖酸钠、硝基腐殖酸钠和磺甲基腐殖酸钠。

③淀粉类。其滤失机理与改性纤维素类似，增黏性能强，能提高钻井液中自由水的黏度和降低滤饼的渗透率。淀粉类由于其主分子链为醚键—C—O—C—连接，在高温下易断链降解，虽然其在较低温度及高盐浓度下降滤失性能良好，但抗高温性能差，一般不超过 150℃。尤其在钻井液中易发酵，造成其降滤失性能失效。

④树脂类。树脂类降滤失剂是以酚醛树脂为主体，经磺化或引入其他官能团而制得，最常用的产品是磺甲基酚醛树脂。该类降滤失剂是通过甲醛、苯酚等原料单体，在催化剂作用下通过缩聚反应获得。大部分的缩聚产物是杂链共聚物，容易被水、醇、酸等药品水解、醇解、酸解。但磺化酚醛树脂及其衍生物是缩聚产物中同时具备较好的水溶性与稳定性的特例。

⑤人工合成共聚物。人工合成共聚物降滤失剂品种较多、性能优异，具有一些天然高分子材料无法比拟的优点。首先，共聚物降滤失剂是通过不饱和或环状的碳键相互加成得到的，所以一般以—C—C—键作为共聚物分子的主链，单体上的功能性基团一般在共聚物的侧链上。在共聚物高分子中，—C—C—键的断裂需要很高的能量，即使环境温度很高，也不易发生断裂。因此，此类降滤失剂的主链较其他类型的降滤失剂更加稳定，抗温性能力更强。其次，由于共聚物降滤失剂是利用各种单体加聚而成，在研发过程中，通过选取不同的反应条件与不同原料单体，可以使产品具有极宽泛的分子量分布与各种不同的功能性基团。由于共聚物降滤失剂的这种差异性使此类降滤失剂具有各种不同的综合性能与广泛的应用领域，以满足不同钻井条件的需要。目前，降滤失剂主要朝着人工合成共聚物的方向发展。

人工合成降滤失剂的单体种类繁多，基本上可以分为三大类：非离子单体、阴离子单体以及阳离子单体。非离子单体：部分非离子单体在高温与碱性环境下，酰胺基团会发生水解，使得链的刚性不足。阴离子单体：最常见的阴离子水化基团主要有两种，即羧基与磺酸基。这两种基团的水溶性良好，在高分子链节上可以形成较强的溶剂化层，从而起到抗盐、抗温、抗污染的作用。其中，羧基钠基团对 Ca^{2+} 比较敏感，在高矿化度条件下的应用受到一定的限制。而磺酸基团不与 Ca^{2+} 发生沉淀反应，即使在矿化度很高的情况下，也不会因为盐析而沉淀。阳离子单体：由于黏土粒子表面带负电，带阳离子基团的共聚物可以通过强烈的静电作用吸附在黏土颗粒的表面。同时，由于阳离子基团所形成的多点吸附，可以在黏土表面形成一层阳离子的吸附保护膜，从而起到抑制黏土粒子膨胀、稳定胶体的作用。目前所使用的阳离子单体，一般以季铵基团作为阳离子基团。季铵基团是一种吸附能力很强的吸附基团，同时也有很好的水化作用。该基团的吸附能力强而持久，可以起到长期稳定作用。但是季铵基团的热稳定性较差，在高温、碱性环境下，容易分解为叔胺基团与卤代烃。因此，阳离子共聚物的抗温性能相对较差。

因此，高温降滤失剂的作用原理，基本是高温降解、高温解吸、高温去水化作用。

(4)高温交联过度，处理剂完全失效，钻井液完全破坏，滤失量猛增，钻井液胶凝，从钻井液中可以明显见到不溶于水的体型高聚物，严重的可能会形成冻胶，使处理剂的水溶性变差。

(5)高温高密度钻井液颗粒配级比例对滤失量的影响：高密度钻井液由于固相颗粒占钻井液体积的一半以上，在钻井液形成泥饼时，大量的固相颗粒参与造壁，通过大颗粒架桥小颗粒逐级填充形成泥饼。因此，高密度钻井液中加重剂颗粒粒径级配对钻井液的失水造壁性能有着至关重要的作用，并且其机理与低密度钻井液有着本质的区别，因此有必要对高密度钻井液失水造壁性能及控制机理进行进一步研究。

研究发现，同种配方的钻井液体系，失水造壁性能随着钻井液密度的增大逐渐变差，即基浆的失水造壁性能最好，高密度的钻井液失水造壁性能最差。这种情况的出现主要是由于随着钻井液密度的增大，固相颗粒含量迅速增加，参与造壁后打破了基浆中的固相颗粒合理的粒径级配，从而不能形成致密泥饼造成。图 2-1(A)为基浆的泥饼形成模拟图，基浆泥饼的形成主要是靠粒径极小黏土颗粒堆积架桥形成，由于黏土颗粒粒径极小，颗粒间的空隙也很小，加之黏土颗粒是可变形颗粒，能够有效填充黏土颗粒间形成的空隙，所以虽然基浆中的固相颗粒只有黏土颗粒一级，但是由于其初始密度较大，依然能够形成致密泥饼，有效控制失水。图 2-1(B)为高密度钻井液的泥饼形成模拟图，由于高密度的需要，大量的加重材料颗粒被加入基浆，原先以黏土颗粒为主要造壁颗粒的情况逐渐改变，特别是当密度大于 $2.00g/cm^3$ 以后，加重材料(以商用 API 重晶石为例)体积占钻井液体积的一半以上，此时钻井液形成泥饼的颗粒组成变成了以商用 API 重晶石为主、黏土颗粒为辅的两级粒径。虽然为两级粒径组成，但是由于主粒径为颗粒分布在 $43\sim74\mu m$ 的大粒径刚性颗粒，紧密堆积时颗粒间的空隙较大，黏土颗粒作为次级颗粒粒径太小，不能有效地进行架桥，且由于为了保证高密度钻井液的性能要求，黏土的加量受到严格限制，远远小于能够形成致密泥饼所要求的加量。因此，采用商用 API 标准重晶石加重的高密度钻井液泥饼质量差，失水量大。

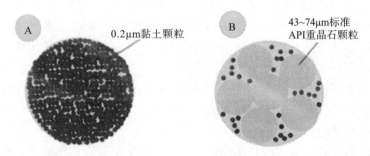

图 2-1　基浆、商用 API 标准重晶石加重高密度钻井液泥饼形成模拟图

高密度钻井液的失水造壁性能由于大量的商用 API 标准重晶石的大量加入变得很差。研究发现，高密度钻井液失水造壁性能差的主要原因是：首先，缺少重晶石颗粒粒径与黏土颗粒粒径之间的一级颗粒起的填充作用；其次，形成泥饼

主粒径颗粒(商用 API 重晶石)的含量远远大于次粒径颗粒(黏土)的含量。

2.1.4.3　高温对水基钻井液抑制性影响

1. 高温促使活度因素抑制性下降

井壁、钻屑、黏土颗粒在有机盐钻井液与完井液中浸泡时的水化应力为

$$\tau = 4.61T\ln(a_d/a_r) \tag{2-1}$$

式中，T 为热力学温度；a_d 为钻井液中水的活度；a_r 为岩石(钻屑、井壁、黏土颗粒)中水的活度。

由上式可见 a_d 越小，τ 越小；T 越大，τ 越大。因此高温作用下，容易使井壁、钻屑、黏土颗粒在钻井液中浸泡时，水化应力增大。

采用有机盐钻井液与完井液，其中水的活度极低，对易水化泥岩抑制能力极强，使钻井液性能较稳定，完井液保护油气层效果较好。

2. 高温分散使得晶格膨胀，离子交换晶格嵌入影响抑制性

高温使黏土出现不同程度的高温分散，使得高温温度性变差。不同浓度的有机盐钻井液和完井液作用蒙脱石后，蒙脱石晶层层间距都有不同程度地缩小，有机盐钻井液和完井液与蒙脱石接触进行离子交换后嵌入黏土晶格，通过较强的化学键力与静电引力把蒙脱石层间距拉得比常规蒙脱石晶格层间距小很多，使黏土更不易水化。

3. 双电层因素抑制性机理研究

高温不影响黏土的晶格取代，但却促进了八面体中 Al^{3+} 的离解(pH 越高，促进离解作用越大)，使黏土所带负电荷增加，同时补偿了因高温而解吸的离子，促进黏土粒子 ζ 电位的增加，使得渗透水化分散程度加剧。

有机盐钻井液与有机盐完井液中阴、阳离子对黏土颗粒的吸附扩散双电层有较强的压缩作用，压缩后使其变薄，加速聚沉，从而抑制黏土分散。

2.2　高温对油基钻井液影响机理

2.2.1　高温对有机土的影响

有机土是高度分散的亲水黏土与阳离子表面活性剂(季胺盐)发生了离子交换吸附而制成的。由于季胺盐阳离子在黏土表面的吸附，使亲水的黏土转变为亲油

的有机土，保证在油基钻井液中很好地分散。

有机土的质量主要取决于黏土的种类、阳离子表面活性剂的类型、碳链长短、在黏土上的覆盖程度以及制造的外部条件(如温度、pH 等)。有机土在油中的分散性与有机胺离子碳链长短和覆盖率有密切关系。试验发现，有机土在有机液体中的膨胀体积与碳链数目呈函数关系。当碳原子数超过 10 达到 12 时，体积膨胀达到最大值。

1. 高温影响有机胺离子在有机土上吸附

目前，普遍使用的阳离子表面活性剂是十二烷基三甲基溴化铵，由此得到的有机土在柴油中分散性良好；但抗温能力有限，在高温下会发生分解。传统的有机土是黏土与季铵盐反应而成，这种有机土有两方面的缺点：

(1)季铵盐与黏土的结合力不够强，导致在高温下季铵盐解析，使亲油性有机土变为亲水性，严重影响油基钻井液的流变、滤失性能。

(2)季铵盐多采用十二烷基三甲基溴化铵或十二烷基苄基二甲基溴化铵，根据形成乳状液的定向楔型理论，形成并稳定 W/O 乳状液，要求表面活性剂极性基团截面积与非极性基团截面积之比应小于 1，而十二烷基三甲基溴化铵或十二烷基苄基二甲基中极性基半径与非极性基半径之比大于 1，它从黏土表面的解吸进入 W/O 乳状液中不利于乳状液稳定，加快甚至直接破坏乳状液，使水珠变大析出。析出的水与亲水性土发生水化作用产生水化膨胀，但又不能分散在油中，从而形成泥球。

2. 有机胺离子覆盖率对有机土高温稳定性影响

对比自制钠土和有机土的 XRD 曲线(X-ray diffraction)(图 2-2)可知，自制钠土晶层间距为 9.89Å。有机土经有机覆盖后，面衍射峰向小角度方向偏移，季铵盐的有机阳离子链进入膨润土层间。季铵盐由于其分子链长，基团有一定的立体结构，从而有机土层间域明显增加，层间距增大到达到 18.7Å，有机改性效果显著。

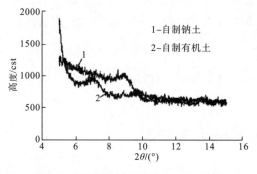

图 2-2　自制钠土与有机土 XRD 曲线

如图 2-3 所示，自制钠土蒙脱石间呈无序、紧密、重叠的片状分布；而自制有机土的蒙脱石层片间堆砌变得较为疏松，片层剥离、疏松并且卷曲。说明钠土亲水性强，易吸水，片层间容易团聚；自制有机土疏水亲油性强，不易吸水，因而层片间变得疏松，片层剥离明显。

图 2-3　自制钠土与有机土 SEM 谱图

经过热重分析得到：自制有机土在 200℃时失重仅为 1％，说明季铵盐改性剂有效插层，进入蒙脱石晶层间，由于有机土的亲油性，排出自由水；在 245℃时失重仅 4％，充分说明了其具有较高的抗温能力；在约 490℃时失重率 32.5％，说明层间大部分有机阳离子已经燃烧分解；此后随着温度的上升，层间剩余有机阳离子及分解产物进一步分解，在 1000℃时失重为 36.3％，符合有机土失重≤40％的标准。

对比钠化蒙脱石及季铵盐改性有机土可以看出，有机胺在晶层间的覆盖率直接影响有机土亲油、抗高温特性。

3. 改性有机土高温分散作用

对国内外有机土进行了调研，分别加入 7♯ 和 5♯ 白油中，老化温度设为 200℃，加入 5♯ 白油的实验结果见表 2-2。

表 2-2　有机土在 5♯ 白油中性能

项目		AV	PV	YP	胶体率/％	
		mPa·s	mPa·s	Pa	90min	16h
5♯白油	老化前	6	6	0	—	—
	老化后	6.5	6	0.5		
天津有机土	老化前	6	6	0	25	20
	老化后	8	8	0		
广东有机土	老化前	7	6.5	0.5	37	20
	老化后	9	8.5	0.5		
河南有机土	老化前	13	10	3	93	52
	老化后	17.5	13	4.5		

续表

项目		AV	PV	YP	胶体率/%	
		mPa·s	mPa·s	Pa	90min	16h
加拿大有机土	老化前	12	9.5	2.5	99	71
	老化后	32	15	17		
自制有机土	老化前	11	8.5	2.5	97.5	66
	老化后	28	14	14		

通过对比可知，自制有机土性能普遍优于国内有机土，与外国加拿大有机土性能接近，在7♯和5♯白油中展示出较好的增黏、提切和凝胶性能。在200℃老化后，浆液的表观黏度、塑性黏度和动切力大幅度增加，这是由于老化后部分未分散的有机土进一步分散，形成空间网状结构，大大提高了其增黏、提切效果。

2.2.2　高温对乳化剂的影响

1. 乳化剂高温解吸附

高温影响离子型的乳化剂对分散相的吸附，温度越高，解吸越严重。那么乳化剂在内相的吸附量下降、紧密度降低，保护膜强度就会减弱，最终导致乳状液稳定性降低。

采用SW-I高温高压电稳定仪测试了高密度油包水乳化钻井液在高温高压下的破乳电压，结果见表2-3。由表可见，在180℃范围内破乳电压大于2000V；当温度达200℃时，破乳电压降至640V；当温度达220℃时，破乳电压为610V。表明温度达200℃以上时，乳化剂降解或从油水界面解吸，乳状液稳定性有所降低。但随温度降低和搅拌，乳状液又趋于稳定，这从乳状液高温陈化后破乳电压仍然很高这点可得到证明。

表2-3　乳化钻井液的破乳电压与温度的关系

温度/℃	常温	50	90	110	150	180	200	220
破乳电压/V	2000	2000	2000	2000	2000	2000	640	610

注：①钻井液组成：180mL白油+6%XNEMUL+1%ABS+30mLCaCl$_2$水+3%石灰+1%有机土(自制)+4%润湿反转剂+重晶石(钻井液密度为2.3g/cm^3)；②110~220℃测试时，压力为7.0MPa

2. 乳化剂高温降解

钻井液乳化剂在高温下会产生高温降解。高温降解包括高分子主链断裂、亲水基团与主链联结链的断裂两个方面，前者使处理剂分子量降低，部分或全部失去高分子性质，导致部分或全部失效；后者降低处理剂亲水性，使处理剂抗盐、抗钙能力和效能降低，以致丧失其作用。对于乳化剂，在高温下若发生降解，将直接导致表面活性剂的功能丧失，并在油水界面上发生解吸附，最终导致乳状液的破坏。

3. 高温影响乳状液外相黏度

当温度升高时，乳状液外相黏度降低，分散相的运动阻力下降，液珠合并聚结的几率增加，从而导致乳状液稳定性降低。

2.2.3　高温对油基钻井液降滤失剂的影响

1. 高温使得降滤失剂侧链断裂，抗温能力下降

部分降滤失剂本身主链具有较强的抗温性能，如腐殖酸类产品，但本身是亲水特征。通过聚合改性后，具有一定亲油特性。在高温作用下，其亲油侧链断裂，使得降滤失剂在油相中的分散性变差，亲油性变差，与油相不配伍。

降滤失剂 XNTROL 220 按以下思路合成：

(1)采用腐殖酸类产品作为主链结构，其具有抗高温(200℃以上)的特性；

(2)采用胺化合物进行改性使其变为亲油性。胺化合物带有弱碱性，与腐殖酸进行中和反应，调节合适的 pH，得到水溶液中析出的亲油性的腐殖酸衍生物腐殖酸铵，其通式为 $R_1R_2R_3R_4N^+Hu^-$；

(3)改性后的产物经过进一步高温裂解处理，使羧基(—COOH)和胺以盐的形式结合部分转化为酰胺的形式结合，此时腐殖酸和胺的结合更加牢固，在高温下不容易分解。通过高温裂解处理后，所获产品的抗温能力大大提高，油溶性也有所增强。表 2-4 是其在高温下热滚后在不同温度下的滤失量，从中可以看出高温降滤失效果明显。当温度继续升高时，亲油侧链断裂，滤失量急剧增加。

表 2-4　220℃下热滚 16h 不同温度下测量滤失量

测量 温度/℃	API 滤失量/mL	HTHP 滤失量/mL
150	0	8.4
200	0	12.6
220	0	15
240	0	51

2. 高温使得降滤失剂主链断裂，抗温能力下降

中国石油大学冯萍等通过优选腐植酸原料与交联剂制得油基降滤失剂 SDFL，主要用于白油包水钻井液中，且其加量要达到 4.5%，高温高压滤失量

才能在 12mL，并且全油基钻井液对滤失量的要求更高。基于上述原因，从分子结构设计出发，研制出一种用于白油基钻井液的降滤失剂 FCL。

降滤失剂 FCL 合成方法：将计算量的 α-烯烃和苯乙烯、分子量调节剂硫醇加入反应釜内，先用稀引发剂清除系统内杂质后，用计算量的浓引发剂制备 α-烯烃苯乙烯聚合物，再取 α-烯烃苯乙烯聚合物溶于四氯化锡中，充分搅拌后，加入适量的乙酸酐与浓硫酸的混合物作为磺化剂，在 50℃下搅拌反应，然后加入少量水水解掉过量的酸酐，最后在反应溶液中加入沉淀剂，过滤、用冷水洗涤浸泡沉淀物，干燥粉碎，得到白色固体产物即为油基降滤失剂 FCL，部分磺化 α-烯烃和苯乙烯聚合物，该聚合物亲白油，在白油中以胶体形式出现，不会破坏钻井液性能，同时这种胶体尺寸能封堵泥饼中的孔隙，起到降滤失的效果。

在降滤失剂 FCL 最佳加量 1.5% 条件下，测定相同体系的白油基钻井液在不同老化温度下的滤失量，结果见表 2-5。由表可见，在 180℃以下时，体系流变性良好，降滤失效果优良；200℃时，体系滤失量显著增加。这是由于降滤失剂 FCL 在高温条件下，分子内部结构发生降解，分子长链由本来蜷曲状吸附变为在高温下解吸，使得滤饼中封堵间隙变大，滤失量增加(表 2-5)。

表 2-5　降滤失剂 FCL 的抗温能力

$T/℃$	AV /(mPa·s)	PV /(mPa·s)	YP /Pa	Φ6	Φ3	FL_{API} /mL	FL_{HTHP} /mL
120	54	38.5	15.5	12	11	0.4	8.2
150	56	46.5	9.5	8	7	1.0	8.0
180	60	52	8	7	6	0.0	8.4
200	87	80	7	9	8	16.0	40.0

3. 高温对降滤失剂热稳定单体影响

很多降滤失剂没有热稳定单体——大侧基或者刚性侧基，在老化过程中，因为侧链断裂，且没有刚性基团的位阻效应，分子运动活跃后，分子运动阻力降低，聚合物在溶液中表现为黏度大幅度降低，使得外相黏度降低，滤失量急剧增大。

4. 部分降滤失剂(沥青类产品)高温下变软

沥青类产品高温下软化，使得原来很好地嵌附在泥饼上的填充剂脱落，严重影响泥饼质量，滤失量急剧增加。

从表 2-6 中实验数据可以看出，降滤失剂 LJLSJ(顺丁橡胶)在 180℃内能有效地降低其滤失量，但温度超过 180℃时，钻井液体系的滤失量会显著增加。将200℃高温陈化后的降滤失剂 LJLSJ 进行分析后发现，LJLSJ 会在高温下变软降解，从而导致了钻井液体系滤失量的显著增加。

表 2-6　LJLSJ 降滤失剂高温降滤失效果

降滤失剂 含量/%	FL_{API}/mL	FL_{HTHP}/mL	
		180℃	200℃
2	4.2	24	>20
3	2.2	16	>20
4	0	10	>20
6	0	6	>20

2.3　高温高压对钻井液影响机理

2.3.1　高温高压对钻井液密度影响机理

高温高压环境下的钻井与完井，面临着很多困难。其中之一就是钻井液密度不再是一个常数，而是随温度和压力的变化而发生变化(相关文献给出的例子：一种不含加重材料的合成油基钻井液在井口测得密度为 0.79，在井底 4976.8m，温度达 201℃时，密度变成了 0.68，井底密度比井口密度减小 14%)。其原因主要是由于钻井液随温度的升高而膨胀，随压力的升高而收缩，且从井口到井底，温度和压力处于不断变化之中。因此，在高温高压环境下钻井和完井时，钻井液密度必然会发生某些变化，使得井下钻井液密度不等于井口测量的密度。

McMordie 等测量了油基钻井液和水基钻井液在高温高压条件下的密度，实验结果表明，油基钻井液的密度受温度和压力的影响程度明显高于水基钻井液。

(1)鄢捷年的实验结果表明，温度和压力对各种钻井液密度的影响规律基本相同。在温度一定的情况下，钻井液密度均随压力的升高而增大，高温时压力的影响程度比常温时大，油基钻井液的密度与压力的关系图呈指数曲线形式。

(2)管志川根据 Peters 和 McMordie 等提供的油基钻井液的实验数据发现，当压力恒定时，不同油基钻井液密度的倒数与温差呈线性关系，其斜率与压力有关，压力越高，其斜率越小，但与压力并不构成线性关系。这表明压力对密度的影响规律比温度更为复杂。

(3)油基钻井液的组分包括油相、水相、化学处理剂和加重材料。一般认为加重材料的可压缩性与油和水相比要低得多，因此当温度和压力改变的时候，钻井液体积的变化主要是油和水的体积变化。Barklm 等测定了在不同温度和压力下，蒸馏水、$CaCl_2$ 盐水、柴油、矿物油、线性石蜡基油、线性 α-烯烃基油、内烯烃基油的密度，并作出当温度恒定时，这些流体密度的变化值随压力的变化图。根据该文献的实验结果可知，这些液体的密度随温度和压力的变化规律大体是类似的，但受影响的程度不同，其中 $CaCl_2$ 盐水是受温度和压力影响最小的，

线性 α-烯烃基油是受温度影响最大的，而线性石蜡基油的压缩性是最大的。

油基钻井液配方中选择的基油不同，其在高温高压条件下受温度和压力的影响也是不同的。例如，在密度相同的情况下，矿物油钻井液的可压缩性比柴油钻井液略大，但热膨胀性略低于柴油钻井液。

(4)当钻井液的油水比改变时，这种影响也会随之改变。油相含量越高，受温度和压力的影响就越大。当钻井液配方不变时，添加加重材料可使其密度增大。一般影响规律是，加重后钻井液的密度越大，其所含的固相含量越高，因而受热膨胀和受压缩小的液相体积也就越小，表现为钻井液密度的变化幅度减小。

2.3.2 高温高压对钻井液流变性影响机理

据文献〔王健(2014)〕报道的结果可知，无论哪种密度钻井液，温度升高都使其表观黏度、剪切应力降低，压力增加都使其增大。随着温度的升高，表观黏度迅速下降；在温度从 60℃上升至 200℃的过程中，表观黏度平均降幅达 50％以上；在 150℃的高温下，随着压强的增加，钻井液黏度增幅越来越小，后期趋于平缓，所以在温度和压力同时作用于钻井液流体时，温度占主导作用。钻井液剪切应力随着温度的增加也迅速下降，随着压强的增加缓慢上升，基本与表观黏度呈现相同规律。

而在实际钻井过程中，温度和压力同时随井深的增加而增大。当钻进至深部地层时，虽然井下高温引起表观黏度的降低会由于压力增大使表观黏度增加而得到部分补偿，但前者降低的程度远远超过后者增加的程度。即由于温度和压力的协同作用，钻井液的表观黏度是随井深的增加而逐渐减小的。而剪切应力变化趋势和表观黏度类似：当压力一定时，钻井液在同一剪切速率下的剪切应力随着温度的升高而降低；当温度一定时，钻井液在同一剪切速率下的剪切应力随着压力的升高而升高；高剪切速率下的剪切应力变化幅度大于低剪切速率的下的剪切应力变化幅度。

(1)油基钻井液的表观黏度随温度升高而降低，随压力升高而增大。但在高温条件下，压力的影响幅度明显减小。因此，随着井深增加，油基钻井液表观黏度趋于减小，减小幅度可通过计算模型进行预测。

(2)在深部井段，影响油包水乳化钻井液流变性能的主要因素是温度和钻井液的组成。

(3)温度对油包水乳化钻井液的表观黏度和塑性黏度的影响程度大于对动切力的影响。

(4)与常规油包水乳化钻井液相比较，矿物油钻井液受温度的影响相对较小，表现出更好的高温高压流变性能。

(5)所选用的矿物油钻井液的剪切稀释性能优于常规油包水乳化钻井液。

2.3.3　高温高压对钻井液循环当量密度影响机理

(1)油基钻井液的密度随温度升高而减小，随压力升高而增大。但温度的影响超过钻井液静液压力的影响，因此，随井深增加钻井液密度趋于减小，减小幅度可通过计算模型进行预测。这就使得钻井液循环当量密度(equivalent circulating density，ECD)计算过程中，钻井液的静态密度随着井深的增加而降低，使得井底密度明显小于井口密度，导致普通温度下 ECD 模型不可用。

(2)钻井液的表观黏度随温度升高而降低，随压力升高而增大。但在高温条件下，压力的影响幅度明显减小。因此，随着井深增加，钻井液表观黏度趋于减小，减小幅度可通过计算模型进行预测。

由于温度对流变性的影响比较突出，这就使得常温下的流变模型不可用，必须结合高温高压特征，对现有的模型进行修正。

不同模型对应下的摩阻系数不同，使得计算的复杂程度大大提高。ECD 的计算也由原来简单的连续计算变为必须随着井深的变化进行多段计算，使计算复杂化。

在高温高压井中，可信的 ECD 需要结合高温高压下的钻井液流变特性和密度特征来进行预测。而实际钻井液的流变性需要通过进行室内高温高压实验得到；如果没有实验条件，或者不具备实验的能力，就应该从基于实际数据的相似钻井液体系的高温高压钻井液流变特性理论模型来计算得到。

2.4　高温高压对完井液影响机理

完井液作为完井作业过程中的血液，在油气田勘探开发和钻采工业中起着至关重要的作用。伴随着对油气层保护的日益重视及勘探成本的不断增加，完井液的研究和应用更是得到了长期发展。随着油气勘探开发的重点已由浅层转向深层，完井液的适用温度由低温转向高温、超高温方向发展。

迄今在海上发现的高温高压气井，压力系数最高可达到或超过理论推算的上覆地层压力系数(即 $2.31g/cm^3$ 当量钻井液密度)，地温梯度达到 $4℃/100m$ 以上。因此，海上高温高压井的钻井作业是在极其艰难、极端的条件下进行的，需要对作业中潜在的风险进行特殊研究。如果考虑不周或处理不当，小小的疏忽或失误都会造成严重后果。主要存在以下特点：①温度高，目前在南海海域已知的井底温度最高可达 $249℃$；②压力高，当量钻井液密度可达 $2.40g/cm^3$ 或更高；③压力变化大，台阶多，井眼深，通常高温高压井都超过 4000m；

国外对高密度、耐高温完井液的研究较早。从 20 世纪 50 年代开始，到 90

年代逐渐进入成熟阶段。完井液按其组成可分为三大类 8 小类，包括：

(1)水基完井液：改性钻井液、无固相清洁盐水、无黏土有固相黏性盐水。

(2)气基完井液：气体、充气钻井液、泡沫。

(3)油基完井液：油基完井液、油包水完井液。

2.4.1　高温高压对水基完井液影响机理

水基完井液是目前国内外使用最广泛的完井液体系，它是一种以水为分散介质的完井液体系。水基完井液又可分成三类，即无固相清洁盐水、无黏土有固相黏性盐水和改性钻井液。

1.　高温高压对无固相清洁盐水完井液影响

无固相清洁盐水完井液是所有水基完井液体系中应用最广泛的一种完井液体系。对于不含黏土类的完井液，常用高密度盐水加重，完井液体系盐度较高。

(1)由于这种完井液体系不含固相，在井壁上不能形成内泥饼和外泥饼，没有控制滤失的造壁能力，因此往往选用降滤失剂来弥补，这些降滤失剂在高温下会出现高温降解及高温交联。例如：当所作业井的井温大于 90℃，完井液、压井液中所用的淀粉、纤维素和 XC 生物聚合物类天然高分子衍生物在高温下分子易发生降解。

(2)随着井深的增加，出现高温高压特性，这使得完井液的密度较地面有所降低。原因如下：①完井液必须保证足够的密度来平衡地层压力。盐水完井液的密度受温度和压力的影响。一般来说，完井液密度随温度升高而降低，随压力升高而增大。随着井深的增加，温度的影响显得更为剧烈，压力影响减少，密度随着井深增加有所降低。②高温高压使得盐水加重型完井液的饱和度增加，然而当盐水周围环境温度下降时，盐的溶解度降低，盐粒可能析出，盐水中出现固相沉淀以及在完井作业过程中，外界污染物的混入，也可能诱导盐结晶的出现。盐的重结晶会导致以下情况：可能会很快堵塞过滤设备；晶体会在泥浆池中沉淀，引起盐水液体的密度下降，不足以控制地层压力；当晶体数量很多时，盐水黏度增加，就会堵塞管道，甚至池中液体会变成固体，无法泵进。

(3)普通的高分子聚合物处理剂抗温抗盐性较差，甚至在高密度盐水体系中有不溶解现象、易形成鱼眼或团块，生成微凝胶和体系增黏难、悬浮力差、滤失水量大，引起地层损害。

2.　高温高压对有固相盐水完井液影响

清洁盐水完井液由于无固相，对保护油气层有利，从而得到了较广泛的应用。然而，清洁盐水完井液体系也存在显著的缺点。如：完井液滤失量大，密度、结晶点受井下温度压力的影响不易控制；成本高以及使用条件要求严格等。针对清洁盐水完井液的不足，可选择另一类完井液体系即有固相盐水完井液。

对于含黏土的完井液，目前使用的完井液主要由钻井液改造而成，普遍存在黏土高温固化、加重剂沉淀、处理剂高温交联和分解的技术难题。

(1)现用的常规磺化水基完井液高温稳定性差，在高温长时间静止情况下，容易引起高温固化；而且高温高压井试油工序复杂、下完井管柱周期长，工艺要求高，每根完井管柱需要做密封检测，平均7000m管柱逐根检测气密封性需要10~15d。常规磺化水基完井液在井底高温、长周期条件下，易产生加重材料沉降及体系性能恶化等情况，导致下管柱遇阻或开泵困难，存在技术风险。

(2)深井高温、高压及长时间测试环境下对完井液稳定性要求。完井液如果黏切力不够，选用的提黏提切剂抗温能力差，在高温下极易降解，在长时间测试情况下，悬浮能力变差，引起完井液胶化和加重材料下沉、封隔器解封失败。

(3)一般采用的是氯盐和溴盐。此两种盐类在水中都是很强的电介质溶液，油管及套管在此溶液中会受到强烈腐蚀，严重时发生穿孔，甚至断裂。腐蚀形态一般分为均匀腐蚀、点腐蚀、孔腐蚀和应力腐蚀四种。原理是完井作业所使用的管材是铁或炭化铁合金钢，由于这两种物质的电极电位不同，在与盐水电介质接触的界面处，形成了电化学腐蚀电池，金属表面与介质之间不断进行氧化还原反应，并不断有两价铁和三价铁离子溶于溶液中，结果是金属表面受到电化学腐蚀的部位变成了氧化物和氢氧化物，失去其原有的化学、物理和机械性能，在高温下尤其严重。

由于完井液中可溶性无机盐含量较高，因此对井壁的腐蚀较为严重，在完井液的配置中需要加入缓蚀剂，以减少对井壁的腐蚀。常用的缓蚀剂有醛类、含硫类活性剂、含氧类活性剂、磺酸盐活性剂、胺类、吡啶类、炔醇类、曼尼希碱类等。这些处理剂在高温下会出现不同程度的高温交联和分解，严重影响缓蚀剂的效果。

3. 高温高压对甲酸盐完井液影响

在甲酸盐完井液体系下，高温高压情况下进入钻井液的CO_2与甲酸盐反应生成甲酸。因为甲酸是不稳定的，所以它将反应形成碳酸、氢和水。然后甲酸与碳酸反应产生更多能引起腐蚀的甲酸。甲酸盐的大量分解使得高温高压完井液的密度得不到保证，严重影响完井液的性能。

4. 高温降解加速完井液性能恶化

在高温高压情况下，不少完井液性能温度剂高温分解，释放出氧气或者氧化物。钻井完井液中氧气的存在会加快腐蚀速度和水溶性聚合物的降解，这样交替反复作用，导致完井液的性能急剧恶化。

　　由于钻井完井液的聚合物的热降解作用，特别是新型的淀粉改性材料，可能产生高凝胶作用，并伴随着 pH 降低和滤失量的增加。流变性也可能受到高温的影响，引起不良的井眼清洁和加重材料的沉降。

2.4.2　高温高压对油基完井液的影响机理

　　油基完井液可分为油包水乳状液和纯油分散液。油基完井液具有热稳定性好、密度范围大、流变性易于调整，能抗各种盐类污染，对泥岩、页岩有很强的抑制性，使井壁稳定和防腐的优点。而且由于滤液为油相，避免了储层的水敏作用。因此一般认为其对储层产生很低的损害，是既能满足各种作业要求，又能保护储层的一类完井液。它可以广泛地应用于射孔、修井等作业中，也可用作低压油层的砾石充填液。

　　油基完井液通常是由油基钻井液直接转换而来，专门配制油基完井液的情况较少见。虽然油基完井液有很多优点，但对某些储层仍然存在一定的损害，并且成本较高且施工不便，目前不如水基完井液使用普遍。

第 3 章　国内外高温高压钻完井液技术现状

　　随着世界经济的发展，对油气资源的需求不断增加，油气勘探开发的区域也在不断扩大，石油钻井也逐渐由浅层向深层、由内陆向边远等复杂地层的区域进行发展，深井、超深井的钻探规模日益扩大。在钻井过程中，由于地温梯度和压力梯度的存在，井眼越深，井筒内的温度和压力就会变得越高。在高温条件下，钻井液处理剂会发生高温降解、高温交联、高温解吸附、高温去水化等高温破坏作用，从而使钻井液性能发生变化，并且不易调整和控制，严重时将导致钻井作业无法正常进行；同时为了平衡高的地层压力，钻井液必须具有很高的密度，这种情况下，发生压差卡钻及井漏、井喷等井下复杂情况的可能性会大大增加。因此，在高密度条件下，维持钻井液在高温时的性能稳定将会变得更加困难。正因如此，国内外很多石油公司和研究机构都投入了很大的成本开发高温高密度钻井液处理剂和性能优良的高温高密度钻井液体系。

3.1　高温高压水基钻井液技术

　　基于环保和成本因素考虑，水基钻井液体系仍然是高温高压环境下使用最为广泛的钻井液体系。水基钻井液一般是由配浆土、处理剂、钻屑和水组成，其性能的好坏与组成钻井液的各种处理剂性能密切相关。对于高温高密度钻井液体系来说，其关键技术是如何维持和控制钻井液高温高压状态下的滤失性和流变性。因此，钻井液处理剂必须具有较好的抗温能力和抗污染能力。

3.1.1　高温高压水基钻井液处理剂

　　为使钻井液体系在高温高压下保持良好的滤失性和流变性能，要求钻井液体系的各种处理剂必须具备优良的综合性能。为此，国内外的研究者对高温高压钻井液处理剂开展了大量的研究。

　　国外关于高温高压钻井液体系的研究起步较早，20 世纪 60 年代，研制成功了抗盐、抗钙和抗 150～170℃ 的铁铬盐降黏剂；70 年代，研制成功了磺化褐煤、磺化丹宁、磺化酚醛树脂及它们与磺化褐煤的缩合物，这类处理剂的抗温能力大部分为 180~200℃；同时，也研制出了改善高温流变性的低分子量聚丙烯酸盐和降低高温滤失量的中分子量聚丙烯酸盐。由于褐煤类产品高温热氧化降解，被盐和钙污染后使钻井液增稠，降滤失效果下降；聚丙烯酸盐类不含铬，热稳定性好，但抗二价阳离子能力差；磺化酚醛树脂需和磺化褐煤类配合使用才能达到明显效果，但抗温和抗盐效果有限。为此，国外研究者在 20 世纪 80 年代进行了广泛而深入地研究，研制出了 VS-VA、Poly-drill（或德国的 HT-Polymer）、COP-1（AMPS/AM 或 PyroTrol）、COP-2（AMPS/AAM 或 Kemseal）和磺化聚合物等抗温抗盐降滤失剂，CDP 或 TSD、SSMA 或 Mil-temp 等抗温抗盐稀释剂。

国内 20 世纪 70 年代以罗平亚院士为代表的一批学者研究开发出一系列抗高温处理剂。例如：磺甲基褐煤（SMC）、磺化酚醛树脂（SMP-1、SMP-2）及酚醛树脂与腐殖酸的缩和物（SPNH）等抗高温降滤失剂，磺化丹宁（SMT）、磺化栲胶（SMK）等抗高温稀释剂。目前，这些处理剂仍被广泛地应用于深井钻井中。随后一些学者围绕磺化类处理剂的合成路线和作用机理，通过对天然高分子物质进行改性和接枝，相继开发出磺化木质素磺甲基酚醛树脂（SLSP）、褐煤与聚合物接枝的特种树脂 SHR、SPX、SCUR、改性 G-SPNH、改性 SMP、两性磺化酚醛树脂 APR 和磺化沥青等抗高温降滤失剂，磺化木质素类及木质素络合物 PFC、MBGM-1、XG-1 等稀释剂。80 年代初期，中国石油勘探开发研究院牛亚斌等研制出了以 PAC-141 为代表的丙烯酸多元共聚物钻井液处理剂（包括增黏剂、降滤失剂和降黏剂），比如水解聚丙烯腈钠盐和水解聚丙烯腈钙盐。这类聚合物为线型高分子化合物，其主链及亲水基与主链的连接键均为 C—C 键，热稳定性好，但在降滤失的同时有增黏和絮凝作用，主要适用于低固相不分散钻井液体系。聚合物在钻井中的应用与发展，为发展我国聚合物钻井液起到了积极的作用。进入 90 年代以后，聚合基 AMPS（2-丙烯酰胺基-2-甲基丙磺酸）的问世和国产化，使国内学者开始进行钻井液用 AMPS 共聚物的研究，并取得了一定的成效。其中以中原油田王中华为代表的一些学者先后用 AMPS 与丙烯酰胺、丙烯酸等单体共聚研制出多种耐温抗盐降滤失剂和稀释剂，其中一些产品已在现场成功应用。90 年代中期，中国石油勘探开发研究院利用褐煤作为主要原料，研究出新型阳离子抗高温降滤失剂 CAP 和抗高温抗盐阳离子降滤失剂 CHSP-I。近年来国内研究者研制开发的有机硅氟降滤失剂和稀释剂等系列产品，也先后在辽河、胜利和大庆等油田应用，取得了较好的效果。下面将分别介绍国内外主要的抗高温钻井液处理产品。

3.1.1.1　抗高温降滤失剂

在钻井过程中，钻井液的滤液侵入地层会引起泥页岩水化膨胀，严重时导致井壁不稳定和各种井下复杂情况，钻遇产层时还会造成油气层损害。加入降滤失剂的目的，就是要通过在井壁上形成低渗透率、柔韧、薄而致密的滤饼，尽可能降低钻井液的滤失量。降滤失剂主要分为纤维素类、腐殖酸类、丙烯酸类、淀粉类和树脂类等。而抗高温降滤失剂则主要有改性的腐殖酸类、树脂类或者由特殊功能单体共聚而得到的合成聚合物，后者也是目前研究的热点。

1. 改性腐殖酸类

腐殖酸主要来源于褐煤。褐煤是煤的一种，其煤化程度高于泥炭而低于烟煤，密度为 $0.8\sim1.3g/cm^3$，褐煤中含有 20%～80% 的腐殖酸。

腐殖酸不是单一的化合物，而是一种复杂的、相对分子质量不均一的羟基苯羧酸的混合物。腐殖酸难溶于水，但易溶于碱溶液。它溶于 NaOH 溶液生成的腐殖酸钠是作为钻井液降滤失剂的有效成分。由于腐殖酸分子的基本骨架是碳链和碳环结构，因此其热稳定性很强。据报道，它在 232℃ 的高温下仍能有效地控制淡水钻井液的滤失量。

1) 硝基腐殖酸钠

用浓度为 3mol/L 的稀 HNO_3 与褐煤在 40～60℃ 下进行氧化和硝化反应，可制得硝基腐殖酸，再用烧碱中和可制得硝基腐殖酸钠。制备时，两者的质量配比为腐殖酸与稀硝酸为 1：2。该反应使腐殖酸的平均相对分子质量降低，羧基增多，并将硝基引入分子中。

硝基腐殖酸钠具有良好的降滤失和降黏作用。其突出特点：一是热稳定性高，抗温可达 200℃ 以上；二是抗盐能力比褐煤碱液明显增强，在含盐 20%～30% 的情况下仍能有效地控制滤量和黏度。其抗钙能力也较强，可用于配制不同 pH 的石灰钻井液。

2) 铬腐殖酸

铬腐殖酸是褐煤与 $Na_2Cr_2O_7$（或 $K_2Cr_2O_7$）反应后的生成物，反应时褐煤与 $Na_2Cr_2O_7$ 的质量比为 3：1或 4：1。在 80℃ 以上的温度下，分别发生氧化和螯合两步反应。氧化使腐殖酸的亲水性增强，同时 $Cr_2O_7^{2-}$ 还原成 Cr^{3+}；然后再与氧化腐殖酸或腐殖酸进行螯合。铬腐殖酸在水中有较大的溶解度，其抗盐、抗钙能力也比腐殖酸钠强。

铬腐殖酸也可在井下高温条件下通过在煤碱剂处理的钻井液中加重铬酸钠转化而得。试验表明，它既有降滤失作用，又有降黏作用。特别是它与铁铬盐配合使用时（常用配比为铬褐煤：铁铬盐＝1：2），有很好的协同效应。据报道，由铁铬盐、铬腐殖酸和表面活性剂（如 P-30 或 Span-80 等）组成的钻井液具有很高的热稳定性和较好的防塌效果，曾在 6280m 的高温深井（井底温度为 235℃）和易塌地层中使用，效果良好。

3) 磺甲基褐煤（SMC）

磺甲基褐煤简称磺化褐煤，又称为磺甲基腐殖酸，是磺甲基腐殖酸与铬酸盐交联后生成的络合物。为黑褐色粉末或颗粒,易溶于水,水溶液的 pH 为 10 左右。干剂产品中铬含量(以 $Na_2Cr_2O_7 \cdot 2H_2O$ 计)应为 5%~8%。它既是抗高温降黏剂,同时又是抗高温降滤失剂,具有一定的抗盐、抗钙能力,抗温可达 200~220℃,一般用量为 3%~5%。

2. 磺化树脂类

1)磺甲基酚醛树脂

磺甲基酚醛树脂(SMP-1,SMP-2)简称磺化酚醛树脂,是一种抗高温降滤失剂。其合成路线是:先在酸性条件(pH=3~4)下使甲醛与苯酚反应,生成线型酚醛树脂;再在碱性条件下加入磺甲基化试剂进行分步磺化;通过适当控制反应条件,可得到磺化度较高和相对分子质量较大的产品。

它的另一种合成路线是:将苯酚、甲醛、亚硫酸钠和亚硫酸氢钠一次投料,在碱催化条件下,缩合和磺化反应同时进行,最后生成磺甲基酚醛树脂。

磺甲基酚醛树脂分 1 型产品(SMP-1)和 2 型产品(SMP-2)。由于其分子结构主要由苯环、亚甲基和 C—S 键等组成,因此热稳定性很强;又由于含有强亲水基——磺甲基($-CH_2SO_3^-$),且磺化度高,故亲水性很强,且受高温的影响较小。试验表明,在 200~220℃甚至更高温度下,不会发生明显降解。并且抗盐析能力强,SMP-1 可溶于 Cl^- 含量为 10 万~12 万 mg/L 或 Ca^{2+}、Mg^{2+} 总含量 2000mg/L 的盐水中;SMP-2 可溶于饱和盐水,在饱和盐水钻井液中抗温可达 200℃。

SMP-1 必须与 SMC、FCLS 或褐煤碱液配合使用,才能有效地降低钻井液的滤失量,其中与 SMC 复配使用的效果尤为明显。研究表明,这一方面是由于与 SMC 复配后,SMP-1 在黏土表面的吸附量可增加 5~6 倍,从而使黏土颗粒表面的 ξ 电位明显增大,水化膜明显增厚,最终导致处理剂护胶能力增强,泥饼质量得以改善,泥饼渗透率和滤失量下降;另一方面,是由于在高温和碱性条件下,SMP-1 和 SMC 易发生交联反应。若交联适度,则会增强降滤失的效果。室内和现场试验均证实,两种处理剂的配比以 1∶1 较为合适,一般加量为 3%~5%。

与 SMP-2 相比,SMP-1 的应用更为广泛。SMP-1 几乎可与所有处理剂相配伍,并几乎适用于目前国内任何一种钻井液体系。通过 SMP-1 和 SMC 复配,可将各种分散钻井液、钙处理钻井液、盐水钻井液和聚合物钻井液等十分方便地转变为抗温、抗盐的深井钻井液体系。SMP-2 主要用于抗 180~200℃的饱和盐水钻井液和 Cl^- 含量大于 11 万 mg/L 的高矿化度盐水钻井液。

2)磺甲基酚醛树脂木质素

磺甲基酚醛树脂木质素(SLSP)是由苯酚、甲醛与亚硫酸钠在碱催化下发生缩合反应而生成磺甲基酚醛树脂后,再在碱性条件下与木质素磺酸钙、甲醛进行脱水缩合反应而制得。产品呈棕黄色粉末,可溶于水。磺甲基酚醛树脂木质素是一种良好的抗温抗盐降滤失剂，抗温可达 180~200℃，抗盐达 10%，尤其是具有较强的抗钙能力，对钻井液黏切影响较小，甚至有一定的稀释作用。可用于淡水、盐水及饱和盐水钻井液中，能有效地降低钻井液的高温高压滤失量，改善泥饼的可压缩性，降低泥饼的摩阻系数。

3）磺化褐煤树脂

磺化褐煤树脂是褐煤中的某些官能团与酚醛树脂通过缩合反应所制得的产品。在缩合反应过程中，为了提高钻井液的抗盐、抗钙和抗温能力，还使用了一些聚合物单体或无机盐进行接枝和交联。该类降滤失剂中比较典型的产品有国外常用的 Resinex 和国内常用的钻井液用褐煤树脂（SPNH）。

Resinex 是自 20 世纪 70 年代后期以来国外常用的一种抗高温降滤失剂，由 50% 的磺化褐煤和 50% 的特种树脂组成。产品外观为黑色粉末，易溶于水，与其他处理剂有很好的相容性。据报道，在盐水钻井液中抗温可达 230℃，抗盐可达 $1.1×10^5$ mg/L。在含钙量为 2000mg/L 的情况下，仍能保持钻井液性能稳定。并且在降滤失的同时，基本上不会增大钻井液的黏度，在高温下不会发生胶凝。因此，特别适于在高密度深井钻井液中使用。

SPNH 是以褐煤和腈纶废丝为主要原料，通过采用接枝共聚和磺化的方法制得的一种含有羟基、羰基、亚甲基、磺酸基、羧基和腈基等多种官能团的共聚物。SPNH 主要起降滤失作用，但同时还具有一定的降黏作用。其抗温和抗盐、抗钙能力均与 Resinex 相似。总的来看，其性能优于同类的其他磺化处理剂。

4）其他磺化树脂类抗高温降滤失剂

SPX：通过苯氧（基）乙酸与苯酚、甲醛发生缩聚反应同时磺化，合成出磺化苯酚/苯氧（基）乙酸/甲醛树脂（简称 SPX 树脂）。抗温可达 160~190℃，抗盐可达饱和，在中原油田成功应用。

APR：两性磺化酚醛树脂 APR 是由苯酚、甲醛、亚硫酸钠、二甲胺和 1-溴丁烷合成的高温抗盐降滤失剂，分子结构中含有阳离子和阴离子两种基团。这种处理剂既有 SMP 在高温下改善泥饼质量、稳定井壁的特性，又能通过增强吸附能力抑制侵入到钻井液中的钻屑分散。耐盐浓度达 20%，抗温达 180℃。

3. 合成聚合物类

该类抗高温降滤失剂主要是利用各种含有特殊基团的功能性单体，通过加聚反应合成二元共聚物、三元共聚物以及多元共聚物。加聚反应是含有不饱和键或环状的低分子化合物（单体），在催化剂、引发剂或辐射等外加条件的作用下，单体间相互加成，形成新的共价键相连大分子的反应。合成聚合物降滤失剂品种较多、性能优异，具有一些天然高分子材料无法比拟的优点：①合成聚合物降滤失剂是通过不饱和或环状的碳键相互加成得到的，所以一般以—C—C—键作为共聚物分子的主链，单体上的功能性基团一般在共聚物的侧链上。在共聚物高分子中—C—C—键的断裂需要很高的能量，即使环境温度很高，也不易发生断裂。因此，此类降滤失剂的主链较其他类型的降滤失剂更加稳定，抗温性能力更强。②由于聚合物降滤失剂是利用各种单体加聚而成，通过选择不同的反应条件与不同原料单体，可以使产品具有极宽泛的分子量分布与各种不同的功能性基团。由于共聚物降滤失剂的这种差异性使此类降滤失剂具有各种不同的综合性能与广泛的应用领域，以满足不同钻井条件下的需要。③随着对合成聚合物降滤失剂研究的进一步深入，不断地有新的单体问世，这些新型单体的引入可以进一步提高产品的种类与综合性能，使聚合物降滤失剂具有更加广泛的应用领域，进一步促进此类降滤失剂的发展。

鉴于以上优点，合成聚合物降滤失剂是国内外研究人员竞相研究开发的重点，并推出了许多性能优良的产品。

1)丙烯酸类合成聚合物降滤失剂

丙烯酸类合成聚合物降滤失剂的主要原料有丙烯腈、丙烯酰胺、丙烯酸和丙烯磺酸等。根据所引入官能团、相对分子质量、水解度和所生成盐类的不同，可合成一系列钻井液处理剂。其中具有抗高温特性的产品主要有水解聚丙烯腈(HPAN)及丙烯酸与丙烯酰胺的共聚物(PAC系列)。

(1)水解聚丙烯腈。聚丙烯腈是制造腈纶(人造羊毛)的合成纤维材料，目前用于钻井液的主要是腈纶废丝经碱水解后的产物，外观为白色粉末，密度1.14~1.15g/cm³，代号为HPAN。水解聚丙烯腈降滤失的效果主要取决于聚合度和分子中的羧钠基与酰胺基之比(即水解程度)。聚合度较高时，降滤失性能比较强，并可增加钻井液的黏度和切力；而聚合度较低时，降滤失和增黏作用均相应减弱。为了保证其降滤失效果，羧钠基与酰胺基之比最好控制在2∶1~4∶1。由于水解聚丙烯腈分子的主链为C—C键，还带有热稳定性很强的腈基，因此可抗200℃以上高温。

(2)丙烯酸与丙烯酰胺的共聚物(PAC系列)。PAC系列产品是指各种复合离子型的聚丙烯酸盐(PAC)聚合物，实际上是具有不同取代基的乙烯基单体及其盐类的共聚物，通过在高分子链节上引入不同含量的羧基、羧钠基、羧胺基、酰胺基、腈基、磺酸基和羟基等共聚而成，该系列产品主要用于聚合物钻井液体系。由于各种官能团的协同作用，该类聚合物在各种复杂地层和不同的矿化度、温度条件下均能发挥其作用。只要调整好聚合物分子链节中各官能团的种类、数量、比例、聚合度及分子构型，就可设计和研制出一系列的处理剂，以满足降滤失、增黏和降黏等要求。其中应用较广的是PACl41、PACl42和PACl43等三种产品。

PACl41是丙烯酸、丙烯酰胺、丙烯酸钠和丙烯酸钙的四元共聚物。它在降滤失的同时，还兼有增黏作用，并且还能调节流型，改进钻井液的剪切稀释性能。该处理则能抗180℃的高温，抗盐可达饱和。

PACl42是丙烯酸、丙烯酰胺、丙烯腈和丙烯磺酸钠的共聚物。在降滤失的同时，其增黏幅度比 PAC141 小。主要在淡水、海水和饱和盐水钻井液中用作降滤失剂。

PAC143 是由多种乙烯基单体及其盐类共聚而成的水溶性高聚物，其相对分子质量为 150 万～200 万，分子链中含有羧基、羧钠基、羧钙基、酰胺基、腈基和磺酸基等多种官能团。该产品为各种矿化度的水基钻井液的降滤失剂，并且能抑制泥页岩水化分散。

2）AMPS 共聚物降滤失剂

AMPS（2-丙烯酰胺基-2-甲基丙磺酸）是一种多功能的水溶性阴离子型单体，具有良好的聚合活性，极易自聚或与其他烯类单体共聚。它的共聚物由于分子中含有对盐不敏感的—SO_3^- 基团，具有许多特殊的性能和良好的综合性能，可广泛应用于化纤、塑料、印染、涂料、表面活性剂、抗静电剂、水处理剂、陶瓷、照相、洗涤助剂、离子交换树脂、气体分离膜、电子工业和油田化学等领域。其分子结构式如图 3-1 所示。

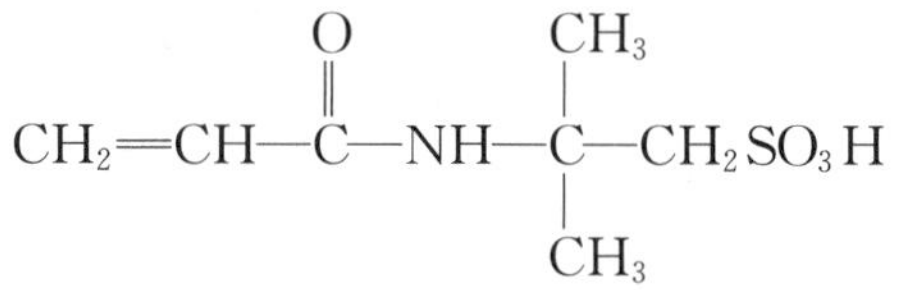

$$CH_2{=}CH{-}\overset{\overset{\textstyle O}{\|}}{C}{-}NH{-}\overset{\overset{\textstyle CH_3}{|}}{\underset{\underset{\textstyle CH_3}{|}}{C}}{-}CH_2SO_3H$$

图 3-1　AMPS 分子结构式

从 AMPS 分子结构式可以看出，其分子结构中同时具有极性非离子吸附基团与阴离子水化基团。其分子在水溶液中，一方面极性基团通过形成氢键同水分子发生强烈的亲和作用，另一方面又存在非极性基团与极性的水分子之间的排斥作用。这两方面的作用导致非极性基团"逃离"水的极性环境而通过相互间的范德华引力聚集在一起，形成二维动态的空间网络结构，从而使共聚物分子的流体力学半径增加，起到增黏作用。同时，由于该网络结构是物理作用形成的，所以存在可逆性，在剪切去除后可以恢复，从而提高了共聚物的抗剪切性。

同时，由于分子中—SO_3^- 基团的两个 S—O p-d π 键的存在增强了—SO_3^- 基团的稳定性，从而对外界阳离子的进攻不敏感，因此 AMPS 及其共聚物具有很好的抗高温、抗盐性能。分子上羧基氧的高电荷也具有良好的吸附性与络合性。

AMPS 的特殊分子结构使其在抗温抗盐方面体现出了独特的优势，国内外已将其作为重要的单体广泛应用于油田处理剂的合成与改性中。以 AMPS 为单体共聚物作为抗高温降滤失剂已广泛应用于高温钻井作业中，下面将分别介绍国内外主要的产品及研究进展。

（1）COP-1、COP-2：COP 系列产品是德国研制的 AMPS 共聚物抗高温降滤失剂产品，COP-1 是 AMPS 和丙烯酰胺（AM）共聚而成的抗高温降滤失剂，COP-2 是 AMPS 和水解丙烯酰胺（AAM）共聚而成的抗高温降滤失剂。这两种降滤失剂为淡棕黄色微粒，含水量低于 10%，相对分子质量为 75 万～150 万，溶于水，1% 水溶液黏度为 25～75mPa·s，不污染环境。该处理剂分子间交联度低，有离子基团，水溶性好，其主链伸展，抗电解质能力强，侧链基团遇二价阳离子不沉淀。该处理剂已应用于 30 多口井底温度超过 260℃ 的地热井，其中用 COP-1 和褐煤及褐煤衍生物来控制滤失，用磺化乙烯马来酸酐来抗絮凝，通常 COP-1 和 COP-2 复配使用。

(2)Pyro-Trol、Kemseal：Pyro-Trol 和 Kemseal 是 Baker Hughes 公司开发的两种高温钻井液用降滤失剂，二者均为该公司的专利产品。其中 Pyro-Trol 是 AMPS 和 AM 的共聚物，而 Kemseal 为 AMPS 与 N-烷基丙烯酰胺(NAAM)的共聚物，一般两者配合使用。现场使用效果表明，两者均具有出众的高温稳定性能，可用于 260℃ 高温地层。其中 Pyro-Trol 在控制钻井液滤失性能的同时还保证体系具有一定的润滑性能，而且淡水或海水对该剂性能无影响，适于海洋钻井。另外，该高温降滤失剂还具有用量少的特点，在钻井液体系中只需很低的浓度就能起到降低钻井液滤失量的效果。

(3)抗高温降滤失剂 FLA：以 AMPS 为主，配合其他特定的乙烯基单体，经特殊方法而聚合得到的多元共聚物。应用表明，在 3% 的钠膨润土基浆中，可有效抗温 220℃，抗盐至饱和，抗钙达 5%，在淡水、盐水、饱和盐水、含钙钻井液等体系中，其抗温滤失性能比国外的 Pyro-Trol 和 Kemseal 要好，开发应用前景广阔。

(4)抗高温降滤失剂 PAX：该降滤失剂以 AMPS/AM 等乙烯基单体为原料，采用氧化还原体系，以过硫酸盐引发自由基聚合而制得。实验评价表明该降滤失剂能有效抗温 220℃，与国外新型抗高温聚合物降滤失剂 Hosdrill V 4706 进行性能比较，结果表明，淡水基浆中抗温效果好于 Hosdrill V 4706，通过抗盐盐析实验发现，在饱和盐水中，抗盐效果相当。

(5)多元聚合物抗高温降滤失剂 JHW：JHW 是以 AMP 为主，配合其他几种特定的乙烯基单体，经过特殊方法聚合而成的一种多元聚合物，其结构中含有羟基、磺酸基、氨基、酰胺基等多种官能团，水溶性好，在 3% 钠膨润土基浆中，抗饱和盐水，抗 $5\%CaCl_2$，抗温达 210℃，而且热稳定性好。

(6)Giddings 等合成了 2-丙烯酰胺基-2-甲基丙磺酸(AMPS)、丙烯酰胺(AM)和 N,N'-亚甲基-双丙烯酰胺(MBA)共聚物，并用作高温高压高矿化度条件下油井钻井液体系的降滤失剂和流型稳定剂。该聚合物中 AMPS 单体链节含量达 57%～61%(物质的量分数)，大量的磺酸基团($-SO_3^-$)保证了该聚合物的抗温性和抗硬水性能。现场实践表明，该聚合物不仅具有良好的降滤失能力，而且具有较好的流型调节和包被能力。

(7)Dickert 等以 AMPS、AM 和 N-乙烯基-N-烷基酰胺(NVNAAM)等为原料研制开发了两种耐高温降滤失剂，在超过 200℃ 条件下均具有良好的降滤失效果，它们形成的钻井液体系在 pH 为 8～11.5 的范围内综合性能最佳。

(8)美国的 Patel 等以 AMPS 为聚合单体，以 N,N'-亚甲基-双丙烯酰胺

(MBA)为交联剂,通过可控交联合成了一种用于水基钻井液的高温降滤失剂,该剂在 205℃(400℉)条件下抗温能力良好,而且抗钙镁性能出众,是一种优良的高温水基钻井液降滤失剂。

除上述产品及研究工作外,国内外以 AMPS 为共聚单体,开发的抗高温降滤失剂还有:

AMPS/AM:共聚物单体为 2-丙烯酰胺基-2-甲基丙磺酸、丙烯酰胺。适用于各种类型的水基钻井液,抗盐至饱和,抗温至 180℃,在含 6%$CaCl_2$ 的钻井液中可有效地控制滤失量。

AMPS/AM/VAC:共聚单体为 2-丙烯酰胺基-2-甲基丙磺酸、丙烯酰胺、醋酸乙烯酯。在淡水钻井液、盐水钻井液、饱和盐水钻井液和人工海水钻井液体系中均具有较强的降滤失作用,抗温可达 180℃。

AMPS/AM/SAA:共聚物单体为 2-丙烯酰胺基-2-甲基丙磺酸、丙烯酰胺、丙烯酸。适用于各种类型钻井液,抗盐至饱和,抗钙达 30000mg/L,抗温 180℃,与传统聚合物相比具有很强的抗钙能力。

AMPS/AM/AN:共聚单体为 2-丙烯酰胺基-2-甲基丙磺酸、丙烯酰胺、丙烯腈。在各类钻井液体系中均具有显著的降滤失作用和较强的降黏切作用,在淡水、饱和盐水钻井液体系中抗温达 200℃,在含钙钻井液体系中抗温可达 180℃。

DMDAAC/AA/AM/AMPS:共聚物单体为丙烯酰胺、丙烯酸、二甲基-二烯丙基氯化铵、2-丙烯酰胺基-2-甲基丙磺酸,降滤失能力强,抗温高于 180℃,防塌效果好。

另外 AMPS 与淀粉、腐殖酸及栲胶类接枝共聚的降滤失剂均具有较好的抗温抗盐效果。

3)阳离子抗高温降滤失剂

CHSP-1:由褐煤、苯酚、聚丙烯腈、腈纶废丝、无水亚硫酸钠、氢氧化钠、甲醛和阳离子丙烯酰胺等处理剂通过磺化、水解、聚合等手段合成出的一种抗高温抗盐阳离子降滤失剂。抗温达 200℃,抗盐至饱和,抗钙能力强,并且具有良好的抑制性能。该处理剂在新疆塔里木哈 8 井中成功应用。

CAP:共聚物单体为磺化褐煤、水解聚丙烯腈、二乙烯基二烯丙基氯化铵、2-丙烯酰胺基-2-甲基丙磺酸、尿素、甲醛。具有较强的降滤失能力,抗盐达饱和、抗钙达 7000mg/L,抗温达 200℃,与阳离子钻井液体系配伍性好。

4)其他合成聚合物降滤失剂

VS-VA:为乙烯磺酸盐和乙烯酰胺共聚物,是一种抗高温抗电解质的降滤失剂,分子量 100 万,热稳定性超过 200℃,该共聚物中磺酸基电荷密度高,能抗二价阳离子污染并稳定钻井液流变性能。聚合物中的酰胺基团,高温皂化形成仲胺基团并脱羧,碱性基团与钻井液中黏土牢固吸附,而磺酸基团提高聚合物的分散能力。因此,该聚合物抗 Ca^{2+} 饱和,与酸接触不沉淀,能抗钻井液中固相和水泥的污染。该处理剂在美国、德国、日本等国家的超深井钻井中应用取得了很好的效果。

Poly-drill(或德国的 HT-Polymer)：为磺化聚合物，是德国研制开发的新型抗高温降滤失剂，相对分子量 20 万。此聚合物既可降低钻井液滤失量又不影响钻井液流变性，抗 NaCl 至饱和，抗 Ca^{2+} 浓度达 45000mg/L、Mg^{2+} 浓度达 75000mg/L。在美国一口定向井上，使用 Poly-drill 与褐煤－苯酚树脂复合处理，钻井液的抗温极限达 260℃以上。

磺化苯乙烯－马来酸酐共聚物：该降滤失剂由美国 ARCO 公司开发，如磺化苯乙烯－马来酸酐共聚物钠盐，主要用作高温钻井稀释剂，抗高温达 230℃。

除上述所列的抗高温降滤失剂外，国内外关于这方面的文献研究报道还有很多，并且有些已形成了工业化的产品，在此不再赘述。

综上所述可以看出，国内外在抗高温降滤失剂的研究和开发上做了大量的工作，并推出了一系列的抗高温产品。抗高温降滤失剂未来的发展方向主要还是集中在以含磺酸基的合成聚合物为基础的降滤失剂。虽然国内外的研究工作者在降滤失剂研究方面取得了可喜的成绩，但是由于石油工业的不断发展，降滤失剂的开发仍不能停下脚步，还需要继续努力开发研究新的降滤失剂，以满足石油工业发展的需要。

3.1.1.2 抗高温降黏剂

在高温作用下，钻井液中的黏土颗粒，特别是膨润土颗粒的分散度会进一步增加，从而使颗粒浓度增加，比表面增大，即高温分散；同时，高温下也会使钻井液中的某些聚合物处理剂发生高温交联。高温分散及高温交联作用会使钻井液形成的网状结构增强，钻井液的黏度、切力增加。若黏度、切力过大，则会造成开泵困难、钻屑难以除去或钻井过程中激动压力过大等现象，严重时会导致各种井下复杂情况。因此，在钻井液的使用和维护过程中，需要加入抗高温降黏剂，以降低体系的黏度和切力，使其具有适当的流变性能。根据降黏剂的作用机理可将降黏剂分为分散型和聚合物型。分散型降黏剂主要有丹宁类和木质素磺酸盐类，聚合物型降黏剂主要包括共聚型聚合物降黏剂和低分子聚合物降黏剂。

1)铁铬木质素磺酸盐

铁铬木质素磺酸盐简称铁铬盐，代号 FCLS，是由造纸纸浆废液改性而得。室内试验和现场使用经验表明，其抗温、抗盐和抗钙性能均比单宁酸类降黏剂要强得多。铁铬盐抗温可达 150~180℃，在钻井液中的加量一般为 0.3%~1.0%，加量较大时兼有降滤失作用。

2)磺化丹宁

磺化丹宁代号 SMT。在盐水和饱和盐水钻井液中仍能保持一定的降黏能力，抗钙可达 1000mg/L，抗温可达 180~200℃。其加量一般在 1%以下，使用的 pH

范围为 9~11。

3）磺化栲胶

磺化栲胶代号 SMK。为棕褐色粉末或细颗粒，易溶于水，水溶液呈碱性。不含重金属离子，无毒，无污染，抗温可达 180℃，其降黏性能与 SMT 相似。

4）CPD（又名 TSD）

该处理剂是丙烯酸钠和乙烯磺酸盐的共聚物，分子量 100~5000，为抗 Ca^{2+} 浓度达 1800mg/L 的降黏剂，抗温极限达 260℃。该处理剂对不同浓度 NaCl 的褐煤铁铬盐井浆有较好的稀释效果，无分散作用，能很好地稳定井壁、控制高温增稠。在美国的路易斯安娜近海、木比耳海湾、加利福尼亚等地区的海水钻井液中广泛应用，使用最高井底温度达 204℃。

5）SSMA 或 Mil-temp

为磺化苯乙烯与马来酸酐共聚物，是一种抗温达 200℃的降黏剂，相对分子质量为 1000~5000。用其处理的钻井液热稳定性得到很大提高，且与 FCLS 复配处理效果更佳。在美国许多高温井中，用 SSMA 和 FCLS 处理的密度为 2.24~2.27g/cm³ 的钻井液性能良好，克服了经常发生的气侵和 CO_2 侵的现象。

6）MGBM-1

MGBM-1 是通过甲醛缩合、接枝共聚、金属离子络合及磺化剂磺化等一系列改性反应而成。能抗 3% 的盐和 0.9% 的 $CaCl_2$。在淡水钻井液中，温度达到 180℃时，仍有较好的降黏作用。

7）Thermal-Thin

该处理剂是一种抗高温聚合物型分散剂，抗温达 204℃以上，在中等以下固含量的淡水钻井液中应用效果最佳。可单独使用，也可与 FCLS 复配使用，适应性很强，抗盐抗钙能力强。

8）SSHMA

SSHMA 是由苯乙烯、马来酸酐在一定条件下经过引发共聚而成的聚合物。该剂具有较好的耐温耐盐性，加量少，在淡水钻井液中抗温可达 230℃，抗污染能力强。

9）AMPS 共聚物

PP：共聚物单体为 2-丙烯酰胺基-2-甲基丙磺酸（AMPS）、丙烯酸（AA）。在 $CaCl_2$ 加量为 0.5% 时能够保持较好的流变性，抗温达 200℃。

THIN：共聚单体为丙烯酸、丙烯磺酸、2-丙烯酰胺基-2-甲基丙磺酸和小阳离子。该聚合物可抗 220℃高温，抗盐（NaCl）达 320g/L，抗钙（以 $CaCl_2$ 计）1.0g/L，在高密度高固相钻井液中降黏效果优于常用的 FCLS 和 XY-27。

10）SF260

SF260 为硅氟类抗高温降黏剂，在盐水和淡水钻井液中具有较好的稀释能力，在温度 200℃，仍具有较好的热稳定性。SF260 和 SF 防塌降滤失剂配合使用时，钻井液的性能更加优异。该处理剂目前已在辽河、胜利和大庆等油田应用，最高使用温度195℃。

3.1.1.3 高密度钻井液加重材料

加重材料又称加重剂，是由不溶于水的惰性物质经过研磨加工制备而成。为了对付高压地层，平衡地层压力并稳定井壁。加重材料应具备的条件是自身的密度大、磨损性小、易粉碎，并且应该是惰性物质，既不溶于钻井液，也不与钻井液中的其他组分发生相互作用。

1. 常用的加重材料

1) 重晶石粉

重晶石为含钡硫酸盐矿物，化学成分为 $65.7\%BaO$、$34.3\%SO_3$，是制取钡和钡化合物的最重要的工业矿物原料。由于重晶石密度大、硬度适中、化学性质稳定、不溶于水和酸、无磁性和毒性，早在 20 世纪 20 年代就被用作石油和天然气钻井液的加重剂。按照 API 标准，重晶石粉密度应该达到 $4.0g/cm^3$，粉末细度要求通过 200 目筛网时筛余量<3.0%。重晶石粉一般应用于加重密度不超过 $2.30g/cm^3$ 的水基和油基钻井液，它是目前应用最广泛的一种钻井液加重剂。

2) 石灰石粉

石灰石粉的主要成分为 $CaCO_3$，密度为 $2.7\sim2.9g/cm^3$。易与盐酸等无机酸发生反应，生成 CO_2、H_2O 和可溶性盐，因而适于在非酸敏性而又需进行酸化作业的产层中使用，以减轻钻井液对产层的损害。但由于其密度较低，一般只能用于配制密度不超过 $1.68g/cm^3$ 的钻井液和完井液。

3) 铁矿石粉

铁矿物种类繁多，目前已发现的铁矿物和含铁矿物有 300 余种，其中常见的有 170 余种。但在当前技术条件下，具有工业利用价值的主要是磁铁矿、赤铁矿、磁赤铁矿、钛铁矿、褐铁矿和菱铁矿等。可用于钻井液加重剂的主要为铁矿粉和钛铁矿粉，前者的主要成分为 Fe_2O_3，密度 $4.9\sim5.3g/cm^3$；后者的主要成分为 $TiO_2 \cdot Fe_2O_3$，密度 $4.5\sim5.1g/cm^3$，均为棕色或黑褐色粉末。因它们的密度均大于重晶石，故可用于配制密度更高的钻井液。如果将某种钻井液加重至某一给定的密度，当选用铁矿粉时，加重后钻井液中的固相含量（常用体积分数表示）显然要比选用重晶石时低一些。加重后固相含量低，有利于流变性能的调控和提高钻速。此外，由于铁矿粉和钛铁矿粉均具有一定的酸溶性，因此可应用于需进行酸化的产层。由于这两种加重材料的硬度约为重晶石的 2 倍，耐研磨，在使用中颗粒尺寸保持较好，所以损耗率低。但另一方面，对钻具、钻头和泥浆泵的磨损也较为严重。

4）方铅矿粉

方铅矿是硫化物中很著名的矿物，它由金属元素铅和非金属元素硫组成，分子式为 PbS。方铅矿粉一般呈黑褐色，由于其密度高达 $7.4 \sim 7.7 \mathrm{g/cm^3}$，可用于配制超高密度钻井液，以控制地层出现异常高压。由于该加重剂的成本高、货源少，一般仅限于在地层孔隙压力极高的特殊情况下使用。如我国滇黔桂石油勘探局在官 3 井上使用了方铅矿，配制出密度为 $3.0 \mathrm{g/cm^3}$ 的超高密度钻井液。

5）可溶性盐加重剂

可用于钻井液加重剂的可溶性盐包括无机盐和有机盐，与惰性不溶固体加重剂相比，可溶性盐钻井液加重剂能降低钻井液中固相含量，有利于流变性调控和提高机械钻速，但成本较高，对钻具的腐蚀性强，使用中一般要加入缓蚀剂。无机盐有氯化钠、氯化钾、氯化钙、溴化钙和溴化锌，其中溴化锌饱和溶液的密度达 $2.3 \mathrm{g/cm^3}$。有机盐有甲酸钠、甲酸钾和甲酸铯，其中甲酸铯饱和溶液的密度达 $2.3 \mathrm{g/cm^3}$。与无机盐相比，有机盐与其他处理剂的配伍性更好，腐蚀性较低，储层保护性能和环境保护性能更佳，特别是甲酸铯钻井完井液体系更是近年发展起来的新型高效的高温高压储层钻井完井液体系。

采用可溶性盐作为钻井液的基液与固体加重材料复配使用，能够减少固体粉末加重材料的加量，从而减少钻井液中固相的含量，有利于钻井液流变性能及沉降稳定性的控制。

2. 微粉加重剂

随着深井超深井、大位移井、大斜度井、水平井等特殊工艺井越来越多，对高密度钻井液性能提出了更高的要求。流变性与沉降稳定性之间的矛盾是高密度钻井液技术存在的主要难点之一，高固相含量可导致摩阻与扭矩增大、井眼清洁困难、钻井液性能维护难度增加等一系列问题。常规高密度加重材料如 API 重晶石在应用过程中经常出现固相沉降、流变性难以调控等问题；铁矿粉加重后钻井液中的固相含量虽然比选用重晶石时低，但是对钻具、钻头和泥浆泵的磨损以及固相沉降都比较严重。为解决高密度钻井液存在的这些问题，国外从 20 世纪 70 年代中期就开始了高密度微粉加重剂的研究与应用，通过对传统高密度加重材料进行超微改性，使其平均粒径小于 $10 \mu \mathrm{m}$，这使得高密度微粉加重剂具有独特的优点，能较好地解决高密度钻井液存在的问题，尤其是在复杂井钻井作业中，相对于传统的加重材料表现出明显的优势。目前常用的微粉加重剂有重晶石微粉、钛铁矿微粉、四氧化三锰微粉。

1）重晶石微粉

重晶石微粉颗粒密度可达到 $4.3 \mathrm{g/cm^3}$，不溶于酸，制备工艺可分为干法和湿法，两种工艺在研磨过程中均需加入改性材料，以抑制重晶石微粉因表面能的增加而发生团聚现象。

重晶石微粉能较好地解决常规重晶石粉加重的高密度钻井液在沉降稳定性方面存在的问题。如 20 世纪 90 年代，Randolph 等应用了颜料级的重晶石（平均粒径为 $0.18\mu m$，密度为 $4.3g/cm^3$）作为加重剂，与阳离子盐水复配加重钻井液密度达 $1.68g/cm^3$，成功解决了重晶石沉降问题。Gregoire 等报道了使用一种微细重晶石钻井液体系成功地完成了位于北海地区的一口高温、高压斜井的钻井作业。该井最大井斜为 $42°$，井底温度为 $205℃$，完钻钻井液密度为 $2.15g/cm^3$，加重时使用了超细重晶石粉（分离粒径小于 $0.043mm$），有效克服了使用常规重晶石粉所引起的沉降效应，使该井的 $\varphi216mm$ 井眼由 6354m 顺利延伸至 7327m。

2）钛铁矿微粉

钛铁矿微粉颗粒密度可达 $4.6g/cm^3$，是良好的酸溶性高密度加重材料，国外一般选取低磁性的钛铁矿源，经过反复地研磨、沉降、干燥等处理过程，可使钛铁矿颗粒平均粒径达到 $1\sim10\mu m$，钛铁矿微粉颗粒小，使得其在酸中的溶解速度更快。

钛铁矿微粉钻井液体系具有更环保、更经济、更低腐蚀程度的特点。传统重晶石含有汞、镉、砷等重金属，国外限制用其加重的油基钻井液向海洋排放，且国外重晶石的供应受地域限制，每年要用的重晶石一半要从中国进口，运输成本高。Elkatatny 等为克服以上问题，报道了使用一种平均粒径为 $5\mu m$、成本较低、重金属含量低的钛铁矿作为替代加重材料，试验证明用这种钛铁矿加重水基钻井液密度到 $1.92g/cm^3$ 时，较常规重晶石加重表现出更好的高温（176℃）稳定性，并且环保、成本显著降低。

3）四氧化三锰微粉

四氧化三锰微粉是 2004 年由挪威埃肯（Elkem）公司开发的一种高性能加重剂，其产品代号为 Micromax。Micromax 是在锰铁合金生产过程中，反应温度为 $1000\sim1750℃$ 时生成的一种副产品。主要由四氧化三锰组成，其中 Mn_3O_4 含量大于 90%，不含四价锰，对健康和环境无害。Micromax 由粒径 $0.1\sim10\mu m$ 的胶状粒子组成，平均粒径在 $1\mu m$ 左右，比表面积 $2\sim4m^2/g$，密

图 3-2　Micromax 扫描电镜图

度为 $4.8g/cm^3$。由于其粒径小，故能更好地悬浮于钻井液体系中，不易沉降；此外，其颗粒表面电荷密度较低，粒子呈球形，粒子之间相互作用力更小，即使四氧化三锰微粉发生沉降，形成的沉淀也较松软，稍微通过机械搅拌就很容易破坏沉淀或实现返排。图 3-2 为 Micromax 的扫描电镜（SEM）图片。

国内外的研究和现场试验表明，四氧化三锰微粉加重剂颗粒小、呈球形、表

面活性高、沉降速率小。与传统高密度加重材料相比，可以显著改善高密度钻井液的流变性能、沉降稳定性、润滑性能、抗温性能，是高密度钻井液的理想加重材料。另外，四氧化三锰与传统高密度加重材料复配可以较好地避免单一加重材料的缺陷，改善高密度钻井液的流变滤失性、沉降稳定性和润滑性。同时，四氧化三锰应用于钻井液加重，可在一定程度上降低经济成本。

3. 加重剂的表面改性

要提高钻井液对加重剂的悬浮能力，一方面要求钻井液具有较高的动切力和静切力，另一方面要求加重剂在钻井液中分散性好。在改善加重剂悬浮性的研究中，通常有两种思路。一种是在钻井液中加入结构稳定剂，主要作为结构填料或者用于黏土之类的结构物改性，来强化钻井液的空间网状结构，增强对加重剂的负载能力，悬浮加重剂并使加重钻井液的动力稳定性变好。使用这种方法时往往在加重剂的悬浮性得到改善的同时，钻井液的流变性变差，而且费用成本又高，因而其应用受到一定的限制。另一种就是对加重剂进行表面改性，即加入某种化学处理剂，使加重剂表面更亲水或者更亲油，阻止加重剂的聚结，增强在钻井液中的分散性和悬浮性。这方面工作虽然起步晚，但由于效果显著，越来越受到钻井液工程师的重视。对加重剂的表面改性主要集中在对最常用的加重材料重晶石的改性研究上，国外重晶石表面改性的研究是从 20 世纪 70 年代中期开始的。在起初的改性工作中，重晶石往往是与改性剂及其他助剂一并加入钻井液中，通过搅拌相互作用，对重晶石表面进行改性。从 20 世纪 80 年代末才开始用改性剂单独处理重晶石的研究工作。目前，亲水改性与亲油改性的研究取得了一定成绩。

重晶石的表面性质改造方法有：①将重晶石与活化剂一起加入钻井液中的表面改性方法，能使钻井液稳定性有所改善。用非离子表面活性剂（如 OP-10 等）作聚结物分散剂，用可溶性磷酸盐（六偏磷酸钠、三聚磷酸钠和磷酸三钠）来提高重晶石亲水性，但仍有较多的重晶石沉降，热稳定性仍较差，而且需要加入的活化剂量太大，改性费用太高。②活化剂对重晶石的优先吸附可提高改性效率，于是研究人员提出预先对重晶石进行单独处理的改性新方法，将重晶石粉用缩合磷酸盐预先处理使其具有亲水性，再用作加重剂。通过增大重晶石表面的电动电势来增强重晶石的亲水性，降低增黏性，提高加重能力，即用 EDTA 二钠盐和木质素磺酸铝处理重晶石。处理后重晶石表面形成亲水的复合表面层，表面 ξ 电位增大，重晶石颗粒之间斥力增大，颗粒间作用力减小，重晶石在钻井液中的增黏性大大降低。在重晶石表面亲水化过程中起主要作用的是 EDTA 二钠盐与木质素磺酸铝的吸附，这种两剂亲水改性的效果比磷酸盐与水玻璃的改性效果好得多，但需 500℃以上的高温处理，工艺条件复杂。

重晶石表面化学改性的机理主要是活化剂分子在重晶石表面的化学吸附、螯合与物理吸附，这些作用包括：①离子交换吸附与离子对吸附：表面活性离子取代吸附在固体表面上反离子的同性离子位置或占据未被反离子吸附的固体表面位置而吸附。②氢键形成吸附：表面活性分子或离子在固体表面形成氢键而吸附。③P电子极化吸附：分子含有富余电子的芳香核时，与吸附剂表面的强正电性位置相互作用而发生吸附。④London引力（色散力）吸附：这种吸附处处存在，并与吸附物大小有关，正是由于这种色散力使重晶石克服同性斥力而与阳离子活性基团进行吸附。⑤憎油作用吸附：表面憎油的固体与憎油的活化剂进行吸附，因为憎油物质均有逃离油的趋势，极性间相互作用使它们结合在一起。⑥化学螯合作用吸附或化学反应：活化剂分子或离子与重晶石表面的钡离子螯合而吸附，活化剂分子中的氮或氧原子是给电子体。它们螯合重晶石表面的 Ba^{2+}，在重晶石表面形成螯合剂分子层，改变重晶石表面的亲水或亲油能力；或者与钡离子反应生成比硫酸钡更难溶于水的沉淀。

重晶石的表面活化是以上几种作用的综合结果。

3.1.2 抗高温水基钻井液体系

国外从 20 世纪 60 年代开始研究深井抗高温钻井液体系，先后研究出一批深井抗高温钻井液技术。国内从 20 世纪 70 年代开始系统研究抗高温钻井液体系，其中以三磺处理剂为代表的抗高温处理剂的成功研制，使我国深井水基钻井液技术得到飞速发展。下面将分别介绍国内主要的抗高温钻井液体系。

1. SIV 钻井液体系

SIV 钻井液体系是一种独特的钻井液体系，其主要成分是 SIV，该处理剂是一种由钠、锂、镁和氧组成的合成多层硅，为白色粉末，其结构类似于天然的膨胀性微晶高岭石黏土，热稳定性高达 370℃。其特点是杂质含量低，剪切后黏度恢复快，包被能力强，抗高温能力强；水溶液透明度高，对钻屑和岩心的损害很小。钻井过程中常用的典型配方为：

淡水＋0.9％SIV＋0.9％聚合物抗絮凝剂＋6.3％氯化钾＋0.3％纯碱＋0.63％亚硫酸钠（除氧剂）＋187.3％重晶石＋3％碳酸钙（细粒）＋2.4％三元共聚物降失水剂＋0.03％消泡剂＋3％黏土混合物。

该钻井液体系在 233℃的温度下仍然保持良好的黏度，不发生高温絮凝等问题。现场和地热井实验表明，SIV 钻井液效果良好，特别是钻结晶岩，其应用温度范围广，对岩心和岩屑损害小。在西德 KTB-HB 工程中使用了这种钻井液，现场应用表明，SIV 体系具有较好的悬浮性、抗污染性、高温高压流变性。

2. 海泡石、皂石-海泡石聚合物钻井液

1）海泡石钻井液
海泡石是一种富含纤维质和镁的黏土矿物，其结构与坡缕石相似。海泡石的

特点是其颗粒为条状，随着温度的升高而转变为薄片状结构的富镁蒙脱石（Stevensite），使得海泡石比凹凸棒土能更好地控制流变性和滤失量，更适合用于抗高温钻井液中。使用海泡石的钻井液配方是由 Carney 和 Meyer 1975 年第一次设计的。海泡石黏土基浆能抗电解质，有较高的热稳定性、高的胶凝强度和优良的抗剪切能力。在高温静止情况下，海泡石基浆能保持可逆的胶体结构，在剪切条件下黏度不降低。另外，海泡石是通过增加基浆的屈服值来增黏的，与基浆的塑性黏度无关。海泡石钻井液抗温能力高，在 238℃条件下仍具有较好的性能。表 3-1 为该体系的性能。

表 3-1　海泡石钻井液体系性能

钻井液体系	表观黏度/(mPa·s)	塑性黏度/(mPa·s)	屈服值/Pa	凝胶强度/Pa	API 失水/mL	高温高压失水/mL
体系 1	66	46	19.5	3.9~12.2	10	19
体系 2	25	—	16.5	2.9~10.7	20	20

注：体系 1：4.4%海泡石＋2.9%NaOH＋1.45%改性褐煤＋0.58%丙烯酸钠＋0.73%钻屑；体系 2：4.4%海泡石＋2.9%NaOH＋1.45%磺化褐煤＋0.58%丙烯酸钠＋0.73%钻屑。

加利福尼亚南部 10 口井的现场使用数据也表明，在 238℃的情况下，海泡石的热稳定性优于其他黏土。20 世纪 80 年代末，美国和加拿大 90 多口井中使用了海泡石钻井液。现场实践说明，海泡石钻井液具有热稳定性较高、增黏作用好、酸溶性好等特点，是一种良好的高温深井钻井液。

2）皂石－海泡石聚合物钻井液体系

皂石－海泡石聚合物钻井液体系主要由皂石、海泡石、高相对分子质量聚合物降滤失剂、低相对分子质量聚合物解絮凝剂等组成。这种钻井液体系可用各种类型的水（淡水、海水和盐水）配浆，在 260℃（500℉）条件下仍具有良好的流变性和较低的滤失量，且具有良好的抗污染（盐、钙、镁、碳酸盐等）能力，并易于测试、维护和处理。其典型配方和性能见表 3-2。

表 3-2　皂石－海泡石聚合物钻井液体系性能

钻井液体系	性能						
	温度/℃	AV/(mPa·s)	PV/(mPa·s)	YP/Pa	Gel/Pa	API FL/mL	HPHT FL/mL	pH
淡水钻井液体系	21	90	160	30	14.5/31.5	0.5	12	9.1
	149	103	77	26	6.5/11	0	16	9.1
	204	88	66	22	8/23.5	1	14	8.9
	260	91	58	23	6/12.5	2	18	9.2

钻井液体系	性能							
	温度/℃	AV /(mPa·s)	PV /(mPa·s)	YP /Pa	Gel /Pa	API FL /mL	HPHT FL /mL	pH
海水钻井液体系	66	76.5	46	30.5	7.5/18	4.4	14.8	8.6
	149	67	43	24	7/19	5.2	15.6	8.6
	232	42.5	33	9.5	2.5/20	5.5	18.8	8.6

注：淡水钻井液体系配方：100%淡水＋7.14%皂石－海泡石＋1.43%高聚物＋0.86%低聚物＋1.55%重晶石；海水钻井液体系配方：80%水＋4.29%盐＋2%皂石＋2%海泡石＋2%褐煤＋1.14%天然沥青＋5.71%模拟钻屑＋0.29%KOH＋64.29%重晶石＋1.14%低相对分子质量丙烯酸共聚物＋0.29%表面张力降低剂

3. 聚合物钻井液体系

1)高固相抗絮凝聚合物(HSDP)钻井液体系

HSDP 钻井液体系主要是由一种聚合物增黏剂、一种聚合物解絮凝剂和一种聚合物降滤失剂组成的，用重晶石进行加重，用氢氧化钠来控制钻井液的 pH。这种钻井液体系的密度可高达 2.51g/cm³，在温度为 177℃(350℉)的条件下能保持良好的流变性。该钻井液能抗钙、镁和钠等离子的污染，也能抗碳酸盐、水、油和各种气体的污染，且对钻屑含量要求不高。表 3-3 为该钻井液体系的基本配方。

表 3-3　HSPD 钻井液体系的组分及加量

处理剂	功能	处理剂加量/(kg/m³)
生物聚合物(XC)	增黏剂	0.71~1.43
聚阴离子木质素(PAL)	降滤失剂	11.43~22.86
丙烯酸共聚物	解絮凝剂	5.71~8.57
重晶石	加重剂	依密度而定
氢氧化钠	pH 控制剂	
膨润土	增黏剂	
聚阴离子纤维素(PAC)	降滤失剂	
羧甲基纤维素(CMC)	降滤失剂	
部分水解聚丙烯酰胺(PHPA)	降滤失剂	
表面活性剂	分散剂	

注：pH 为 10.5~11.5

2)新型抗钙聚合物钻井液体系

1984 年西德制造商生产了一种磺化聚合物降滤失剂：①能抗盐至饱和；

②能抗 75mg/L 的钙离子和 100mg/L 的镁离子；③抗高温至 204℃。根据凝胶渗透色谱分析，这种聚合物的平均相对分子质量为 200000，较低相对分子质量的聚合物可降低钻井液的滤失量，但不会影响钻井液的流变性。进一步的研究结果表明，在特定分子链取代基团下，可确保抗钙能力超过 200mg/L 的氯化钙。

这种磺化聚合物与淀粉、纤维素衍生物类（CMC、PAC、CMHEC 等）的协同效应使它们的使用温度明显提高。新型磺化聚合物与纤维素衍生物复配的体系使用温度可达 171℃（340℉）。且该聚合物的成本低，是乙烯磺酸盐-乙烯酰胺共聚物的六分之一。在西德用这种新型体系钻了一口井深为 4875m 的井，在有含钙量较高的水侵入到钻井液时，这种磺化聚合物稳定了钻井液的滤失速度和流变性。

3）TSD 和 TSF 聚合物钻井液

TSD 是一种低分子合成聚合物，溶解度为 50%，在 232℃温度下可有效地控制钻井液的流变性，并且具有良好的抗钙性能。TSF 是一种中分子聚合物，这种添加剂的稳定性是 232℃。用 TSD 和 TSF 配制的钻井液除具有较高的热稳定性外还具有很高的抑制性，在很多油田中得到应用。TSD 与改性褐煤一起使用时，曾在井温为 204℃的莫比尔湾地区取得了较好的应用效果。

4）抗高温聚合物钻井液

20 世纪 80 年代初，美国 NL 白劳德公司研制出一种专门钻深井和地热井的聚合物钻井液，其热稳定性达 210℃。但这种钻井液抗 CO_2 和 H_2S 以及其他电解质的污染能力较差，其具体配方为：

4.06%～5.22%膨润土＋0.27%烧碱＋0.18%PAC＋0.04%木质素磺酸盐＋0.56%褐煤钠盐＋0.56%改性褐煤树脂＋0.32%聚丙烯酸钠＋0.24%丙乙酸-丙烯酰胺聚合物＋0.56%重晶石。

5）低胶体 PHPA 钻井液

部分水解聚丙烯酰胺的热稳定性高达 204℃，但因为羧酸根离子的存在，抗二价阳离子侵蚀的能力较差，因此极易受钙、镁离子的污染，但 PHPA 是一种抑制性能极好的材料。该钻井液的设计原则为：采用低的胶体含量；加少量的膨润土以便把钻头和钻柱造成的压力控制到最低；用 PHPA 高分子聚合物抑制钻屑和页岩的分散；所用的聚合物具有较高的润滑能力并能在井壁上产生薄且具有渗透性的泥饼；把钻井液的 pH 控制在 8.5～9.0；该钻井液的温度稳定性约为 207℃。

4. 分散性褐煤-聚合物钻井液体系

分散性褐煤-聚合物钻井液体系一直广泛应用于墨西哥湾的钻井中，可用于各种井下条件。其主要组成部分为：膨润土、烧碱、石灰、聚阴离子纤维素（PAC）、褐煤-聚合物分散剂、褐煤-聚合物降滤失剂、铬褐煤、褐煤-树脂降滤失剂、天然沥青基处理剂、低相对分子质量共聚物解絮凝剂、阴离子型磺化聚合物降滤失剂、氯化钠、重晶石，且每种处理剂性能单一。在密度高达 2.088g/cm³、井底温度高达 212.8℃的情况下，钻井液性能稳定，满足钻井和其他工程的要求且钻井液具有较强的抗污染能力和抑制能力，对环境无影响。

5. 流变性能稳定的无毒高温水基钻井液体系 EHT

EHT 是 EXXON(埃克森)公司等研制的流变性稳定的无毒高温水基钻井液体系，成功地应用于井底温度最高达 215.5℃的陆地和海上钻井中，且钻井液密度达 1.86g/cm³，其典型配方见表 3-4。

表 3-4　EHT 钻井液体系各种处理剂用量

钻井液材料	加量	功能
膨润土、优先选用 API 未处理膨润土	8.57~34.29kg/m³	主要功能：悬浮能力次要功能：携带能力
纤维素增黏剂	2.86~8.57kg/m³	主要功能：携带能力次要功能：悬浮能力
盐(NaCl)或海水	Cl⁻：3000~30000mg/L	控制高温诱发的井下分散
合成聚合物高温降黏剂	5.71~17.14kg/m³	与膨润土一起使用，控制滤失量
烧碱	pH：9.5~11.0	碱度控制
高温解絮凝剂(可选用)	按需加入，0~1.43kg/m³	维持起下钻期间钻井液性能均匀性
消泡剂(可选用)	按需加入	消除表面气泡

EHT 体系的室内研究是根据这样的假设进行的：高温诱发的黏土颗粒的分散是造成钻井液体系不稳定的根本原因。基于这一点，采取了三种合理的解决办法：①选择适合于井底温度的黏土浓度，即在起下钻期间的井底温度下，老化后仍能提供足够的悬浮和携屑能力；②加入一种辅助增黏剂，以便在地面提供悬浮和携屑能力，并在整个温度变化过程中保证恒定的钻井液流变性，辅助增黏剂的黏度随温度的升高而降低；③有目的地加入电解质以减缓高温诱发的钻屑分散。

6. 高温高压条件下使用的石灰基钻井液体系

美国新奥尔良地区的阿莫科公司研制了一种适用于高温高压条件下的石灰基钻井液体系，这种钻井液主要使用抗高温添加剂来提高钻井液的高温稳定性。

其配方为：5.142%膨润土+6.286%模拟钻屑(Rev-Dust)+1.429%石灰+1.714%改性木质素磺酸盐+2.857%褐煤+1.143%烧碱+0.143%乙烯酰胺-乙烯磺酸盐共聚物+1.429%改性木质素+1.429%磺化沥青+1.143%低相对分子质量三元共聚物+180%重晶石。

这种石灰基钻井液体系解决了常规石灰基钻井液(特别是高密度钻井液)在高

温高压下易发生胶凝，甚至发生固化的问题；不仅能抗高温，而且能抗 CO_2 的污染（表 3-5）。该钻井液体系成功应用于井深 5289m、井底温度达 170℃的深井中。

表 3-5 钻井液体系在 177℃（350℉）高温静止老化 16h 后的性能

密度 /(g/cm³)	塑性黏度 /(mPa·s)	动切力 /Pa	胶凝强度 /Pa	滤失量 /mL	高温高压 失水/mL	剪切强度 /Pa	LC50(毒) /(g/cm³)
2.16	30	4	0.5	1.4	9.6	50	49000

7. 抗高温钙处理钻井液体系——高温石膏钻井液体系

用新型处理剂（Polytermex-D 和 Polytermex-A）和改性褐煤处理剂（Thermohumex 和 Huminsol）等处理现场钻井液，密度为 2.05g/cm³ 的石膏钻井液在 200℃热滚 16h 后性能明显优于未处理钻井液。Thermohumex 和 Huminsol 是适用于中、高温条件下的降滤失剂和流变性稳定剂；Polytermex-D 是解絮凝剂，也可稳定高温高压滤失量；Polytermex-A 是高温高压降滤失剂及流变性稳定剂，见表 3-6。

表 3-6 新型处理剂对现场石膏钻井液性能的影响

处理情况		处理前性能	74g/m³ Thermohumex 13kg/m³ Huminsol	20kg/m³ Polytermex-D	Polytermex-D Polytermex-A
Fann 35 读数	Φ600	299	232	179	224
	Φ300	122	122	96	120
	Φ200	85	84	66	83
	Φ100	47	45	36	44
	Φ6	8	5	2	4
	Φ3	6	4	3	3
10s 静切力/Pa		4.1	3.7	1.5	2.1
10min 静切力/Pa		30.7	20.5	14.3	21.9
FL$_{API}$滤失量/mL		6.0	2.6	2.2	2.2
HTHP FL 滤失量/mL		43	21	14.3	13
pH		11.14	11.07	11.02	10.07

8. 抗高温水基钻井液体系——Duratherm

Duratherm 钻井液体系适合于极高温度（260℃）条件下工作，在有可溶性钠、钙盐和二氧化碳的影响下，具有良好的抗污染稳定性。体系的主要成分为：$Ca(OH)_2$、FMI-164(两性聚合物)、PHPA(部分水解聚丙烯酰胺)、XP-20(改性褐煤)和 Resinex(有机树脂)、Polypac(聚阴离子纤维素)、Spersene(铁络木质素磺酸盐)。在近海 Sable 岛 3658~5791m 井段取得了较好的应用效果,井温大于 204℃,钻井液的主要性能见表 3-7。

表 3-7 Duratherm 钻井液的主要性能

项目	低密度	高密度
井深/m	3922	5791
密度/(g/cm³)	1.15	2.09
PV/(mPa·s)	11	31
YP/Pa	1.95	0.98
Gel/Pa	1/1.95	1/0.98
HPHT FL/mL	—	7.6
固相含量/%	9	34

9. Pyro-Drill 钻井液体系

Pyro-Drill 钻井液体系是以改性褐煤(磺化褐煤和铬褐煤)为主要处理剂,加高温有机包被剂和高温处理剂配制而成。该钻井液体系具有良好的热稳定性,抗温达 201℃,具有一定的抗盐和抗水侵能力,但抑制性不太强。Pyro-Drill 钻井液体系主要成分:$Ca(OH)_2$、Pyro-trol(COP-1)、Kemseal(COP-2)、Poly-drill(磺化物)、Mil-temp(SSMA)、Chemral-X(改性褐煤)。Mil-temp 是低分子量磺化苯乙烯与马来酸酐共聚物。Kemseal 是有机高温包被剂 2-丙烯酰胺基-2-甲基丙磺酸 AMPS 与 N-烷基丙烯酰胺 AAM 共聚物(AMPS/AAM),Poly-drill 是磺化聚合物。

10. 磺化钻井液体系

磺化钻井液是以我国自行开发的 SMC、SMP-1、SMT 和 SMK 等耐高温处理剂中的一种或多种为基础配制而成的钻井液,属于典型的分散钻井液体系。其主要特点是热稳定性好,在高温高压下可保持良好的流变性和较低的滤失量,抗盐侵能力强,泥饼致密且可压缩性好,并具有良好的防塌、防卡性能,因而很快在全国各油田深井中推广应用。常用的磺化钻井液有以下几种类型。

1)SMC 钻井液

这种体系主要利用 SMC 既是抗温稀释剂,又是抗温降滤失剂的特点,在通过室内实验确定其适宜加量之后,用膨润土直接配制或用井浆转化为抗高温深井钻井液。一般需加入适量的表面活性剂以进一步提高其热稳定性。该类体系可抗 180~220℃ 的高温,但抗盐、钙的能力较弱,仅适用于深井淡水钻井液。其典型配方为:4%~7%膨润土+3%~7%SMC+0.3%~1%表面活性剂(可从 AS、

ABS、Span-80 和 OP-10 中进行筛选），并加入烧碱将 pH 控制在 9～10。必要时混入 5％～10％原油或柴油以增强其润滑性。这种钻井液要保持膨润土含量适当，以免井浆黏度过高或过低，影响钻井液的性能。

2）SMC-FCLS 混油钻井液

SMC 与 FCLS 复配使用，可有效地控制盐水钻井液的流变性和滤失造壁性。并常使用红矾（$Na_2Cr_2O_7$）提高 FCLS 的抗温能力，使加重后的盐水钻井液在高温下具有良好的性能。该类体系抗温可达 $180℃$，最高矿化度可达 15 万 mg/L，并能将钻井液密度提高至 $2.0g/cm^3$ 左右。

这种钻井液通常用井浆转化。经实验，膨润土的适宜含量为 80～100g/L，SMC 和 FCLS 的加量随体系中含盐量增加而增大。其典型配方为：3％～4％膨润土＋2％～7％SMC＋1％～5％FCLS。与此同时，加入 0.1％～0.3％NaOH 调节 pH 至 9～10，加入 0.1％～0.2％红矾以提高抗温性。必要时可混入 5％～10％原油或柴油以降低泥饼的摩擦系数。但这种钻井液由于含有 Cr，易对环境造成污染。

3）三磺钻井液

这种体系使用的主处理剂为 SMP-1（或 SMP-2）、SMC 和 SMT（或 SMK，也可用 FCLS 代替）。其中 SMP-1 与 SMC 复配，使钻井液的 HTHP 滤失量得到有效地控制；SMT 或 SMK 由于调整高温下的流变性能，从而大大地提高了钻井液的防塌、防卡、抗温以及抗盐、钙侵的能力。实验表明，抗盐可至饱和，抗钙达 4000mg/L，钻井液密度可提至 $2.25g/cm^3$。若加入适量 $Na_2Cr_2O_7$，抗温可达 200～220℃。但这种钻井液中 SMP 必须和 SMC 复配使用，两者的作用效果才能充分体现。

11. 聚磺钻井液体系

聚磺钻井液体系是在实践中将聚合物和磺化钻井液体系结合在一起而形成的一类抗高温钻井液体系。这种钻井液体系既保留了聚合物钻井液体系提高钻速、抑制地层和稳定井壁等优点，同时又对高温高压下的泥饼质量和流变性进行了改进，其抗温能力可达 200～250℃，抗盐至饱和。

聚磺钻井液所使用的主要处理剂可大致地分成两大类：一类是抑制剂，包括各种聚合物处理剂（80A51、FA367、PAC141 和 KPAM）、聚合醇、MEG 及 KCl 无机盐等，其主要作用是抑制地层造浆，从而有利于地层的稳定；另一类是分散剂，包括各种磺化类（SMP-1、SPNH 和 SLSP）、褐煤类处理剂以及纤维素、淀粉等，其主要作用是降滤失和改善流变性，从而有利于钻井液性能的稳定。

12. 有机硅氟聚合物（SF）抗高温钻井液体系

硅氟 SF 聚合物为线性高分子，其主链为—Si—O—Si，含氟基团和其他有机基团均为大分子的侧基。Si—O 键键能高，SF 热稳定性好。1999 年，辽河油田秦永宏等开发了适用于深井的抗高温硅氟聚合物钻井液体系，该体系配方为：10%膨润土浆+2%SF+3%SAS+2%MHP+2%聚合醇+0.3%KPAM，室内测试其抗温能力为 180~230℃，钻井液具有良好的流变性。该钻井液先后在辽河、胜利和大庆等油田应用，现场应用最高温度为 195℃。胜利油田采用这类处理剂研制了耐高温的低成本深井钻井液体系，抗温能力高于 180℃。

13. MicroG 高温高压钻井液体系

MicroG 高温高压钻井液体系是长江大学许明标等开发的一套高温高压水基钻井液体系，该体系以 MicroG 为主剂，MicroG 是采用特殊制备工艺得到的一类具有特殊结构的有机高分子聚合物，具有适度缠绕、搭接、水化、堵孔和电性等多重作用。该聚合物具有以下优点：①抗温性能好，具有较强的亲水性能，对黏土颗粒产生包被和吸附作用，高温下具有较好的护胶作用；②在钻井液中具有协同增效的作用，其与其他处理剂作用可形成络合物，能提高其他处理剂的抗温性能，从而提高钻井液的抗温能力；③在高密度水基钻井液中具有高温稀释作用，能改善钻井液的流变性能和高温高压滤失性能；④具有一定的抑制页岩水化膨胀的作用，可稳定井眼。该体系的基本配方为：2%海水膨润土浆+0.28%NaOH+0.28%Na$_2$CO$_3$+3%MicroG+2.5%HOSEAL+3%SHTR+3%KCl+1%聚胺抑制剂 HUHIB+1%高温分散剂 PN-3+2%甲酸钠+4%聚合醇防塌抑制剂 JLX+重晶石(视需要)。体系的基本性能见表 3-8。

表 3-8　MicroG 高温高压水基钻井液体系基本性能

老化温度 /℃	密度 /(g/cm^3)	热滚时间 /h	AV /(mPa·s)	PV /(mPa·s)	YP /Pa	Φ6/Φ3	FL$_{API}$ /mL	HPHT FL(150℃) /mL	pH
200	1.80	16	56	44	12	9/7	3.4	14.8	9.5
220	1.80	16	55	44	11	9/8	2.0	14.4	9.0
240	1.80	16	45.5	35	10.5	14/13	4.8	16.0	9.0
220	2.30	16	45	35	10	5/4	3.6	15.2	9.0

14. 甲酸盐高温高压储层钻井液

20 世纪 90 年代，壳牌公司研究开发了甲酸盐盐水(包括甲酸钠、甲酸钾和甲酸铯，甲酸盐的具体特性将在第三节完井液中介绍)作为打开油层钻井液、完井液、修井液和悬浮液使用。其中，甲酸铯盐水由于自身密度高，不需要另外使用固相加重剂，具有黏度低、热稳定性好、无腐蚀性、无储层损害、环境影响低等优点，因而在高温高压井的钻井完井等作业中取得了非常好的应用效果。

为了降低成本，高密度的甲酸盐盐水往往由甲酸铯与其他甲酸盐复配而成，以挪威国家石油公司在 Kvitebjorn 气田开发中使用的高温高压甲酸盐钻井液配方为例，要求密度为 2.015g/cm³，由密度 2.20g/cm³ 的甲酸铯盐水与密度 1.57g/cm³ 的甲酸钾盐水混合而成。用微纤维纤维素(MFC)产品提高钻井液的黏度，用丙烯酰胺共聚物、改性淀粉及超低黏聚阴离子纤维素(PAC)降低滤失量，使用二种规格的碳酸钙 Baracarb(D50＝5μm、25μm、50μm)作桥堵剂，用碳酸钾调节 pH。钻井液配方为：74.9％甲酸铯（2.2g/cm³）＋17.3％甲酸钾 (1.57g/cm³)＋5.45％MFC＋0.143％合成聚合物＋0.57％改性淀粉＋0.85％～1.14％超低黏 PAC＋1.43％碳酸钾＋1.43％Baracarb（D_{50}＝5μm）＋0.71％ Baracarb(D_{50}＝25μm)＋2.14％Baracarb(D_{50}＝50μm)。

　　钻井液的平均性能见表 3-9。

表 3-9　Kvitebjorn 气井用甲酸铯/甲酸钾钻井液性能

测试项目	测量值
密度(50℃)/(g/cm³)	2.015
pH	9～11
塑性黏度/(mPa·s)	<20
动切力/Pa	<15
100r/min 读值/Pa	<7.5
10s 静切力/Pa	<5
高温高压滤失量(150℃)/mL	<20
膨润土含量/(kg/m³)	<43

　　现场应用效果表明，采用甲酸盐储层钻井液体系，钻井周期大幅度降低，储层保护效果明显提高，有效地提高了油田的开发效率。但是由于甲酸铯资源有限，成本很高，限制了其更为广泛的使用。

15. 甲酸钾－四氧化三锰复合加重高温高压钻井液体系

　　Al-Saeedi 等报道了一种用于储层钻开液的甲酸钾－四氧化三锰复合加重的高温高压钻井液体系，该体系由甲酸钾盐水作为基液，然后以四氧化三锰作为加重材料进行复合加重，该体系成功地用于科威特北部的 Raudhatain 油田。实验室测试及现场应用表明，该体系具有储层伤害小、高温高压流变性能好、沉降稳定性好、钻井液循环当量密度易控制、对测井影响小等优点(表 3-10)。体系的基本配方：比重为 1.50g/cm³ 的甲酸钾基液＋0.0572％碳酸钠＋0.043％增黏剂＋1.43％淀粉 Plus＋1.14％淀粉＋8.58％碳酸钙＋88.8％四氧化三锰。

表 3-10　甲酸钾—四氧化三锰复合加重的高温高压钻井液体系性能

测试项目	测试值(300°F热滚)
密度/(g/cm³)	2.16
PV/(mPa·s)	51
YP/Pa	15.3
凝胶强度 10″/10″/Pa	4.3/2.8
HPHT 滤失量(150℃，30min)/mL	12.4

综上所述可以看出，国内外的研究者在高温高压水基钻井液技术方面做了大量的研究工作，并且取得了不少的成绩。随着油气资源的开发向深部地层的进一步发展，高温高压钻井液技术也将得到进一步的提升。从现场的实际应用情况来看，高温高压钻井液技术已有逐渐地向尖端技术演变的趋势，即钻井液密度的维持已不仅局限于"高"，而是在不断向"超高"的方向发展。随着钻探作业区域不断扩大，钻井液密度有可能向"特高"方向发展，而相应的钻井液所处的地层温度也将会向"特高"方向发展。因此，未来的高温高压钻井液技术将面临不断地挑战，今后将向以下几个方面发展。

(1)开发新型的抗高温处理剂和性能优良的高密度加重材料，有效地评价处理剂和加重材料，使钻井液的流变性得到有效地控制。

(2)向环保型、钻井液成分简单、抗污染能力强和能够保护油气层的高温高密度钻井液方向发展。

(3)在加重材料方面，尽可能用少的加量达到预期的加重效果，通过活化加重材料来提高钻井液的沉降稳定性，改善钻井液的流变；配制钻井液时也可以通过复配多种加重材料进行加重。

(4)降低钻井液的综合成本。通过改性天然生物高分子材料，提高钻井液的抗盐、抗温、保护油气层等性能。

3.2　高温高压油基钻井液技术

油基钻井液是指以油作为连续相的钻井液，与水基钻井液相比，油基钻井液具有抗高温、抗盐钙侵、井壁稳定、润滑性好及对油气层伤害小等多种优点，目前已成为钻高难度的高温深井、大斜度定向井、水平井和应对各种复杂地层的重要手段；油基钻井液主要由乳化剂、润湿剂、有机土、降滤失剂以及加重剂等材料形成稳定的乳状液体系。目前常用的基液主要有柴油、矿物油、气质油及合成基液。水相为分散相，为了稳定地层，一般采用氯化钙盐水作为水相。乳化剂是配制油基钻井液的关键组分，油基钻井液是否稳定在很大程度上取决于该处理剂的合理使用,其主要功用是:降低油水两种液体间的界面张力;形成坚固的界面膜;增加外相黏度。亲油胶体一般分散于油相中,提高油基钻井液的黏度,悬浮重晶石,降低钻井液的滤失量,主要有沥青、有机土和有机皂等。

早在 20 世纪 60 年代,抗高温油基钻井液就受到重视,到 20 世纪 70 年代就针对深井、超深井钻井的需求先后研制了一系列超高温油基钻井液。但在早期的超深井钻探中所用的超高温钻井液大部分为水基钻井液。随着对油基钻井液优越性的认识不断提高以及研究的不断深入,国外在超高温井钻探中越来越多地采用油基钻井液,而国内由于环保、成本等因素应用较少。随着石油勘探开发力度的加大以及技术的进步,高温高压油基钻井液的应用将越来越广泛。

3.2.1　高温高压油基钻井液处理剂

3.2.1.1　乳化剂

1. 乳化剂作用机理

乳化剂是配制油基钻井液的关键组分,油基钻井液是否稳定在很大程度上取决于该处理剂的合理使用。其主要功用如下。

1)降低油水两种液体间的界面张力

乳状液分子结构中同时具有亲油和亲水两个基团,可存在于油-水界面上,亲油基团一端伸向油相而亲水基团一端伸入水相中。故降低油水界面张力,抵消界面上的剩余表面自由能,阻碍并减少油水合并的趋势。

2)形成坚固的界面膜

乳化剂聚集在两种液体的界面处,形成较稳定且具有一定强度的乳化基层,尤其当采用复合乳化剂时,则可形成强度更大的"复合物"层,其结果必然是:①进一步降低界面张力而有利于乳化;②按照吉布斯函数,界面张力减低就会引起表面吉布斯自由能的减少,体系就会趋于稳定,就可形成更为紧密的分子排列,从而大大增加界面膜的强度;③增加液滴所带的电荷,加大乳状液滴之间的排斥力,使其在体系分散相液珠做无休止的布朗运动时受到碰撞而不易于破裂,因此避免水珠变大而降低乳状液的稳定性。这也是使用两种或以上的混合乳化剂在界面上形成"复合膜"提高乳化效果,增加乳状液稳定性的主要原因之一。

3)增加外相黏度

用于油包水钻井液的乳化剂大多具有两亲结构,主乳化剂的 HLB 值一般小于 6,故属于亲油表面活性剂,其亲油(非极性)基团的截面直径大于亲水(极性)基团的截面直径。当主乳化剂在油相中的浓度超过 CMC(临界胶束浓度)时,主乳化剂在油基钻井液中的油水界面层上(吸附状态)与在油相内(溶解状态)处于近似的动态平衡中。而主乳的加量一般都会远大于其本身在油相中的 CMC，因此有相当多的主乳会进入外相中，这样就会增加外相黏度，在一定程度上会影响油基钻井液体系的流变性能。

2. 乳化剂选用原则

油基乳化剂是油基钻井液的核心和技术关键，一套优异的乳化剂需要满足具有较低的乳化剂加量，较高的电稳定性，较好的抗污染效果和较低的使用成本，乳化剂用于油基钻井液须遵循下列原则：

①HLB 值在 3~6；②非极性基团的截面直径必须大于极性基团截面直径；③若为盐类或皂类，则应选用高价金属盐；④与油的亲和力要强；⑤较大幅度地降低界面张力；⑥抗温能力好，在高温下不降解，解吸不明显；⑦选用的乳化剂要无毒或低毒。

在这几条中，特别是抗温能力好，在高温下不降解，解吸不明显显得尤其重要，首先是乳化剂有较好的抗温性能，在高温下不降解和解吸不明显，这样的乳化剂才能在高温下发挥其真正的性能。

3. 常用乳化剂类型

油包水乳化钻井液中，常用的乳化剂有以下类型：

(1)高级脂肪酸的二价金属皂，如硬脂酸钙；

(2)烷基磺酸钙；

(3)烷基苯磺酸钙；

(4)Span-80，主要成分为山梨糖醇酐单油酸脂。

此外，目前国内用于油包水乳化钻井液的乳化剂还有：环烷酸钙、石油磺酸铁、油酸、环烷酸酰胺和腐殖酸酰胺等，国内较为稳定的乳化剂以代号表示，如HIEMUL 主乳化剂、HICOAT 辅乳化剂等都是国内常用的乳化剂。国外在该类钻井液中使用的乳化剂多用代号表示，如 Oilfaze、Vertoil、EZ-Mul、DFL 和 Invermul 等都是常用的乳化剂。

研究表明，对油水两相形成的乳状液，最好既有水溶的乳化剂，同时也有油溶的乳化剂，两种乳化剂相配合，会形成更为结实的混合膜，强度更大，乳状液的稳定性就更高。

3.2.1.2　亲油胶体

亲油胶体是一种可在油相中形成胶体的处理剂。由于它的加入可使油基钻井液形成具有与水基钻井液性能相当的各种特性，从而可以满足各种钻井要求。目前，亲油胶体大体可以分为沥青、有机土和有机皂三类。亲油胶体在油基钻井液中的主要功用是：①提高钻井液的黏度：可以使油基钻井液增加固相浓度(如沥青），形成胶束（如有机皂）以及形成网状结构（如有机土），从而使油基钻井液黏度增加。②增加钻井液的悬浮性：加入亲油胶体，可提高钻井液切力，从而提高携带岩屑的能力。③降低钻井液的滤失性：加入亲油胶体，可在一定程度上降低油基钻井液的滤失量。

在有机土研究方面，Miller 使用甲基硬脂酰胺丙基氯化铵或二甲基苄基硬脂酰胺丙基氯化铵与膨润土发生离子置换反应，制备了可降解的钻井液用有机土。该有机土不仅不会对环境造成污染，且在油基钻井液中表现出了良好的性能。李春霞等通过优选季铵盐和采用螯合技术合成的高温稳定的有机土 XNORB，不但在柴油和白油中具有良好的分散性能和增黏效果，而且在 220℃高温下其性能基本保持稳定。郝广业等通过在钠膨润土中加入有机改性剂进行改性，得到有机土 LW TRO-250，其在油包水乳化钻井液中，能很好地起到增黏提切的作用，并使油包水乳化钻井液具有较好的流变性和抗高温性能，而且在 250℃高温下其性能基本保持稳定。

3.2.1.3　润湿剂

油基钻井液中加入润湿反转剂是使亲水性的固相（如重晶石等加重材料）转变为亲油性，同时防止大量地层水及水润湿的固相侵入钻井液体系而造成性能失稳，甚至类型反转。这种处理剂是属于两性胶体，以亲油为主，可吸附在固相表面使其憎水化的表面活性剂。常见的润湿反转剂包括阳离子和阴离子表面活性剂。

润湿剂的加入使刚进入钻井液的重晶石和钻屑颗粒表面迅速转变为油湿，从而保证它们能较好地悬浮在油相中。虽然用作乳化剂的表面活性剂也能够在一定程度上起润湿剂的作用，但其效果毕竟有限。较好的润湿剂有季胺盐（如十二烷基三甲基溴化铵）、卵磷脂和石油磺酸盐等。国外常用的润湿剂有 DV-33、DWA 和 EZ-Mul 等，其中 DWA 和 EZ-Mul 可同时兼作乳化剂；国内目前发展较好的是 HIEMUL 主乳化剂与 HICOAT 辅乳化剂，也同时兼具润湿剂的功能，因此在该体系中均取消了润湿剂的加入，而油基钻井液也具有极高的稳定性。

3.2.1.4　加重剂

为了稳定井壁和对付高压地层，需将加重材料添加到钻井液里以提高钻井液的密度，目前常用的加重剂有重晶石粉、石灰石粉、铁矿粉等。

重晶石粉在水基和油基钻井液中，都是最重要的加重材料。对于油基钻井液，加重前应注意调整好各项性能，油水比不宜过低，并适当地多加入一些润湿剂或乳化剂，使重晶石加入后，能及时地将其颗粒从亲水转变为亲油，从而能够较好地分散和悬浮在钻井液中。

对于密度小于 $1.68\mathrm{g/cm^3}$（14ppg）的油基钻井液，也可用碳酸钙作为加重材料。虽然其密度只有 2.7g/cm³，比重晶石低得多，但它的优点是比重晶石更容易被油所润湿，而且具有酸溶性，可兼作保护油气层的暂堵剂。

对于高温高压油基钻井液体系所用的加重材料主要有重晶石、铁矿粉以及四氧化三锰等。为了防止加重材料在高温高密度下沉降，目前对于油基钻井液加重材料的研究也主要集中在对加重材料的微细化改性和表面改性上。

Michel 针对北海地区的一口高温高压斜井，使用一种微细重晶石加重的油基钻井液体系成功地完成了该井的钻井作业。该井最大井斜为 42°，井底温度为 205℃，完钻钻井液密度为 2.15g/cm³，加重时使用了超细重晶石粉（分离粒径小于 0.043mm），有效克服了使用常规重晶石粉所引起的沉降效应，使该井的 φ216mm 井眼由 6354m 顺利延伸至 7327m。David Carbajal 等介绍了使用活化重晶石与亚微米级四氧化三锰的复合加重剂成功开发了无固相油基钻井液（OBF），该钻井液在现场应用时密度达到了 2.10~2.16g/cm³，并有效克服了使用单一的活化重晶石粉加重后，由于体系流动性变差而导致的井眼当量循环密度过高的现象。

在挪威北海 Statfjord 油田，M-I 公司在一口井的 C-5B 井段采用过油管钻井作业中，利用聚合物包覆重晶石微粉配制了稳定的高密度低黏度 WARP 油基钻井液体系。传统油基钻井液 Φ3 的读数为 8~10 才能控制沉降现象，WARP 油基钻井液体系 Φ3 的读数为 2~3 就可以有效地控制沉降现象。现场使用 WARP 油基钻井液体系密度最高达到 2.2g/cm³，与常规油基钻井液相比黏度更低，泵压减小了约 10%，当量循环密度降低了约 50%，没有产生抽汲效应。

3.2.2 高温高压油基钻井液体系

在一般情况下，油基钻井液的热稳定性可达 200~230℃。在国外，当遇到盐层、易坍塌层、高温层等复杂情况时，往往首先考虑使用油基钻井液来克服这些问题。如贝克休斯公司已完成了近 250 口温度在 200℃以上的高温井的作业，其中约 80%的钻井作业采用的是油基钻井液体系，说明油基钻井液体系在高温高压环境下具有较好的稳定性。下面将简要介绍国内外常用的高温高压油基钻井液体系。

1. 常规油基钻井液体系

哈里伯顿 INVERMUL 柴油基钻井液体系作为传统油基钻井液体系，主要应用于大陆钻探。柴油基体系处理剂适用于该体系，该体系具有灵活性，用于深井、超深井钻探，最高温度达 260℃。贝克休斯 CARBO-DRILL 柴油基钻井液体系，以柴油或矿物油为基础油的油基钻井液体系，具有强高温稳定性、润滑性以及抗固体污染性能。全球范围内已应用 20 多年，在石油服务行业是最好的油钻井液体系之一。M-I 公司的矿物油钻井液体系，以矿物油为连续相，高性能有机土、亲油褐煤、聚醚羧酸乳化剂、纳米型流型调节剂构成的高温高压油基钻井液体系，主要应用于大陆钻探，抗温 300℃。

2. 全油钻井液

常规的油包水钻井液存在着不足之处，因而美国 Intl 公司研制成功无水的全油钻井液。该种钻井液具有类似聚合物钻井液的流变性，剪切稀释特性较好，具有较高的动塑比值和较高的低剪切速率下的黏度，因而提高了钻速，减少了井漏，改善了井眼清洗状况及悬浮。该钻井液体系表面活性剂含量较低，减少了对储层的损害。此类钻井液已在 60 多口井中使用，从这 60 多口井取得的数据证明，全油钻井液具有良好的特性。这种钻井液主要用有机膨润土造浆，为了提高造浆量要加少量合成聚合物增黏剂，基油可以使用柴油和矿物油，密度的调整范围在 $0.83 \sim 2.04 \text{g/cm}^3$，该体系所钻井深深度已达 6309m，井底最高温度达 213℃。

3. 合成基油包水钻井液

在 20 世纪 80 年代，国内外相继开展了合成基钻井液的研发工作，20 世纪 90 年代在北海首次应用并获得成功，随后合成基钻井液的种类和应用范围不断增大。在全世界范围内，使用合成基钻井液的井已达 500 多口，其中墨西哥湾和北海地区占使用合成基钻井液总数的 90% 以上。

合成基钻井液是以人工合成的有机物为连续相，盐水为分散相，再配合以乳化剂、降滤失剂、流型改进剂等组成。与油基钻井液相比较，其研制的主导思想是将柴油或矿物油换成可以生物降解又无毒性的改性植物油类。目前已开发并在现场应用见到效果的有酯基钻井液、醚基钻井液和聚 α-烯烃基钻井液三大类。近期又发展出第二代合成基钻井液，主要成分是 LAO'S(直链 α-烯烃)、LP'S(直链 α-石蜡)、LP'S(内 α-烯烃)。

合成基钻井液热稳定性好，用于超高温钻井取得了好的效果，如：美国休斯敦 EEX 公司采用比例为 90:10 的线性 α-烯烃和酯混合物的合成基，按照 70% 的合成基和 30% 的水组成的钻井液，在墨西哥湾深水区的 Garden Bank Block 386 钻成了一口井深 8493m 的超深井，井底温度 275℃；贝克休斯 INTEQ 公司采用了 ISO-TEQ 的合成基配制成 Syn-TEQ 合成基钻井液，用这种合成基配成的合成基钻井液耐温高于 226.7℃，并且在高温下不水解，其密度可配至 2.16g/cm^3，钻井液配成后的毒性 $LC50 > 1 \text{g/cm}^3$。YC21-1-4 井是在莺琼盆地钻探的一口高温高压井，井深 5250m，井底温度 200℃，该井自井深 4960m 至完钻(井深 5250m)采用以线性 α-烯烃为基油、铁矿粉为加重剂形成的 ULTIDRILL 合成基钻井液体系，该合成基钻井液抑制性强，具有抗高温、滤失量小、稳定井壁的性能，满足了 YC21-1-4 井钻井施工的要求。

4. 矿物油钻井液

矿物油钻井液是用烷烃基矿物油作逆乳化钻井液的连续相，其主要成分是烷烃基油、乳化剂、分散剂、有机土、氯化钙或氢氧化钙、高温稳定剂和水，这种矿物油钻井液是用天然化石树脂和硬沥青来控制高温高压滤失性。碱与乳化剂、分散剂的官能团发生反应生成相应的钙皂，水是反应的介质。同时，水对于提黏、悬浮和滤失性控制也起辅助作用，淡水、微碱水、海水以及氯化钠或氯化钙的水溶液都可用来配制矿物油钻井液。

矿物油钻井液的热稳定性高达 288℃，因此在其他钻井液难以对付的深井中，可采用这种钻井液。另外，这种钻井液不受碳酸盐、硫化氢、硬石膏、盐和水泥的影响。这种钻井液还可以作为取心和解卡液使用，因为它的滤失量低，所以用其取心对岩心的损害很小，用其作为解卡液的解卡成功率达 85％以上。

5. 高油水比铁粉加重油包水钻井液

EXXON 公司近年来在较为复杂的深井中成功地使用了高油水比的油包水钻井液。他们将正规油包水钻井液的含水量从 15％～30％降到 8％～10％，实际含量为 6％～7％。结果是减少了该类钻井液中乳化水滴的浓度，降低了固相含量和悬浮颗粒的数量，并使高剪切速率下的剪切增稠作用减到最小。这样就大大地降低了油基钻井液的塑性黏度和喷嘴处高剪切速率时的流动阻力，充分地发挥水力作用，大大地提高了钻井速度。而在环空低剪切速率或静止时的油浆黏度和静切力控制在较为合适的范围内，从而确保了井眼清洗及加重材料的悬浮。此外，采用了氧化铁粉加重，降低了总固相含量（平均下降 18％）、固相颗粒的数量及塑性黏度（相同密度条件下，采用氧化铁粉加重比用重晶石粉时的塑性黏度可降低25％～40％），从而改善了钻头（尤其是 PDC 钻头）性能，有利于提高钻速。为使PDC 钻头处于最佳状态，最好把油基钻井液的高温高压滤失量控制在 5～10mL，以减少渗透层的油基钻井液侵入量，减少油基钻井液损耗，降低油基钻井液的费用。EXXON 公司在美国南德克萨斯州的 3 口深井中使用了上述的油包水钻井液及措施，平均每口井的钻速提高了 100％，无形费用节约了 50％。

6. 低乳化剂加量的油基钻井液体系

低乳化剂加量的油基钻井液体系是由荆州嘉华科技有限公司开发的一套油基钻井液体系，该体系乳化剂加量为 6％左右，有机土及增黏剂总量仅为 0.6％左右。与常规的油基钻井液体系相比，该体系具有乳化剂加量低、高温老化后性能稳定、流变性能易于控制、高温高压失水低以及抗污染性能良好等特点。目前，该体系已在南海番禺气田、新疆油田、印度尼西亚以及重庆涪陵地区页岩气开发钻井作业中得到了广泛的应用，并取得了很好的效果。该体系的基本配方为：基油(柴油或白油)＋2.0%HIEMUL 主乳化剂＋1.0%HICOAT 辅乳化剂＋2.0% HIRLF 润湿剂＋1.5%HIRHEO 提切剂＋0.5%CaO 储备碱＋0.3%MOGEL 有机土＋0.3% HIVIS 高温增黏剂＋3.0%HIFLO 降滤失剂＋3%FLO-S 天然沥青＋3%HICMJ 成膜封堵剂＋水相(26%CaCl₂溶液)＋重晶石(依据密度需要加入)。该体系的基本性能见表 3-11。

表 3-11　低乳化剂加量高温高压油基钻井液体系基本性能

体系	老化/℃	密度/(g/cm³)	热滚时间/h	AV/(mPa·s)	PV/(mPa·s)	YP/Pa	Φ6/Φ3	ES/V	HTHP FL/mL
柴油	180	2.30	16	71	65	6	6/5	792	3.8 (150℃)
	200	2.30	16	75	66	9	6/5	895	4.0 (150℃)
	220	2.30	16	77	70	7	6/5	830	4.2 (150℃)
白油	150	2.50	16	78	72	6	8/7	1453	4.4 (150℃)
	180	2.20	16	69	60	9	9/8	1094	2.8 (150℃)
	220	2.30	16	66	58	8	6/5	1810	5.2 (180℃)
	230	2.30	16	62	53	9	7/6	2047	4.8 (180℃)
	240	2.30	16	61.5	52	9.5	4/3	685	8.0 (180℃)

7. 超高温高压油基钻井液体系

为了适应超深井在超高温条件下的钻井作业，M-I 公司开发了一套超高温高压油基钻井液体系。该体系摒弃了传统的含酰胺基团的乳化剂，而选用一种不含 N 元素的耐高温乳化剂，保证了逆乳液体系在超高温条件下的稳定性；同时通过优选增黏剂、降滤失剂使体系在超高温下仍保持优良的流变性能和滤失性能；为了保证高密度条件下加重材料的悬浮稳定性，体系选用了表面改性的超细重晶石作为加重剂，所选用的重晶石平均粒径小于 $2\mu m$。室内研究表明，该体系在 $600℉$ 的高温下，仍能保持较好的性能。该体系在密度为 $2.28 g/cm^3$ 时的配方为：矿物油 106mL＋有机土 0.285%＋氧化钙 2.85%＋乳化剂 8.55%＋水溶液(CaCl₂浓度 25%)18.87%＋降滤失剂 4.275%＋流型调节剂 0.285%＋碳酸钙 5.7%＋改性重晶石 166.7%。该体系的基本性能见表 3-12。

表 3-12　超高温高压油基钻井液体系基本性能

指标	滚前	滚后(525℉)
600 转读数	139	130
300 转读数	79	78
200 转读数	58	60
100 转读数	35	39

指标	滚前	滚后(525℉)
6 转读数	9	13
3 转读数	7	11
10′凝胶强度/Pa	3.8	5.7
10″凝胶强度/Pa	4.3	6.7
PV/(mPa·s)	60	52
YP/Pa	9.1	12.4
HPHT FL(375℉)/mL		1.3
电稳定性/V	1678	1500

3.3　高温高压完井液技术

完井液(completion fluids)是指在油气井完井作业过程中所使用的工作液的统称。这些作业包括钻开油层、下套管、射孔、防砂、试油、增产措施和修井等。因此从广义上讲，从钻开油层到采油及各种增产措施过程中的每一个作业环节，所使用的与产层接触的各种工作液体系统称为完井液。国外一般把钻开油层的工作液称为钻开液(drill-influids)，将射孔、防砂以及各种增产措施中用于产层的工作液称为完井液(completion fluids)，将为维护或提高产能而修井时所用的工作液称为修井液(workover fluids)。在这里，我们根据钻井作业者的习惯，所指的完井液主要是指射孔、防砂、酸化、修井等各种完井作业中所使用的液体，包括射孔液、砾石充填液、压井液、清洗液、酸化液、封隔液、修井液等。

3.3.1　完井液分类

完井液按其主要的组分特点，可以分为如下几类(表 3-13)。

表 3-13　完井液分类

类型	组成	
水基完井液	无固相清洁盐水完井液	无机清洁盐水
		有机清洁盐水
	有固相盐水完井液	酸溶体系
		水溶体系
		油溶体系
	改性钻井液	

续表

类型	组成
气基完井液	空气
	雾液
	充气钻井液
	泡沫液
油基完井液	油包水乳化液
	纯油分散液

完井液由于直接与储层接触，因此完井液的功能除了平衡地层压力、保证作业安全外，其最重要的性能特点就是能够提供储层保护能力，减少对生产层的损害，故完井液的配方组成中应尽量减少固相含量。基于此考虑，目前使用最为广泛的完井液体系为无固相清洁盐水，无固相清洁盐水也是高温高压完井作业中主要使用的完井液体系。因此本节将主要介绍无固相清洁盐水完井液体系，其中重点介绍最近几年发展起来的有机清洁盐水完井液。

3.3.2　无机清洁盐水完井液

无机盐水完井液体系不含膨润土及其他任何固相。密度通过加入不同类型和数量的可溶性无机盐进行调节，选用的无机盐包括 NaCl、$CaCl_2$、KCl、NaBr、KBr、$CaBr_2$ 和 $ZnBr_2$ 等，各种常用盐水基液的密度范围见表 3-14。由于其种类较多，密度可在 $1.0\sim2.3g/cm^3$ 调整，因此基本能够在不加入任何固相的情况下满足各类油气井对完井液密度的要求。无固相清洁盐水完井液的流变参数和滤失量通过添加对油气层无损害的聚合物来进行控制，为了防止对钻具造成腐蚀，还应加入适量缓蚀剂。

表 3-14　各类盐水基液所能达到的最大密度

盐水基液	21℃时饱和溶液密度/(g/cm^3)
NaCl	1.18
KCl	1.17
NaBr	1.39
$CaCl_2$	1.40
KBr	1.20
$NaCl/CaCl_2$	1.32
$CaBr_2$	1.81

盐水基液	21℃时饱和溶液密度/(g/cm³)
$CaCl_2/CaBr_2$	1.80
$CaCl_2/CaBr_2/ZnBr_2$	2.30
$CaBr_2/ZnBr_2$	2.52
$ZnBr_2$	2.52

从表 3-14 可以看出，用于高温高压环境下的高密度无机盐水完井液通常由两种以上盐($CaBr_2$，$CaCl_2$ 和 $ZnBr_2$)混合而成。

3.3.2.1　NaCl 盐水体系

在各种无机盐中，NaCl 的来源最广，成本最低。其溶液的最大密度可达 $1.18g/cm^3$ 左右。当基液配成后，常用的添加剂为 HEC(羟乙基纤维素)和 XC 生物聚合物等。配制时应注意充分搅拌，使聚合物均匀地完全溶解，否则不溶物会堵塞油气层。通常还使用 NaOH 或石灰控制 pH。若遇到地层中的 H_2S，需提高 pH 至 11.0 左右。表 3-15 为不同浓度 NaCl 溶液的密度及凝固点。

表 3-15　NaCl 溶液的密度及凝固点

NaCl 质量分数/%	密度/(70℉时，lb/gal)	凝固点/℉
1.0	8.4	31
4.5	8.6	27
7.5	8.8	24
10.8	9.0	19
13.9	9.2	14
17.0	9.4	9
20.0	9.6	3
23.0	9.8	−5
26.0	10.0	30 TCT

注：TCT 是指热力学结晶温度

3.3.2.2　KCl 盐水体系

由于 K^+ 对黏土晶格的固定作用，KCl 盐水液被认为是对付水敏性地层最为理想的无固相清洁盐水完井液体系。KCl 盐水基液的密度范围为 $1.00\sim1.17\ g/cm^3$。该体系使用聚合物的情况与 NaCl 盐水体系基本相同，KCl 与聚合物的复配使用使该体系对黏土水化的抑制作用更加增强。单独使用 KCl 盐水液的不足之处是配制成本高，且溶液密度较小。为了克服以上缺点，KCl 常与 NaCl、$CaCl_2$ 复配，组成混合盐水体系。只要 KCl 质量分数保持在 3%～7%，其抑制作用就足以得到充分的发挥。表 3-16 为不同浓度 KCl 溶液的密度及凝固点。

表 3-16　不同浓度 KCl 溶液的密度及凝固点

KCl 质量分数/%	密度/(70℉时，lb/gal)	凝固点/℉
1.1	8.4	31
5.2	8.6	28
9.0	8.8	25
12.7	9.0	22
16.1	9.2	18
19.5	9.4	14
22.7	9.6	40 TCT
24.2	9.7	60 CT

3.3.2.3　$CaCl_2$ 盐水体系

$CaCl_2$ 盐水基液的最大密度可达 $1.39g/cm^3$。为了降低成本，$CaCl_2$ 也可与 NaCl 配合使用，所组成的混合盐水的密度范围为 $1.20～1.32g/cm^3$。$CaCl_2$ 是极易吸水的化合物。目前使用的 $CaCl_2$ 产品主要有两种，其纯度分别为 94%～97%（粒状）和 77%～80%（片状）。前一种含水约 5%，后一种含水约 20%。该体系需添加的聚合物种类及用量范围与 NaCl 体系亦基本相似。表 3-17 为不同浓度 $CaCl_2$ 溶液的密度及凝固点。

表 3-17　不同浓度 $CaCl_2$ 溶液的密度及凝固点

$CaCl_2$ 质量分数/%	密度/(70℉时，lb/gal)	凝固点/℉
0.9	8.4	31
2.2	8.5	26
8.8	9.0	21
15.2	9.5	9
21.2	10.0	−8
26.7	10.5	−36
31.8	11.0	−22 TCT
36.7	11.5	28 TCT
37.6	11.6	35 TCT
39.4	11.8	55 TCT

1. $CaCl_2$-$CaBr_2$ 混合盐水体系

当油气层压力要求完井液密度为 $1.4\sim1.8g/cm^3$ 时，可考虑选用 $CaCl_2$-$CaBr_2$ 混合盐水液。由于 $CaCl_2$-$CaBr_2$ 混合盐水液本身具有较高的黏度，因此只需加入较少量的聚合物。HEC 和生物聚合物的一般加量均为 $0.29\sim0.72g/L$。该体系的适宜 pH 为 $7.1\sim8.5$。当混合液密度接近于 $1.80g/cm^3$ 时，应注意防止结晶的析出。

配制 $CaCl_2$-$CaBr_2$ 混合液时，一般用密度为 $1.70g/cm^3$ 的 $CaBr_2$ 溶液作为基液。如果所需密度在 $1.70g/cm^3$ 以下，就用密度为 $1.38g/cm^3$ 的 $CaCl_2$ 溶液加入上述基液进行调整；如果需将密度增至 $1.70g/cm^3$ 以上，则需加入适量的固体 $CaCl_2$，然后充分搅拌直至 $CaCl_2$ 完全溶解。

2. $CaBr_2$-$ZnBr_2$ 与 $CaCl_2$-$CaBr_2$-$ZnBr_2$ 混合盐水体系

以上两种混合盐水体系的密度均可高达 $2.3g/cm^3$，专门用于某些超深井和异常高压井。配制时应注意溶质组分之间的相互影响（如密度、互溶性、结晶点和腐蚀性等）。对于 $CaCl_2$-$CaBr_2$-$ZnBr_2$ 体系，增加 $CaBr_2$ 和 $ZnBr_2$ 的质量分数可以提高密度、降低结晶点，然而成本也相应增加；而增加 $CaCl_2$ 的质量分数，则会降低密度，使结晶点上升，配制成本却相应降低。

对于压力系数超过 2.0 以上的储层，溴盐完井液是比较理想的工作液，它可以避免用重晶石等材料加重体系带来的高固相的不利影响。然而，高密度的溴盐完井液用于中低温井与用于高温或超高温井（>200℃）是有很大差别的，要保证在高温高压井使用成功，必须特别注意几个方面的问题：

(1)高温对溴盐完井液的腐蚀性影响极大，使用前必须严格按井下温度条件进行腐蚀性实验，只有当完井液的腐蚀性能够满足施工要求时才可入井使用。

(2)严格筛选溴盐完井液的缓蚀剂。很多专门用于溴盐完井液的缓蚀剂，在一般温度下可能有比较好的效果，但是在高温下其缓蚀的效果可能较差，甚至可能还会起反作用。因此对用于溴盐完井液的缓蚀剂，必须模拟井下条件进行筛选。

(3)商品溴盐的质量必须严格要求。对溴盐溶液的 pH、其他金属离子含量及固相杂质等必须严格达到质量要求。

(4)必须保证溴盐完井液的洁净。入井前完井液必须经过充分过滤，使固相杂质尽可能低。完井液替换入井时，应采取措施把井筒内的钻井液和其他有害固相清洗出去，保证完井液的清洁。

(5)高密度溴盐盐水，特别是含 $ZnBr_2$ 盐水对眼睛和皮肤的刺激性比低密度盐水大得多。它可引起眼睛永久性损伤，裸露的皮肤也会受到刺激，如果长时间接触会导致化学烧伤，因此使用中一定要做好安全防护。

3.3.3　有机清洁盐水完井液

采用无机盐水钻开液体系，虽然体系的密度可高达 2.3g/cm³，但是当体系的密度达到 1.8g/cm³ 以上时，所采用的无机盐主要为二价金属阳离子的溴盐，而二价金属阳离子在高温下对聚合物的降解有促进作用，因而体系在高温下的流变性能不容易控制；同时，无机盐水对钻具和套管腐蚀严重。因此该类盐水的使用受到了较大的限制，目前国内外主要将高密度的无机盐水用作射孔液和压井液。

为了克服无固相清洁盐水腐蚀性强的缺点，近年来人们研制出了有机盐水钻完井液。用于钻完井液的有机盐最初主要是指甲酸钠、甲酸钾，随着近几年的技术发展，多种有机酸盐如甲酸铯、乙酸钾、柠檬酸钾、酒石酸钾、乙酸铵、柠檬酸铵、酒石酸铵，它们的季铵盐以及它们的混合物等也开始应用于钻井液和完井液。所以，我们统称这类碱金属（第一主族：锂、钠、钾、铷、铯）的低碳原子（C1~C6）有机酸盐、有机酸铵盐、有机酸季铵盐为基本原料的钻井液和完井液为有机盐钻井液和完井液。

目前用于有机盐完井液体系的有机盐类主要为甲酸盐，如甲酸钠、甲酸钾及甲酸铯。该类完井液体系的主要优点为：①低固相、高密度；②有利于保护油气层；③无毒、无害、可生物降解；④独特的抗高温性能；⑤对金属和橡胶无腐蚀；⑥抑制性好，对储层伤害小；⑦能有效地抑制天然气水合物；⑧维护简单，可以回收重复利用。

3.3.3.1　甲酸盐水溶液物理化学特性

甲酸盐钻井液是在 20 世纪 90 年代初期由壳牌公司（Shell）以甲酸钾和甲酸钠为基础研制开发并发展起来的一种新型低固相钻完井液。由于其优良特性，为适应多种钻井完井的需要，此项钻井完井液技术于 20 世纪 90 年代初期引入国内，并得到迅猛发展。尤其到了 20 世纪 90 年代后期，甲酸盐低固相钻井完井液在实际应用中取得了巨大成功，该体系具有常规油基钻井液的耐温性、强抑制性和高抗污染性能，同时具有对环境污染很小的特点。其后，壳牌公司又推出了密度高达 2.3g/cm³ 甲酸铯钻井完井液体系，并由卡博特公司生产、推广及现场应用服务。1999 年 9 月，甲酸铯体系首次在高温高压井中应用，壳牌公司在井底温度高达 185℃ 的 Sheanvate 油田使用了密度为 1.80g/cm³ 的甲酸铯水溶液作射孔液。1 个月后，法国道达尔公司在 Dunha 油田使用密度为 1.90g/cm³ 的甲酸铯水溶液作完井液，在随后的 1 年中 7 次应用密度为 2.19g/cm³ 的盐水作完井液和修井液，其中 1 口井的井底温度高达 207℃。到目前为止，甲酸铯钻井完井液已在北海地区、欧洲大陆、南美、墨西哥湾地区以及亚太地区等 30 多个油田 350 多口井应用，效果很好。

1. 甲酸盐基本化学性质

甲酸钠化学式 HCOONa，分子量 68.01；甲酸钾化学式 HCOOK，分子量 84.11；甲酸铯化学式 HCOOCs，分子量 177.93。三种甲酸盐中，甲酸铯盐水的密度最高，其最高密度达 2.367g/cm³。铯是一种稀有金属，呈金黄色，熔点 280℃，原子量 132.9，在所有稳定金属中正电性最强。在所有金属中，铯含量排第 29 位。甲酸铯易溶于水，水溶液外观如水状。由于铯的正电性强，甲酸铯在水溶液中非常容易离解。

甲酸钠、甲酸钾和甲酸铯的晶格结构随着分子中阳离子体积的增大而发生明显变化。甲酸钠中钠离子很小，可以填充在平面内甲酸根离子间的间隙中。甲酸钾中钾离子太大，不能进入甲酸根离子间隙中，平面内甲酸根离子形成类似氢键的链。甲酸铯的晶格结构与甲酸钾类似，体积更大的铯离子破坏了甲酸根离子的堆积，没有发现类似氢键的链。由于钾离子和铯离子体积大，甲酸钾和甲酸铯晶格中的甲酸根离子晶面是分开的。

市售甲酸铯水溶液含有少量钠，钠也是油田用甲酸铯中普遍存在的杂质。沃里克大学晶体结构研究成果表明，甲酸钠和甲酸铯混合物可形成二元双重体，钠嵌在甲酸盐层面内，铯嵌在层面中间。在饱和溶液中这种双重体最先析出，但在甲酸铯水溶液中加入钾离子会使晶格结构变得不紧凑。

2. 甲酸盐盐水密度

甲酸盐极易溶于水，可以产生密度非常高的盐水，最高密度达 2.367g/cm³。3 种甲酸盐的溶解度，以质量分数为单位的值甲酸铯最大（83%），而以摩尔浓度为单位的值甲酸钾最大（14mol/L）。甲酸钾水溶液和甲酸铯水溶液混合而成的高摩尔浓度混合水溶液，可产生钻井液和完井液所需的各种密度。表 3-18 为甲酸盐水溶液的物理性质。

表 3-18 甲酸盐水溶液的物理性质

种类	饱和质量分数	饱和密度/(g/cm³)	黏度/(mPa·s)	pH	结晶点/℃
甲酸钠	45	1.34	7.1	9.4	−23
甲酸钾	76	1.60	10.9	10.6	−40
甲酸铯	83	2.37	2.8	12.9	−57

在大多数情况下，用密度为 1.57g/cm³ 的甲酸钾水溶液和密度变为 2.20g/cm³ 的甲酸铯水溶液，可以配制钻井和完井作业所需各种密度的混合水溶液。为了降低低密度（1.57~2.0g/cm³）盐水的结晶温度，需要把现成的甲酸钾盐

水用水稀释。同样,为了降低高密度(2.0~2.2g/cm³)盐水的结晶温度,也可以用水稀释甲酸铯盐水。

3. 甲酸盐盐水结晶温度

在寒冷环境或高压下,钻井液和修井液的结晶温度是一个非常重要的参数。图 3-3 所示为卡博特公司和违斯特伯特国际技术中心测量的甲酸铯水溶液的真实结晶温度与密度之间的关系。采用刚生成的晶体和存放一段时间的晶体作为晶种测得的数据是一致的,说明不存在亚稳态。白劳德公司用 PCT 测量仪测得的少数点的数据也与这些数据拟合。

在深水环境中,高压和低温可引起高密度盐水中的盐结晶。违斯特伯特国际技术中心采用声波法测定不同压力下甲酸铯盐水的结晶温度,白劳德公司采用光导纤维检测技术测定不同压力下甲酸盐盐水的结晶温度,发现下列经验法则用于甲酸铯水溶液和甲酸钾、甲酸铯混合水溶液:压力每增加 1000psi(3.895MPa),真实结晶温度上升 1°F(5/9℃)。通过添加氯离子可以降低单一甲酸盐的真实结晶温度。壳牌公司的研究证实,在甲酸钠盐水中加入 15%或 20%KCl 有降低真实结晶温度的效果。但氯离子会引起局部腐蚀,而且很难防止。

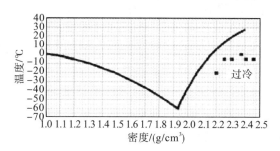

图 3-3　甲酸铯水溶液密度与结晶温度曲线

4. 碱度和活度

(1)碱度:甲酸盐水溶液呈碱性(pH8~10)。可以使用常见酸和碱调节 pH 到任何区间,而不会产生难溶性盐的沉淀。

调整低浓度甲酸铯盐水的碱度,可使用氢氧化钠或氢氧化钾,也可以使用碳酸盐或碳酸氢盐。氢氧化物不是缓冲剂,不宜用于可能发生酸性气侵入的地层。碳酸盐或碳酸氢盐缓冲剂与甲酸盐盐水则完全相容。

(2)活度:卡博特公司与设在英国阿伯丁的技术支持实验室用 ERH 法研究了单一甲酸钠、甲酸钾和甲酸铯水溶液的活度与浓度之间的关系,结果如图 3-4 所示。相同密度的甲酸钠和甲酸钾水溶液的活度相近,甲酸铯水溶液的活度则较高。通过测量密度 2.2g/cm³ 的甲酸铯水溶液与密度 1.57g/cm³ 的甲酸钾水溶液混合液的活度，发现混合液的活度与甲酸铯、甲酸钾质量比之间存在线性关系。

水溶液活度通常随压力的增高而上升。然而，含盐量高的水溶液的活度却呈现随压力增高而下降情况。通常情况下水溶液活度随温度升高而升高，但有许多例外。

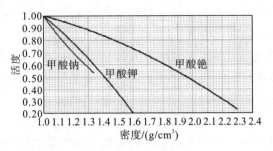

图 3-4　甲酸盐水溶液活度（ 25℃）

5. 热稳定性能

甲酸盐与水反应生成碳酸盐和氢气(碳酸氢盐)是主要分解方式，脱水为次要方式。甲酸盐水溶液作为高温高压条件下使用的高效钻井完井液，自 1996 年以来已在 190 多口高温高压井中使用。甲酸盐水溶液长期(一般为 30～60 天，有时超过一年)暴露在井温高达 236℃(457℉)、压力高达 96MPa(14000psi)的环境中时，其组成或特性基本不发生变化，无大量诸如氢等分解产物生成，密度和 pH 也不发生变化。而继续暴露在水热井下条件时，甲酸盐钻井液的组成也未发生巨大变化。

室内实验研究结果表明，水溶液中的甲酸根离子在某一临界温度下会发生分解，其先决条件是要有催化剂存在。在实际井下条件下，甲酸盐的分解和分解程度取决于温度、压力、pH、催化剂表面积和盐的组成。根据室内实验结果和现有的现场经验，得出了下列结论：现场使用中，在高温和长期持续作业的 A 井极高温和中期持续作业的 B 井这两个极端情况下，经过超长的作业时间后，才监测到了少量甲酸盐分解产物，这些分解产物对盐水的特性没有不利影响。

美国伍兹·霍尔海洋研究所最新的研究成果表明在实验室接近真实水热条件下甲酸盐的分解最终可到达平衡；只有少量甲酸盐发生分解后就到达了平衡；石油工业界目前使用的常规反应釜和反应器不能模拟实际井下条件，也不能预测甲酸盐水溶液在高温高压井钻井作业中是否会发生什么问题。

该研究所的研究成果还指出，通过增加碳酸盐和碳酸氢盐缓冲剂的添加量，可以配制出所需热动力温度的甲酸盐钻井液。

据认为，甲酸盐分解形成的氢气可能导致某些金属材料暴露在高温下时间过长而随后冷却时发生氢脆。通过增加碳酸盐和碳酸氢盐缓冲剂的用量，可以阻止甲酸盐的分解，使这一潜在问题获得解决。

甲酸根离子是一种抗氧化剂（还原剂），可以快速清除氢氧自由基。甲酸铯可以对水溶性聚合物等热敏性溶质在高温下的氧化降解提供可靠的防护作用。在水溶液中，碱金属甲酸盐周围的水分子结构发生改变，水的性质近似于冰的性质，使溶解的聚合物分子在高温下更加有序、坚韧和稳定。甲酸盐的抗氧化特性可以拓宽普通钻井液使用的聚合物热稳定性的极限。

6. 抗腐蚀性能

甲酸铯盐水为有机盐水溶液，对钻井工具尤其是较大的金属工具如钻头等侵蚀性较小。使用甲酸铯使甲酸盐水溶液在很宽密度范围内可以达到无固相，因而对金属的腐蚀性也有所降低。含甲酸铯的甲酸盐体系已在超过 130 口高温高压井完井液中应用，井底温度高达 216℃（420℉），压力最高达 117.2MPa（17000psi），在完井中使用时间超过 10 年，没有任何腐蚀事件的记录。

甲酸盐水溶液显碱性，加之加入了碳酸盐碳酸氢盐缓冲剂，即使有大量酸性气体存在，依然能保持很好的碱性环境。在甲酸盐缓冲体系与大量的酸性气体接触时，pH 从未低于 6~6.5，甲酸盐中卤离子含量非常少，消除了卤离子引起的腐蚀问题如点蚀。即使有大量氯化物存在，甲酸盐依然表现出比卤化盐更好的性能。甲酸盐是一种抗氧化剂，可限制 O_2 的腐蚀，使体系更加稳定，提高其抗高温能力。

7. 润滑性能

卡博特公司采用违斯特伯特国际技术中心的 HLT 润滑性测试仪、BP 公司的润滑性测试钻机和白劳德润滑性测试仪测量了甲酸盐钻井液中金属对金属和金属对砂岩的摩擦系数。甲酸钾水溶液、甲酸铯水溶液及其混合液都具有非常好的润滑性，摩擦系数的降低率为 46%~66%（金属对金属），63%~82%（金属对砂岩），55%~70%（金属对页岩）。在各种温度下摩擦系数均较低。高浓度甲酸钾水溶液、甲酸铯水溶液的润滑性与油基钻井液相同。

甲酸盐水溶液的润滑性与盐水黏度之间有很好的相关性，润滑性随水溶液的黏度上升而提高。需注意，不能只依靠提高甲酸盐水溶液的黏度来改善钻井液的润滑性。在已知密度下，甲酸钾和甲酸铯混合水溶液的润滑性好于经过稀释的甲酸铯水溶液。

3.3.3.2　甲酸铯高温高压完井液的特性与应用

1. 甲酸铯完井液特性

甲酸铯完井液应用于高温高压井具有以下特性：高密度而无固相；无腐蚀性；抑制性好，有利于稳定井壁；热稳定性能好；能减少毛管自吸，有利于保护油气层，对油藏损害程度低；可被生物降解，适度的甲酸盐排放对海洋环境不会有大的影响，在较高的浓度条件下可阻止细菌生长。

1) 自然增重，无固相

甲酸铯完井液属于自然增重型，使用密度为 $1.57g/cm^3$ 的甲酸钾盐水和密度为 $2.20g/cm^3$ 的甲酸铯盐水可根据完井作业要求配制成不同密度的高密度盐水，不需要另外使用加重材料，最大限度地减少了固相对储层的伤害。

2) 腐蚀性小

甲酸铯盐水对金属材料的腐蚀性非常小，一般无须再添加防腐剂，与其他常用卤化盐水完井液相比，甲酸铯盐水不含卤素离子。众所周知，卤化物盐水 ($NaCl$、KCl、$NaBr$、$CaCl_2$，$CaBr_2$、$ZnBr_2$ 及其混合物)特别是氯化物盐水对点蚀和应力腐蚀开裂等局部腐蚀具有促进作用。现场及实验证明，即使被一定数量的氯离子污染后，甲酸铯盐水对建井使用的各种类型的钢材腐蚀性仍非常小。在 160℃ 条件下，使用密度为 $1.7g/cm^3$，并分别加入两种不同浓度的氯离子 ($NaCl$)模拟实际情况，甲酸盐盐水添加了 $K_2CO_3/KHCO_3$ 缓冲剂，溴化钙盐水中未加缓冲剂，使用 3 种适合该温度条件使用的耐腐蚀钢对甲酸铯盐水和溴化钙盐水进行对比实验，结果见表 3-19。

表 3-19   160℃ 条件下视觉观察不同 Cr 钢在各盐水中的腐蚀情况

盐水组成	测试条件	出现裂纹时间/d		
		超级 Cr 不锈钢	22Cr 双联不锈钢	25Cr 双联不锈钢
HCOOK/Cs+1% Cl⁻	10 bar N₂⁺	<60	Nc	Nc
CaBr₂	0.2barO₂	<30*	<30*	<60
CaBr₂+1% Cl⁻	0.2barO₂	<30	<30	<60
HCOOK/Cs+0.3% Cl⁻	0.2barO₂	<60	Nc**	Nc**
HCOOK/Cs+1% Cl⁻	10barCO₂	Nc**	Nc**	Nc**
CaBr₂+1% Cl⁻	10barCO₂	<30	<30	<90

注：＊为重复实验，7天后即观察到裂纹；＊＊为无腐蚀现象发生

同时，甲酸根离子是医疗等行业中广泛应用的有效抗氧剂和自由基清除剂。在完井液体系中能够清除氧化性物质，减少腐蚀的发生。

除此之外，甲酸盐盐水能维持一段的碱性环境。非氧化性溶液的腐蚀性与 pH 有关，pH 越低，腐蚀性越强。传统的高密度卤化物盐水典型的 pH 为 2~6 (取决于卤化物的类型)，钻井作业中常用的高密度卤化物盐水不能加入缓冲剂，原因是二价金属离子与缓冲剂反应产生沉淀。甲酸铯盐水自身的 pH 为 8~10，与碳酸盐或碳酸氢盐缓冲剂相容，在大量 CO_2 侵入的情况下，也能维持 pH 的稳定。

3) 热稳定性好

甲酸铯盐水在高温高压井现场使用过程中表现出非常好的热稳定性能。在匈牙利所钻的一口井深 5300m、井底温度 225℃、最高压力 96MPa 的高温高压井中，采用甲酸铯盐水作为完井液，在井中停留 39 天后被替出，进行化学分析发现，其组分和特性基本没有发生变化。

美国伍兹·霍尔海洋研究所在中等压力下，对甲酸铯盐水的碳酸盐和碳酸氢盐缓冲溶液进行抗温性实验，根据甲酸铯盐水中甲酸盐浓度的减少量测定盐水在高温下的降解量，结果见表 3-20。伍兹·霍尔海洋研究所的研究结果表明，即使在 270℃ 极端温度和中等压力条件下，当适量的甲酸盐发生降解转变成碳酸氢盐和氢气后，反应最终达到平衡，甲酸盐停止分解。因此，在极端温度条件下，可以通过在配方中增加碳酸盐和碳酸氢盐的加量来配制热稳定性更好的甲酸盐盐水。

表 3-20　伍兹·霍尔海洋研究所甲酸铯缓冲液高温降解实验

温度/℃	压力/MPa	分解量/%
220	35.2	8.2
270	34.5	15

4) 环境可接受性

由壳牌石油公司提出的健康安全环境（HSE）模式已为大多数国家接受和认同。根据 HSE 的要求，不但要生产和使用符合生产技术要求的产品，而且该产品应具有无毒、安全性能好和对环境影响小的特点。大量试验表明，甲酸铯盐水具有非常好的 HSE 性能，与钻井液常用的高密度溴化锌盐水相比，具有显著优势。

甲酸盐和淡水生物的水生毒性测试表明，甲酸钠和甲酸钾在大多数情况下被认为是"无毒性"。对氯化钾和乙酸钾的平行实验表明，钾离子所表现的毒性比甲酸根离子所表现的毒性要高得多。甲酸铯一般可以认作"无毒"或者"几乎无毒"。但是，也有例外的情况出现，在淡水海藻的测试中表现出"中等毒性"。溴化锌的测试结果表现出"高毒性"和"中等毒性"。

甲酸钠、甲酸钾和甲酸铯都根据 OECD301D 标准进行了测试（闭合底部测试）。同时也对甲酸钠、甲酸钾和甲酸铯进行 OECD301E 测试，实验结果表明，甲酸盐是可以生物降解的。

5) 保护油气层

钻井过程中储层的保护至关重要。据统计，地层损害每年给石油工业带来的损失高达数十亿美元。研究分析及现场应用表明，甲酸铯盐水不会对油气藏的渗透率造成任何永久性或难以控制的损害。甲酸铯盐水对储层损害程度低的原因有：

（1）甲酸铯盐水不含可以与地层流体发生不利反应的物质，如表面活性剂和多价离子。因此不会出现乳化物、沥青质或不溶性结垢对储层的损害。

（2）甲酸铯盐水中存在钾离子和铯离子，对储层岩石中易水化膨胀的蒙皂石、伊蒙间层等黏土矿物水化膨胀具有抑制作用，并且其矿化度一般高于地层水，因此当其与黏土矿物接触时，能抑制黏土在储层喉道中发生分散运移、架桥和堵塞孔喉对储层造成的损害。

（3）甲酸铯盐水能够自然增重，避免了使用固相加重剂。如果需要用固相颗粒作滤饼材料或桥堵，可以选择对地层损害程度低的固相颗粒，通常是使用一定尺寸的碳酸钙颗粒。碳酸钙作为桥堵材料的优点是尺寸可调，且具有酸溶性。

（4）油基或水基钻井液滤液侵入地层后永久被圈闭在近井地带，这些被圈闭的流体可能会大幅度降低储层对烃类的相对渗透性。随钻测井数据与电测数据表明，甲酸铯盐水不会对储层造成相圈闭。

（5）甲酸铯盐水不含表面活性剂（如油润湿剂和腐蚀抑制剂），不会改变储层岩石的润湿性，因此也不会改变岩石对烃类的相对渗透率。

（6）甲酸铯盐水在密度高于 $1.05g/cm^3$ 时具有天然的抑制微生物生长和杀灭生物的作用。无论在地面还是在井下，甲酸铯盐水既不发生生物降解也不促进任何种类微生物的生长，因而可有效抑制微生物对储层的损害。

2. 甲酸铯完井液处理剂

甲酸盐完井液的一个最大优点是需要的处理剂数量较少，目前能与几乎所有常用钻井完井液处理剂配伍。甲酸盐盐水的密度相当高，除非特殊需要，一般不需要添加固相加重材料。甲酸盐对金属的腐蚀性不严重，通常不需要添加防腐剂或除氧剂。甲酸盐盐水的活度低，可以抑制微生物的生长，高密度盐水中不需要使用杀菌剂。甲酸盐盐水具有润滑性，通常不需要添加润滑剂。

甲酸盐钻井完井液常用的添加剂有：pH 调节剂碳酸盐/碳酸氢盐；改变流变性的假塑性增粘剂和控制滤失量的降滤失材料（桥堵剂和聚合物）；在极端条件下有时需要添加硫化氢清除剂、除氧剂和抗氧化剂。

1）甲酸铯完井液与处理剂配伍性

（1）生物聚合物。

通常在钻完井液中用作增粘剂和降滤失剂的生物聚合物类产品，在高温下容易发生氧化和水解。甲酸铯/钾盐水是一种抗氧化剂，具有良好的稳定生物聚合物类产品的能力。壳牌研究公司对 XC、PAC、淀粉等生物聚合物类产品测试结果得出：随甲酸铯/钾盐水密度增高，XC 热稳定极限不断提高，当甲酸铯盐水密度达 $1.65g/cm^3$ 时，XC 热稳定极限温度为 160℃。甲酸铯同样也可以提高 PAC、淀粉的热稳定极限。

烃乙基纤维素在低 pH 条件下才能水化，与碱性的甲酸铯盐水体系不相容。

（2）合成聚合物。

甲酸铯/钾盐水与很多市售增黏和降滤失合成聚合物相容。

①4mate-Vis 系列聚合物：4mate-Vis 系列聚合物是卡博特特殊流体公司和 Fritz 公司研制、特别适用于甲酸盐钻井液的抗高温流变性控制剂。

4mate-Vis-HT：4mate-Vis-HT 是丙烯酰胺和磺化甲基丙烷的共聚物，不会出现假塑性流变性。可在温度高达到 218℃ 的环境中使用，在 190℃ 的温度下可保持 30 天的稳定期。用范氏 70 黏度计测试的结果表明，在温度高达 204℃ 的环境下，4mate-Vis-HT 加量不少于 10 磅/桶（约 28.5kg/m³）的钻井液能保持良好的流变特性。

4mate-Vis-HT-HML：4mate-Vis-HT-HML 是种疏水改性的 AMPS 聚合物产品，其作用是控制甲酸盐盐水的流变性。这种聚合物疏水作用很强，在约 200℃ 的温度下仍具有假塑性。

4mate-Vis-XHT-HML：4mate-Vis-XHT-HML 是以丙烯酸盐（酯）为主链，含 0.2%C16 侧链憎水基团的合成聚合物，用作钻井液处理剂可以提供良好的井下流变性，在约 260℃ 的高温下仍可保持性能稳定。

②Dristemp：Dristemp 是钻井专用品公司生产的一种用于控制滤失量的低黏度合成聚合物，外观为白色，可自由流动，具有很好的降滤失作用和抑制性。在甲酸盐钻井液中抗温性可达 200℃。

③丙烯酰胺共聚物：BHI 公司开发的丙烯酰胺共聚物 Kemseal 作为高温降滤失剂，已经成功地在甲酸盐盐水中使用，适用于各种高温井下条件。

（3）润滑剂。

高浓度甲酸盐盐水本身具有很好的润滑性，在大多数应用中无须添加润滑剂，钻屑可能影响其润滑性。室内实验结果表明，甲酸铯/钾盐水与多数润滑剂配伍性较好，加入润滑剂可降低摩擦系数 28%~50%，但有些润滑剂在甲酸铯盐水中不起降摩阻作用。

关于低密度甲酸盐盐水的一个应用实例。在北海油田采用欠平衡钻井方法钻一段 6 英寸（152.4mm）井眼，加入润滑剂 Teq-Lubricant 改善了钻井液的性能，还降低了扭矩和摩阻。与过去所钻的井或邻井相比，钻井扭矩下降了 40%。

（4）加重材料。

所有常用的加重材料都与甲酸盐盐水相容，但甲酸盐盐水在高温高压条件下可溶解少量重晶石。重晶石中有毒的重金属钡溶于甲酸盐盐水并不会给现场工作人员带来健康和安全问题。可溶性钡对水生生物的毒性极高，但当溶解在甲酸盐中的钡被排放到海水中后会立即与海水中的硫酸盐反应生成无毒的硫酸钡。即便如此，建议在甲酸铯完井液中尽量不使用重晶石。赤铁矿、钛铁矿、方铅矿和碳酸锶矿等其他加重材料都不溶于甲酸铯盐水，因而均可在甲酸铯完井液中使用。

甲酸铯盐水具有高密度，除钻井环境要求密度高于 $2.3g/cm^3$ 的情况外，甲酸铯完井液中可以不使用加重材料。

（5）防腐剂。

高密度甲酸盐盐水由于 pH 高、抗氧化以及与碳酸盐/碳酸氢盐缓冲溶剂相容，因而腐蚀性很小。还未见暴露在甲酸盐盐水中的钢铁管材发生局部腐蚀（如点状蚀和应力腐蚀开裂）的报道。高浓度或饱和甲酸盐盐水中不需要加入防腐剂，低密度甲酸盐盐水的抗腐蚀性较高密度的差，加防腐剂会取得更好的效果。

（6）杀菌剂。

过去近 10 年甲酸铯/钾盐水在 200 多井次高温高压井使用的案例中，用常规的微生物检测方法检测未添加杀菌剂的甲酸铯/钾盐水，未发现有细菌存活。

室内实验结果表明，当被注入的海水隔离开时，在浓度高于 10g/L 的纯甲酸铯盐水中需氧细菌、普通的异养细菌或需氧的硫酸盐还原菌无法生存和生长。甲酸钾和甲酸铯盐水的混合液抑制性稍弱，浓度至少高于 240g/L 时才能阻止这些细菌的存活。现场应用表明无杀菌剂的甲酸铯/钾盐水也可用作钻井液，在钻井过程中未出现任何问题，但该问题还有待进一步研究。

（7）硫化氢清除剂。

当甲酸铯/钾盐水用作钻完井液时，通常使用碳酸盐/碳酸氢盐作为缓冲剂，用来防止硫化氢所造成的腐蚀。碳酸盐/碳酸氢盐缓冲溶液的缓冲能力很强，可以在 pH 下降之前把大量的酸性气体转变成 HCO_3^- 和 HS^-，钻、完井液与大量 H_2S 和 CO_2 相遇，可能造成防腐蚀金属的延展性有一定程度的下降，此时添加硫化氢清除剂较单独使用缓冲溶液要好，因为硫化氢清除剂可以与硫化氢化合而不改变化学平衡。另外，应用硫化氢清除剂可以清除甲酸盐盐水中的一硫化物。海绵铁、一些水溶性亲电有机化合物可以通过与硫发生耦合来清除 H_2S。

（8）抗氧剂。

氧是一种强氧化剂，钻井液和完井液中的氧可诱发聚合物迅速降解，也是造成腐蚀的一个重要原因。为了除去这种有害气体，必须再在钻井液和完井液中加除氧剂。

甲酸根离子是一种非常好的抗氧化剂和自由基清除剂，已在工业和医药界广泛应用。氧在浓甲酸盐盐水中的溶解度比较低，所以对除氧剂的要求不很严苛，现场通常不再添加抗氧剂。对于稀释的甲酸盐盐水，推荐使用抗氧剂。某些测试结果表明，加入抗氧剂有助于高温下聚合物的稳定。在 Tuscabosa 的一口井的磨铣作业中黄原胶的稳定性达到 204℃，是应用抗氧化剂提高黄原胶高温稳定性的一个实例。

氧化镁是很多抗高温钻井液配方中的重要组分。在抗高温甲酸盐钻井液中加入氧化镁能大幅度提高其性能。在甲酸铯盐水中加入异抗坏血酸钠、碘化钾、二醇类和胺类等，也可大大增强聚合物的抗氧化能力，大幅度提高聚合物的热稳定性。

(9)消泡剂。

甲酸盐盐水本身不具有表面活性，不会引起任何发泡问题。在现场使用中，被污染的甲酸盐盐水有时会发泡。消泡剂 LD-8V（一种植物油和表面活性剂的混合物）、NF6 等能有效消除甲酸铯盐水的气泡。

2）甲酸铯钻完井液与材料相容性

（1）与金属的相容性。

现场钻井液 pH 大幅度降低的主要原因是 CO_2 和 H_2S 等酸性气体大量侵入。这是 pH 大于甲酸的两种弱酸性气体。常用的高密度盐水（$CaCl_2$，$CaBr_2$，$ZnBr_2$）均为酸性。把这些盐水的 pH 提高到碱性，会产生不溶性沉淀如 $Ca(OH)_2$，$Zn(OH)_2$ 等。甲酸铯/钾溶于水后呈碱性（pH8～10），甲酸盐盐水的 pH 可以调节到具有最佳性能的区间，而不产生难溶性沉淀。现场应用的甲酸盐盐水，一般使用碳酸钠/碳酸氢钠或碳酸钾/碳酸氢钾进行缓冲。

甲酸盐含卤离子非常少，因此，不会出现卤离子腐蚀问题，例如点蚀。即使有大量氯化物存在，甲酸盐依然表现出比溴化物盐更好的性能。甲酸盐是一种抗氧化剂，可最大限度抑制 O_2 的腐蚀。

（2）与橡胶材料的相容性。

大量的研究结果表明，一般的橡胶都与甲酸盐盐水相容。甲酸铯/钾提供碱性的 pH 环境，不适用于碱性环境的橡胶如 NBR 和 FKM 与甲酸盐不相容，尤其是在高温条件下。

3）甲酸铯完井液常用处理剂

（1）生物聚合物增黏剂。

①DUO-TECNS：DUO-TECNS 是一种改性的黄原胶，可增加水基钻井液的黏度，包括低剪切速率下的黏度，及用作加重材料悬浮剂，它具有独特的剪切稀释特性和触变性。

在水基钻井液中，包括淡水、海水、盐水钻井液，也无论是高密度还是低固相钻井液，DUO-TECNS 都具有非常好的性能。加入盐类、抗氧化剂和热稳定剂能够使 DUO-TECNS 的热稳定性提高至 138℃。尤其是甲酸盐体系可使热稳定性提高至 204℃。DUO-TECNS 容易生物降解，因此使用时应同时添加杀菌剂。

②微纤维状纤维 MFC：MFC 商品名为 N-Vis-HB（以前的名称是 Kelco's 纤维素），是一种通过酶发酵过程生产的纤维素，与自然界中一般的植物纤维素以及经过物理和化学改性的纤维素不同，其特点是具有很大的表面积，能改善钻井液流变性。

此剂是一种多聚糖，其主链与黄原胶或硬葡聚糖一样，但性能却有很大差异，在盐水中仅能部分溶解。这种聚合物除可以增加盐水的黏度外，还具有一定的降滤失作用。

（2）降滤失剂。

①ExStarHT。

ExStarHT 是一种抗高温淀粉，主要用在水基钻井完井液中，控制滤失量和增强流变性。在甲酸盐钻井液中的热稳定性高于 150℃，远远超过传统淀粉降滤失剂的降解温度。该剂经过高度改性，需要先在比较适中的温度（80℃）下进行活化。ExStarHT 活化后，在低剪切速率下与低浓度的黄原胶和膨润上均有协同效应，与盐水体系的协同效应更为明显。加入 ExStaHT 能增加钻井液黏度，减少了昂贵的生物聚合物的加量。

②Antisol FL10。

超低黏聚阴离子纤维素，具有较高滤失控制能力，高效的降滤失剂。该剂形成的泥饼质量好、坚韧，具有较强的抗盐性和耐温性，以及良好的非牛顿流体特性，能很好地控制钻井液流变性，能使初切力下降，使钻井液易释放出裹带的气体。

此外，在甲酸铯完井液中可起降滤失作用的还有 Dristemp 和丙烯酰胺共聚物等。

（3）暂堵剂。

①Baracarb 系列。

在钻井液中，为了改善泥饼质量和控制滤失量，通常加入一定级配的碳酸钙。Baracarb 是不同粒度等级的碳酸钙（其颗粒分布如图 3-5 所示）。Baracarb 有 6 种规格：5、25、50、150、600 和 2300μm。其中，5、25 和 50μm Baracarb 可以用于提高钻井液的密度，起架桥和控制滤失量的作用；50、150、600 和 2300μm Baracarb 用于控制循环漏失。

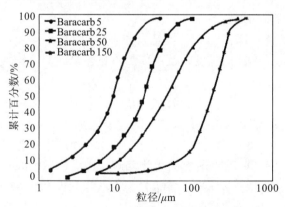

图 3-5　不同粒度等级的碳酸钙粒度分布

②G-Seal。

G-Seal 由多种粒径的石墨组成，在钻井液中起桥接封堵渗漏地层的作用。当地层压力不同的疏松地层中钻进时，G-Seal 的桥接封堵性能可以减少压差卡钻的趋势，控制轻微—严重循环漏失地层的滤失量。G-Seal 是惰性物质，不会影响钻井液的流变性能，由于具有润滑性，可以降低钻井过程中的扭矩和拉力。

（4）其他处理剂。

此外，甲酸铯盐水中通常还添加碳酸钾/碳酸氢钾作为缓冲剂，氧化镁作为抗氧化剂及辅助碱度调节剂。

3. 甲酸铯钻完井液现场应用效果

自 1999 年 9 月壳牌公司首次在 Shearwater 油田使用密度 1.80kg/L 的甲酸铯盐水作为射孔液以来，截至 2009 年 10 月，甲酸铯/钾钻井液和完井液已在国外许多环境敏感地区及高温高压油气井钻完井、小井眼钻井、软管钻井、完井和修井作业中成功应用 220 余井次。根据卡博特特种流体公司提供的数据，对甲酸铯盐水在高温高压井中的应用进行了统计，其中钻井 28 次，完井 119 次，修井 14 次，压井 27 次，油井测试 2 次，压裂 2 次，清洁射孔液 1 次，封堵 8 次，辅助钻井 19 次，总计 220 井次。

甲酸铯盐水用作建井工作流体，能稳定井壁，保护油气层。大量应用实例表明，在钻井过程中，甲酸铯盐水通过减少甚至消除井控事故，提高了建井效率并降低了开发成本。

1）缩短完井时间

挪威国家石油公司对 Kvitebjom 油田 5 口高温高压气井进行裸眼完井，完井类型为筛管完井，平均时间仅为 15.7 天，见表 3-21。其中，A-6 井是在北海有史以来完井最快的高温高压井（12.7 天）。相比之下，在北海高温高压气井中使用油基钻井液完井的平均时间为 45.6 天。

表 3-21　甲酸铯完井液在 Kvitebjom 油田高温高压深油气井的应用情况

井号	测量井深/m	井段长度/m	倾角/(°)	钻井时间/d	完井时间/d
A-4	4532	290	24	13.5	17.5
A-5	4339	302	30	11.5	17.8
A-6	5225	583	23	35.1	12.7
A-10	5125	513	40	13.9	15.9
A-15	5568	376	40	14.5	14.8

2）提高油井产能

甲酸铯盐水化学特性检测结果表明，它不会对油气藏的渗透率造成任何永久性或难以控制的损害。现场应用表明，使用甲酸铯/钾盐水进行钻井或完井时可提高油井的产能。马拉松石油公司在英国北海海域的布拉埃玛油田使用密度为 1.86g/cm³ 的甲酸钾/甲酸铯盐水进行射孔。井的预期产能为每日（1.22~1.52）× 10^7 m³，实际产能达到每日 2.41×10^7 m³。

3）提高石油采收率

由于深井的建井成本和维护费用高昂，因此必须快速采出可采储量，保证良好的资金回收和节省开支。现场应用表明,甲酸铯盐水能有效地满足这一要求。

2001～2002 年,在北海滕内(Tune)和赫尔德拉(Hldra)高温高压天然气/凝析气田,使用甲酸铯盐水进行钻井和裸眼完井作业开发了 10 口大斜度井。仅 8 年里,这些油田已采出的天然气超过估计可采储量的 90%,凝析油大于估计产量的 95%。两个油田中天然气和凝析油在 4 年内采收量均大于估计产量的 70%。

由于甲酸铯盐水不会对油气藏的渗透率造成任何永久性或难以控制的损害,具有保护油气层的特点,因此能够提高油井的产能。

值得注意的是,在这些油田以及后来开发的克维特伯乔恩油田,从使用甲酸铯盐水钻、完井液以来,还没有进行任何形式修井作业。

第 4 章　南海高温高压钻完井液技术及应用

南海高温高压盆地具有独特的地质特征，给钻完井作业带来了极大的挑战。从 1984 年至今，南海高温高压勘探开发工作经历了对外合作、自主勘探及自主开发三个阶段。从艰难摸索、基本钻成，直到最终安全高效地完成高温高压井作业，期间解决了包括压力预测、井身结构设计、钻完井液、作业效率等在内的一系列钻完井技术难题，提高了地层取资料的成功率，并促成了海上高温高压气田的成功开发。

截至 2016 年 9 月，南海共钻高温高压探井 55 口，其中合作井 9 口。这些井中，最深完钻井深 5638m，最长钻井周期 283.75 天，最高井下温度 249℃，最高钻井液密度 2.38g/cm³，涉及区域包括东方、乐东、崖城和陵水。南海高温高压井普遍存在温度高、压力高以及地层压力窗口窄的特点，给钻完井施工作业带来了很大挑战。

4.1　南海高温高压井难点分析

4.1.1　典型井井身结构设计

南海东方区块的前期高温高压探井及开发井以直井为主，随着对南海东方区块复杂地层的认识不断加深，东方 1-1 气田一期调整共布 7 口开发井，其中 6 口定向井，1 口水平井，典型井的井身结构见表 4-1～表 4-3。

表 4-1 直井井身结构设计

井段	钻井液体系	密度/(g/cm³)	井底温度/℃	井身结构
36″/26″	海水膨润土浆	1.03~1.08	—	转盘面: 0m；海平面: 25m；泥面: 86m；36″井眼: 153.7m；30″套管: 153.7m；30″套管: 水泥返至泥线
17-1/2″	海水膨润土浆+KCl/聚合物	1.08~1.45	110	26″井眼: 669.5m；20″套管: 666.07m；20″套管: 水泥返到30″套管鞋
12-1/4″	Duratherm/PDF-THERM	1.40~1.85	135	13-3/8″套管: 水泥浆返高至616.07m；17-1/2″井眼: 2324m；13-3/8″套管: 2318.3m；9-5/8″套管: 水泥返高至2118.5m
8-3/8″	Duratherm/PDF-THERM	1.80~2.13	147	12-1/4″井眼: 2801m；9-5/8″套管: 2795.32m；8-3/8″井眼完钻井深: 2958m

表 4-2 定向井井身结构设计

井段	钻井液体系	密度/(g/cm³)	井底温度/℃	井身结构
26″	海水膨润土浆	1.03~1.08	—	转盘面: 0.00m；海平面: 40.00m；泥面: 103.00m；20″套管: 528.8m；26″井眼: 528.8m
17-1/2″	海水膨润土浆+KCl/聚合物	1.03~1.12	110	13-3/8″套管: 2137.00m；17-1/2″井眼: 2137.00m
12-1/4″	PDF-PLUS/KCl体系	1.35~1.70	135	9-5/8″套管: 2835.00m；12-1/4″井眼: 2835.00m
8-1/2″	Duratherm	1.80~2.08	147	7″套管: 3012.00m；8-1/2″井眼: 3013.00m

表 4-3 水平井井身结构设计

井段	钻井液体系	密度/(g/cm³)	井底温度/℃	井身结构
26″	海水膨润土浆	1.03~1.08	—	转盘面：0.00m 海平面：40.00m 泥面：103.00m
17-1/2″	海水膨润土浆	1.03~1.12	110	20″套管：501.50m 26″井眼：501.50m
	PDF-PLUS/KCl	1.08~1.30		
12-1/4″	Megadril 油基钻井液	1.35~1.85	125	13-3/8″套管：2011.85m 17-1/2″井眼：2017.00m
8-3/8″	Megadril 油基钻井液	1.80~2.08	140	9-5/8″套管：3014.94m 12-1/4″井眼：3019.00m 7″尾管：3409.10m 8-1/2″井眼：3410.00m
5-7/8″	Megadril 油基钻井液	1.80~2.08	141	5-7/8″井眼：3800.00m

4.1.2 高温高压钻井液技术难点分析

4.1.2.1 高温高压钻井液性能调控难点

1. 高温高密度下的流变性控制

高温高压要求钻井液具有高温稳定性，在高密度条件下保持较好的流变性、抗污染能力及强抑制性。这就要求高温高压下钻井液要具有低黏低切，防止深井高温条件下，钻井液循环不当或起下钻操作不当引起的压力波动压漏地层等。

高温高密度条件下，由于加重材料和处理剂加量较多，钻井液固相含量很高，造成钻井液流变性不易控制。钻井液体系适应性和抗温稳定性是高温高密度钻井液需要解决的主要问题之一。温度对钻井液性能的影响如图 4-1 所示。

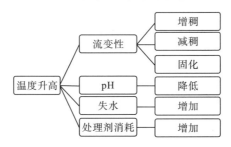

图 4-1 温度对钻井液性能的影响

2. 高温高密度下钻井液的抑制封堵问题

高温高密度下钻井液的分散和抑制是一对矛盾，如何在不影响钻井液流变性和高温稳定性的前提下，控制分散、加强抑制、强化封堵是东方 13 井区钻井液的主要问题。

3. 高温高密度下的泥饼质量和润滑性控制问题

高温高密度条件下，由于固相多，在砂岩段容易形成虚厚泥饼，造成阻卡，这对安全钻井具有较大风险。

4. 高温高密度下的储层保护问题

在钻井过程中，储集层损害的主要因素有两个。一是当钻开储集层时，存在着井内钻井液有效液柱压力与地层压力差，致使钻井液中的滤液和固相进入地层而损害油气层；二是钻开储集层需要一定的时间，容易导致储集层被钻井液浸泡而受到损害。

4.1.2.2　南海高温高压条件钻井液难点

南海海域地温梯度很高，中深地层最高可达 $5.51℃/100m$。温度高使得很多常规工具仪器受限，作为钻井"血液"的钻井液也由于高温带来了一系列的问题，诸如钻井液的性能稳定性、流变性等。高温给固井带来的问题更大，极易出现固井方面的事故和复杂情况。据有关石油院校研究，温度高会给井壁稳定性带来负面影响，同时会缩小破裂压力与地层压力窗口，增加诱发复杂情况的概率。同时，钻井液出口温度高，对平台井控装置、井口、循环系统等密封件提出了更高的要求，莺琼盆地高温高压井普遍存在压力窗口窄，安全余量低的特点，给井身结构设计与实际施工带来了很大的难度和风险。

1. 直井

1）井眼清洁问题

东方地区上部井段使用海水膨润土浆与 KCl/聚合物钻井液体系，采用 $\varphi444.5mm$ 以上的钻头开孔，钻头钻达井深 2245m，井眼大、裸眼短长。因此，钻进过程中井眼清洁是关键。如 DF13-1-3 井使用 $\varphi444.5mm$ 钻头钻进 1270～1300m、1360～1420m、1600～1660m 多点遇阻。由于粉-细砂岩地层胶结疏松、渗透性好，形成虚厚泥饼，加上地层井眼较大、钻时快、排量较小，对井壁冲刷不力，造成缩径阻卡。

(1)钻井液在环空以一定的速度上返，这是钻井液携带岩屑的基本原理。根据实际生产经验要求大尺寸井眼环空速度大于 0.3m/s 才能满足井眼清洁要求，但实际施工中因设备磨损等原因，无法达到最低环空速度的要求，造成岩屑浓度过高，导致阻卡等复杂情况发生。

（2）钻井液携带岩屑的效果受流体的环空速度、流体的黏度、钻屑的密度及钻屑的大小形状等因素影响。在实际施工中，通过提高黏度和切力减小钻屑密度及钻屑大小形状等对钻井液携岩效果的影响。但是在高黏切的钻井液使用过程中易使靠近井壁的钻屑更容易黏附在井壁上形成小井眼。

（3）在浅井段施工一般使用高黏切钻井液洗井，为了将靠近井壁的钻屑及黏附在井壁上的钻屑清洗出地面，通过短程起下钻或每钻完一个单根进行划眼作业来实现，从而提高井眼净化效果。

2）井眼稳定问题

在东方区块钻井施工过程中遇到的主要复杂情况为起下钻遇阻、倒划眼困难、蹩扭矩等，这些复杂情况主要出现在乐东组、莺歌海组、黄流组。如DF13-1-4 井地层（630～950m、2800～2890m）即乐东组、黄流组一段，井眼发生扩径，其尺寸明显大于钻头尺寸，井眼直径不规则；地层（950～1500m、2906～2922m）即莺歌海组一段、莺歌海组二段上部、黄流组一段，发生严重井眼缩径；DF13-1-6 井在施工中几乎全裸眼井段倒划眼。因此井眼稳定问题是东方 1-1 气田一期调整项目直井施工中较为突出的难题之一。

影响井眼稳定因素主要有：①东方 13-1 气田复杂地层，即乐东组、莺歌海组、黄流组井段，发育巨厚层状灰色泥岩、薄层状灰色泥质粉砂岩地层，该地层渗透性好，出现虚厚泥饼导致井径缩小、起下钻频繁遇阻的问题。②中部巨厚灰色泥岩水敏性强及地层温度的快速上升造成地层造浆严重、膨胀缩径，钻井液滤失量变大、流变性变差而导致的泥饼质量变差、黏阻增大及掉块、坍塌等井壁不稳的问题。③东方 13-1 气田已钻井使用的钻井液体系，在抑制性能和封堵性能方面需要进行针对性地优化，进而有效抑制泥岩水化和增强钻井液造壁性。

3）高温高压井段钻井液性能控制问题

东方气田主要目的层的地层压力为 1.8～2.00，储层温度 139～144℃，高温高密度条件下钻井液流变性能的稳定性控制成主要问题，这也是目前钻井液技术未能很好解决的重大技术难题。

（1）高温高密度条件下，钻井液中各处理剂本身及处理剂之间的相互作用发生物理、化学等变化，各类变化综合作用，再加上黏土含量的累积效应，引起钻井液高温后增稠，黏度、切力增加，甚至丧失流动性；或高温引起钻井液中处理剂吸附与解吸，特别是黏土含量，若其超过钻井液体系的容量上限，可引起高温后增稠、胶凝、固化；低于钻井液体系容量下限，则引起高温后减稠降黏。此外钻井液高温高压滤失量增大，泥饼增厚，这与高温大幅度降低了水相黏度有很大关系，更主要是由于高温下黏土颗粒由端－端或端－面连接的网状结构聚结成面－面结构，变成大颗粒而聚沉，破坏了黏土颗粒合理的级配，从而使泥饼渗透率增加，厚度增大，可压缩性降低。同时，高温下处理剂的降解使降滤失性能变差。

(2)2000m 以后由于地层压力系数上升较快，仅 300m 井段钻井液密度从 1.17g/cm³ 上升到 1.50g/cm³，钻井液密度未及时跟上，未能及时平衡地层侧压力，导致缩径阻卡以及钻井液抑制性不够，造成地层膨胀缩径，形成阻卡。

(3)高温高密度条件下钻井液固相含量高，黏度、切力控制困难，流体中的固相粒子和聚结结构作用，使流体表观黏度增加，流动性能降低，造成钻井液在井内流动阻力很大，由此带来一系列不利影响：沿程流动压力损失大，严重影响钻头水功率利用；过高激动压力和抽汲压力，可能引起裂缝性地层漏失或井喷；高循环当量密度，造成循环时与停泵时对井底压力变化过大，增加井控难度等。超高密度钻井液流变性控制，对小井眼钻井安全性十分重要。

(4)高固相钻井液泥饼黏附系数控制，目前采用添加钻井液润滑剂的方法，使用的润滑剂主要有两类：即流体型润滑剂和固体型润滑剂。现场施工采用加入石墨提高钻井液的润滑性。

2. 定向井

1)井眼净化

随着勘探开发的需要和钻井技术的提高，各种类型的复杂结构井，如定向井、水平井、侧钻井、侧钻水平井、大位移井等日渐增加，其特点是井斜角大、水平位移大，特别是大斜度井、大位移井，具有很大的水平位移和很长的高井斜稳斜井段，岩屑在自身重力的作用下容易沉积在井壁下侧，形成一层岩屑床。如果沉积在下井壁的岩屑床得不到较好的清洗和控制，将会造成钻井过程中的诸多严重问题，如憋泵、摩阻加大、钻速下降等。大量现场经验表明，井眼净化问题必须给予高度重视，否则很容易出现上面提到的各种结果，严重影响钻进安全及钻进效果，使得钻井过程中各项作业不能正常进行。井眼净化是决定大井斜大位移井等复杂结构井成败的关键因素之一，及时有效地清除岩屑是急待研究解决的问题。

(1)当井斜角大于 10°以后，随着井斜角的增大，钻屑开始在下井壁具有积累趋势，在较低排量下这种情况更加明显；排量一定时，当井斜角大于某一临界值以后，岩屑床厚度增加的趋势会随着井斜角的增大而变大；而排量和井斜角一定时，钻柱偏心度对岩屑床的厚度影响很大，但钻井液黏度只具有中等影响程度；钻屑颗粒越大，越不易形成岩屑床；环空返速低于临界值时，岩屑床厚度会突然增大，如何有效防止岩屑床的形成，是顺利施工的关键。

(2)低剪切速率下流变性和静切力的控制。根据国内外水平井的施工经验，提高低剪切速率下的流变性和钻井液的静切力，能大幅度提高钻井液的携岩能力，保持一定的静切力，可以避免在接单根时钻井液静止和起下钻过程中环空岩屑的迅速下沉形成岩屑床。

2)摩阻与扭矩问题

摩擦问题在大位移井的施工中变得尤其突出，客观地讲，摩阻的控制程度直接关系着水平井段延伸的长度。由于井下环境的复杂性及井眼曲率变化的影响，钻井过程中摩阻的准确测定实际上是一个非常困难的问题，目前所推出的各种测定摩阻系数的仪器和方法只能使操作人员对井下钻具的润滑状态具有一种定性的估计，远不能反映钻柱与井壁之间的真实摩擦情况。水平井的摩阻和扭矩大并非都是钻井液润滑性不好造成的，而是由于洗井不良、井眼不稳定及岩屑床所致，只有解决这些问题后，钻井液润滑性的好坏才是关键。

3)井壁稳定问题与钻井液抑制问题

国内外研究和实践均表明，大位移井的井壁稳定问题比常规井更加突出。在实际施工中，大位移井的井壁失稳常常发生在水平井段的上井壁部位，水平段井眼的井壁地层坍塌压力大于同层直井井眼的井壁地层坍塌压力，而当钻井液的抑制性不能有效抑制页岩水化膨胀作用时，导致井壁不稳定。

水平井钻进大斜度和水平段过程中，钻井液必须解决井眼净化、井壁稳定、摩阻控制、防漏堵漏和储层保护等技术难题，因而钻进水平段时确定钻井液类型是关键。

3. 钻井液完井液对井的损害特殊性

1)钻井液完井液对水平井损害特殊性

同等条件下的直井和水平井，尽管其储层的特性相同，但在水平段钻进过程中钻井流体与储层的接触面积、浸泡时间比直井大得多，同时，随着水平井段的延伸，流体的流动阻力不断增加，压力直接作用在油气层上，形成的压差随水平段增长而增大。因此，水平井在钻井中的储层损害比直井大，储层保护的难度也更大，必须采取有针对性的技术措施。

处于同一构造同一油气层的水平井和直井，尽管由于油气层的特殊性相同，所造成的油气层损害的内因是相同的，但引起油气层损害的外因不同，水平井与直井的污染状况有较大的区别：①水平井钻穿油层长度比直井长，因而钻井液与油层接触面积比直井大得多；②由于钻进油气层的时间长，油气层被浸泡的时间较直井长得多；③钻进油气层时的压差比直井高得多。对于同一油气层来说，其孔隙压力是相同的，但随水平井段的延伸，钻井液的流动阻力不断增加，此压力直接作用在油气层上，因而压差随水平井段所钻长度的增长而增加，油气层的损害随压差的增大而更加严重。

由于上述原因，水平井的污染比直井严重得多。复杂结构井损害具有以下特点：①储层损害的面积广；②损害时间长；③不同储层段压差不同；④渗透率各向异性影响大；⑤损害形状呈椭圆柱等不同形状分布。

2)钻井液完井液对大位移井损害特殊性

大位移井的含义是：油井的井底水平位移大于或等于垂直深度的两倍，一般可称为大位移水平井。与普通水平井相比，它能钻穿更长的油层井段，可以更大范围地探明和控制含油面积，大幅度地提高单井产量。

大位移井相对于直井和普通定向井，其钻井作业增加了许多技术难题。大位移井由于斜度大，裸眼井段长，井壁更容易垮塌失稳；钻具斜躺在长的裸眼下井壁上，加大了钻具与井眼的接触面积，使钻井作业的钻具扭矩和摩阻很大；大位移井中钻具偏心还使钻屑清除变得很困难，清除钻屑保持井眼清洁是大位移井需要解决的首要问题；此外，为维持井眼稳定使用高密度以及清洗井眼使用高上返速度，加之井下钻屑固相的浓度高，使大位移井中的钻井液当量循环密度更大，增大了压裂地层发生井漏的风险；在海上进行大位移井作业还必须尽可能减少对海洋环境的污染。正是由于这些难度，大位移井储层损害与直井和普通定向井不同。

3)钻井完井液对小井眼储层损害特殊性

国外对于小井眼的定义很多，有的根据环空尺寸，有的根据井径，有的则根据90%或更多井段小于177.8mm(7in)钻头钻进的井眼来定义。比较普遍的定义是：90%的井身直径小于177.8mm(7in)或70%的井身直径小于127mm(5in)的井为小井眼。

在小井眼中，虽然较小的环形空间有利于井眼稳定，但是当使用常规含固相的钻井液时，则会产生与当量密度有关的井眼稳定问题以及与抽汲(激动)压力和卡钻有关的井下复杂问题。

小井眼特有的技术问题形成了有别于常规井眼的小井眼钻井液技术，并决定了它具有以下几个特征。

(1)小井眼钻井液应为低固相或无固相体系。在常规井眼中，约有69%的循环压力损失发生在环空，而在小井眼中，这个值有可能高达60%~80%。过高的固相含量必然会增大钻井液在环空的流动阻力，不利于水力能量的有效利用和发挥，并且环空流动阻力过大将导致环空当量循环密度增大，易引起井漏或井塌。

(2)小井眼钻井液必须有很好的流变性，以满足携带岩屑的要求。因为在小环空间隙下，容易致使环空钻井液上返速度高，在这种条件下，相对低的钻井液黏度就可满足携屑要求，控制好流变性能，可降低环空当量循环密度和环空压降，也可减小开泵压力激动，以避免井壁不稳。

(3)小井眼钻井液必须有较好的抑制性。小环空间隙致使钻具容易发生卡钻，钻井液应能抑制地层造浆和维护井壁稳定，以免发生井塌、卡钻；同时，钻井液应具有较低的滤失量和优质泥饼，以防塑性泥页岩地层吸水膨胀产生缩径，发生黏卡；此外，低滤失量也有利于保护油气层。

(4)小井眼钻井液应具有良好的润滑性。小环空间隙使钻具黏卡机会增多，故钻井液要能改善摩阻。

　　水平井、大位移井等复杂结构井因其特有的钻井工艺，钻井完井液对其储层损害具有一定的特殊性。主要体现在以下几个方面：钻井液与油气层的接触面积比直井大得多；油气层浸泡时间较直井长得多；压差高；水平井段各点油气层浸泡时间与压差不同，因而其受损害程度亦不相同；距目标点越远，损害带半径越大，表皮系数增加，引起的损害就越大。

4.1.3　钻井液设计规范及性能参数

1. 钻完井液保护油气层的总体要求

　　所有的钻井完井液必须与储层配伍，即与储层岩石、地层流体配伍，不损害油气层与注水储层。

　　良好的流变性与失水造壁性。所有的钻井完井液必须具有良好的流变性与失水造壁性。良好的流变性主要是要求钻井完井液具有有利于工程施工的流变特性，包含适当的黏度、切力等；良好的失水造壁性总体要求是入井液失水尽量小，能形成泥饼时要具有薄、密、韧的特性。具体指标见相关钻井完井液。

　　良好的稳定性。即钻井完井液具有抗高温能力、抗污染能力以及体系密度和胶体的稳定性。具体指标见相关钻井完井液。

　　抑制性。主要体现在有利于储层保护的抑制性与工程施工的抑制性，具体指标见相关钻井完井液。

　　1)钻完井液评价指标

　　钻井完井液在保护油气层方面的评价指标主要包括渗透率恢复率、表皮系数、产量恢复率、井径扩大率等指标，其中渗透率恢复率是最直接、实验室可以检测的常用指标，表皮系数等矿场测试指标常常是一个综合的指标，不一定能准确反映钻井完井液对储层的损害程度。

　　(1)渗透率恢复率。所有的钻井完井液的渗透率恢复率应该大于或者等于70%。

　　(2)表皮系数。表皮系数小于3，表明储层保护良好；表皮系数为3~5，表明储层保护一般，或者储层受到轻微损害；表皮系数为5~10，储层中等程度损害；表皮系数大于10，储层损害严重。

　　2)钻完井液保护储层效果实验室评价方法

　　所有的钻井完井液必须通过实验来评价其保护油气层效果。

　　(1)钻井完井液性能评价。良好的性能是钻井完井液能保护油气层的前提，良好的性能主要是指钻井完井液具有良好的配伍性、流变性与失水造壁性、稳定性与抑制性。具体指标见相关钻井完井液。

　　(2)岩心流动实验方法，主要是渗透率恢复率法。不同的物性、岩性的储层岩心应该采用不同的岩心流动实验方法进行钻井完井液保护油气层效果评价。目前通用的有关砂岩储层岩心流动实验标准不一定适合碳酸盐岩、致密储层等岩心的流动实验评价。

2. 钻完井液设计规范

1）钻完井液设计基础

在一定的钻进方式下，包括钻井地质设计、地层压力剖面预测、储层特征参数等是钻井完井液设计的基础。

（1）钻井地质设计。该设计是钻井完井液设计的重要基础，在钻井地质设计中必须提供该井的地层压力剖面预测数据，储层物性、孔喉特征分布数据，储层温度数据，储层油气预测数据等。

（2）地层压力。地层压力剖面预测数据包括地层孔隙压力、破裂压力、地应力和坍塌压力剖面，依据地层压力系数剖面和地层理化特性，科学地设计井身结构，设计适当的钻井液及钻井液的密度，防止井下复杂情况和事故发生，确保钻达目的层。

（3）储层特征参数。储层物性、孔喉特征分布数据应该包括储层孔隙度、渗透率统计数据、储层孔喉大小数据、储层孔喉分布及其对渗透率贡献数据以及储层裂缝发育情况及其大小等数据。

2）钻完井液设计规范

针对性强、预期效果好的钻井完井液设计是钻井过程中保护油气层最重要的措施之一。设计规范主要包括：

（1）密度确定。在保证钻井安全顺利的基础上，确定合理的钻井完井液密度。一般情况下（屏蔽暂堵等技术除外），钻井完井液密度越小越有利于保护油气层。钻井完井液的密度设计可以按照有关规定执行（见钻井完井液有关标准）。

（2）体系优选。目前保护油气层的钻井完井液体系很多，适应各体系的钻井、地质条件及其保护油气层效果差异较大。总体原则是在满足工程施工的前提下，采用经过实验评价的效果好的钻井完井液体系。任何理论上的没有经过所钻区块储层岩心实验评价的钻井完井液体系配方都应该慎用。

（3）体系配方的确定。在体系密度和体系类型确定后，应该进行较系统的实验分析和研究确定某一区块的钻井完井液体系配方，有条件时对于某一区块的单井钻井完井液设计也应该有相应的实验数据和分析研究结果作为依据。任何概念式的通用式的钻井完井液设计都无法保证其保护油气层的效果。

3）钻井液设计依据

（1）使用的钻井液应保证地质录井、测井、钻杆测试顺利进行，保证取全取准地质、工程等各项资料，有利于发现和保护油气层，减少对油气层的损害。

（2）选用低失水、低摩阻、携砂能力强、热稳定性好、抗盐膏污染、抗 H_2S 的钻井液体系。

（3）泥页岩、碳质泥岩、煤层易坍塌，钻井液应加足防塌效果好的防塌剂，防止该地层坍塌卡钻；该井可能处于高陡构造，防高陡地层和地应力引起的井塌。

（4）海相地层天然气普遍含 H_2S，本区既有 H_2S 气层，又有高压天然气伴生 H_2S 层，H_2S 分布井段长、浓度高，本井钻遇相应层位时要注意防硫，注意钻具防腐、人员防毒。

（5）为了实现近平衡压力钻进，减轻对油气层的伤害，钻开油气层时，根据预测压力系数，钻井液密度附加值为 $0.07 \sim 0.15 g/cm^3$。

（6）在钻井过程中切实注意，加强随钻压力检测工作，根据实钻情况调整钻井液性能。同时根据井控要求，做好高密度钻井液的储备工作。

（7）保护油气层的措施及要求：要尽量采用近平衡压力钻井技术，钻遇油气层时钻井液的性能调配恰当，避免人为污染；实施非渗透技术，保护储层。

（8）施工应有充分的准备，钻井过程中加强随钻压力预测、检测工作，根据实钻情况调整钻井液性能，并做好井控工作。

3. 推荐使用的钻完井液

1）钻完井液优选原则

针对的勘探开发区块储层特征，钻完井液的优选原则如下：①推荐使用封堵或者暂堵性好的各类钻完井液。②对于储层强或者较强水敏性地层，推荐采用强抑制性的钻完井液体系或者暂堵型钻完井液体系；对于致密或者特低渗砂岩储层，推荐采用超低渗透（低滤失）钻完井液体系、暂堵型钻完井液体系等。③钻完井液的选择需要认真研究储层特征及其储层损害机理，配合适当的钻进与钻井工艺进行。简单的分析选择无异于概念式设计，不能保证具有良好的保护油气层效果。

2）推荐使用的钻完井液体系

目前保护油气层的钻完井液较多，主要有：①暂堵型钻井完井液，包括常用的屏蔽暂堵钻井完井液、多级架桥精确暂堵钻井完井液等；②无渗透或者超低渗透钻井完井液；③盐水钻完井液，包括饱和盐水钻井完井液、有机盐钻井完井液，低固相盐水钻井完井液，无黏土相钻井完井液等；④仿油基或油基钻井完井液，包括混油钻井完井液、油包水钻井完井液、仿油基钻井完井液、聚合醇钻井完井液等；⑤强抑制性钻井完井液，上述有些体系亦属于此类，此外还有钾基（聚胺）聚磺钻井完井液、硅酸盐钻井完井液、正电胶钻井完井液等。

4. 钻完井液体系选择重点

（1）在不能保证全程负压或者近平衡的前提下，尽量不要采用低密度钻井完井液（或者欠平衡钻井技术）；

（2）没有经过实验尤其是保护油气层效果评价实验的钻井完井液体系不能保证其保护油气层效果，谨慎使用；

（3）容易水锁的地层、强水敏性地层不宜使用失水大、抗温能力差的钻井完井液体系；在没有有效封堵（暂堵）的前提下不宜使用过高安全密度系数的钻井完井液。

5．性能参数

根据不同井型钻井液性能的特点和技术要求，不同井型高温高压井段钻井液性能参数设计结果见表 4-4。

4.2 高温高压钻井液技术

4.2.1 南海已钻井钻井液技术

绝大多数钻井液属于水基钻井液。水基钻井液范围包括从清水到用化学物质高度处理的钻井液。基液可以是淡水、海水、盐水或饱和盐水，究竟使用何种基液，主要取决于基液材料是否容易得到，以满足钻井液施工所要求的钻井液性能。对种类繁多的水基钻井液进行详细分类是困难的。淡水和盐水钻井液都是最简单的水基钻井液，稍经处理通常得到成本较低、毒性小，具有一定井眼净化和降滤失作用，该类钻井液常用于浅表层钻进，其钻井速度高于其他类型钻井液。

钻井必须从钻井速度、成本、环境保护等出发去考虑钻井液的使用类型，在南海高温高压钻井实践中，采用水基钻井液取得了较为成功的应用，在成本控制、机械钻速、环境保护等方面取得良好的应用效果。

4.2.1.1 钻井液体系介绍

1．PDF-THERM 水基钻井液体系

PDF-THERM 是一种海水基抗高温高密度聚磺钻井液体系，主要由抗温磺化材料和抗温聚合物组成，适用于井底温度高于 150℃的井，在实验室的结果可以达到满足 220℃抗温要求，用重晶石可以将密度调高到 2.2g/cm³，如果配合铁矿粉，密度则可以提高到 2.6g/cm³；

PDF-THERM 水基钻井液配方：2.5％海水膨润土浆＋0.25％NaOH＋0.25％Na_2CO_3＋3％STBHT（高温稳定剂）＋3％DFLHT（高温降失水剂）＋2％TEX（磺化沥青）＋2％TEMP（降失水剂）＋3％JLX-T（高温降黏剂）＋3％KCl＋2％HCOONa＋重晶石（ρ＝2.0g/cm³）。

表 4-4　不同井型下高温高压井段钻井液性能设计参数

性能	直井		定向井		水平井 8-1/2″井段		水平井 5-7/8″井段	
	下限	上限	下限	上限	下限	上限	下限	上限
密度/(g/cm³)	1.85	2.1	1.9	2.08	1.8	2.08	1.9	2.08
井温/℃	140	150	130	140	125	140	140	141
FV/s	45	68	40	68	60	100	60	100
Φ6/Φ3	7/5	10/7	5/4	9/7	5/3	9/7	5/3	9/7
YP/Pa	15	20	12	26	10	24	10	24
10s切力/Pa	9	17	5	13	8	27	8	27
10min切力/Pa	13	27	13	27	11	43	11	43
MBT/(kg/m³)	14	23	14	23				
LGS/%	<3	<5	<3	<5	<3	<5	<3	<5
FL$_{\text{API}}$/mL	<4	<6	<4	<6				
FL$_{\text{HTHP}}$/mL	<10	<12	<8.0	<10	<4	<5	<3	<5
pH	9.5	11	9.5	11				
固相含量/%					28	40	28	40
氯化钙浓度/%					20%	28%	20%	28%

注：电稳定性>600 V

2. Duratherm 水基钻井液体系

Duratherm 是 M-I 公司提供的一种抗高温水基钻井液，曾用于最高温度的井达 260℃，最高比重达 2.4g/cm³。在可溶性钠、钙和二氧化碳的影响下，具有良好的抗污染性能：①高的固相容量限（45％）；②较好的泥饼质量和储层保护能力。

Duratherm 水基钻井液配方：2.4％淡水膨润土浆＋0.7％NaOH＋0.43％EMI1045（高温降失水剂）＋2％XP-20K（高温稀释剂）＋2.8％RESINEX（高温降失水剂）＋1.5％DYFT-2（井壁稳定剂）＋1.5％Soltex（高温稳定剂）＋1.5％CARB-10（储层保护剂）＋0.5％CARB-40（储层保护剂）＋2％ULTRAHIB（液体抑制剂）＋3％KCl＋重晶石（ρ=2.0g/cm³）。

该体系抗温稳定性与 XP-20、Resiner 产品的耐高温降解能力密切相关。尽可能减少胶凝添加剂含量并使用适量的聚合物材料，使整个体系的活性固相浓度降低，从而减轻了高温下活性固相絮凝所引起的问题，并减轻了因盐水、二氧化碳、可溶性钠、钙盐污染引起的增稠现象。同时，由于总固相含量很低，体系中较多的自由水可以屏蔽游离的污染离子，从而起到减轻污染物对整个体系的物理化学污染影响。这种胶体含量的水基钻井液因活性固相极低，总固相含量低，使其对产层的污染也较轻，有利于保护储层。

3. Megadril 油基钻井液体系

Megadril 油基钻井液是 M-I 公司提供的一种新型油基钻井液体系，具有油水比低、乳化剂加量少、性能稳定等优点，通过其独特的化学结构，Megadril 体系改善了 Φ6、凝胶强度及屈服值之间的联系，尤其是在高温高密度的应用中体现了良好的流变稳定性。

Megadril 油基钻井液基本配方：5♯白油（85/15 油水比）＋4.28％ONEMUL（乳化/润湿剂）＋0.285％Ecortrol-RD（高温稳定剂）＋2.85％Lime（碱度调节剂）＋0.86％Versagel-HT（高温有机膨润土）＋1.43％Versatrol（高温降滤失）＋水相（26％CaCl₂溶液）＋重晶石（ρ=2.0g/cm³）。

油基钻井液是以油作为连续相的钻井液，它主要分为油相钻井液和油包水乳化钻井液。Megadril 体系采用的是低毒逆乳化油包水钻井液，是逆乳化平衡活度油包水钻井液。一种液体的细颗粒分散在另一种液体中称为乳化，而逆乳化是相对于水包油的油乳化钻井液而言，即淡水或盐水作为分散相分散于油中。水在油中的乳化由不同的乳化剂来稳定，乳化液中的水含量越多，水珠聚集在一起的可能性越大，体系越不稳定。在良好的乳化情况下，分散相和连续相不分离，油作为连续相，而水液滴也不破开与井壁和钻柱接触。与其他油包水钻井液相比，Megadril 体系的油水比范围更广，从 98∶2 至 50∶50，一般正常水含量从 5％~40％。

4.2.1.2　钻井液体系性能评价

1. 体系基本性能评价

在室内 150℃老化 16h，65℃测试以上三种钻井液体系的基本性能见表 4-5。

表 4-5　三种钻井液体系基本性能

钻井液体系	状态	AV /(mPa·s)	PV /(mPa·s)	YP /Pa	Φ6/Φ3	FL$_{API}$ /mL	pH	ES /V	FL$_{HTHP}$ /mL
PDF-THERM	滚前	47.5	38	9.5	5/4	—	—	—	—
	滚后	41	36	5	4/3	2.8	9	—	9.2
Duratherm	滚前	30	29	1	3/2	—	—	—	—
	滚后	26.5	27	−0.5	2/1	4.3	10	—	15.2
Megadril	滚前	32	31	1	3/2	—	—	804	—
	滚后	35	34	1	2.5/2	—	—	610	4.8

由表 4-5 可见，PDF-THERM 水基钻井液体系基本性能良好，黏切适中，高温高压失水较小。

2. 钻井液体系系统评价

1）钻井液润滑性能评价

钻井液润滑性通过青岛海通达公司产黏滞系数测定仪测得，钻井液润滑性差，则测得的黏滞系数较高；钻井液润滑性好，则测得的黏滞系数较低。测试结果见表 4-6。

表 4-6　三种钻井液体系润滑性能对比

钻井液体系	黏滞系数	黏附系数 /(N·m)	摩擦系数
PDF-THERM	0.2035	0.0127	0.1241
Duratherm	0.3153	0.0127	0.1749
Megadril	0.287	0.00845	0.034

由表 4-6 可见，三种钻井液体系均具有较好润滑性。

2）钻井液抑制性能评价

在室内对 PDF-THERM 水基钻井液体系抑制性能进行了测试，实验测得水基钻井液滤液防膨率及露头土滚动回收率结果见表 4-7。

表 4-7　三种钻井液体系抑制性能对比

钻井液体系	防膨率/%	滚动回收率/%
PDF-THERM	94.2	98.14
Duratherm	95.1	98.44
Megadril	100	98.9

从上表可以看出，三种体系钻井液滚动回收率高达 95% 以上，露头土回收后棱角依然很分明，均具有较强的抑制性。

取 DF13-1-6 天然岩心(2862.32)一小块，将其分别浸泡在以上三种钻井液中，150℃烘箱静置 15 天。15 天后取出岩心观察浸泡后的岩心状态。天然岩心浸泡实验结果分别如图 4-2～图 4-4 所示。

浸泡前　　　　　　　　　　　　　　浸泡后
图 4-2　天然岩心在 PDF-THERM 体系中浸泡前、后的外观对比

浸泡前　　　　　　　　　　　　　　浸泡后
图 4-3　天然岩心在 Duratherm 体系中浸泡前、后的外观对比

浸泡前　　　　　　　　　　　　　　浸泡后
图 4-4　天然岩心在 Megadril 体系中浸泡前、后的外观对比

　　实验发现，在岩心浸泡 15 天后并未发现有裂缝产生，进一步说明三种体系钻井液体系具有良好的抑制性。

　　3)防泥球技术评价

　　评价钻井液防泥球性能，手工模拟制作泥球，取 4~8 目大小的泥球，称取 50g 加入钻井液中，老化 16h 后过筛观察泥球是否胶结变大。

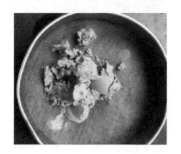
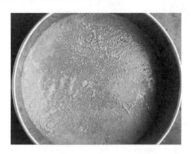

清水　　　　　　　　　　　　　　　　　清水＋3％KCl

图 4-5　盐水防泥球性能(老化滚动后)

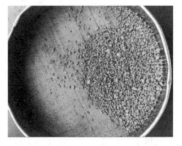

清水＋3％KCl＋2％ ULTRAHIB　　　　　　PHPA/KCl 体系

图 4-6　PHPA/KCl 体系防泥球性能(老化滚动后)

老化滚动前　　　　　　　　　　Duratherm 水基钻井液(老化滚动后)

图 4-7　Duratherm 体系防泥球性能

老化滚动前　　　　　　　　　　PDF-THERM 水基钻井液(老化滚动后)

图 4-8　PDF-THERM 体系防泥球性能

从图 4-5、图 4-6 中可以发现，泥球在清水中老化 16h 后完全成一大块状；在有盐的情况下，泥球基本上全部分散到钻井液中，只有少量筛余物，而且加入 ULTRAHIB 的筛余物明显要多一些；PHPA/KCl 体系中老化后泥球没有分散，但有些许颗粒有胶结变大的趋势。由图 4-7、图 4-8 可知，在 Duratherm 与 PDF-THERM 水基钻井液中老化 16h 后，泥球没有分散到钻井液中，也没有出现胶结变大的情况，说明水基钻井液能有效阻止泥球胶结，具有很好的防泥球技术，能够满足现场钻井需求。

　4)沉降稳定性评价

室内沉降稳定性评价方法主要分为室温评价和高温评价。

(1)室温评价。将老化后钻井液装入 500mL 量筒，静置 15 天后观察量筒内样品上下分层情况并照相；测上下密度差。

(2)高温评价。将新配钻井液装入老化罐后充入 0.7MPa 压力，放入烘箱，150℃静置 15 天后开罐，观察老化罐内样品分层情况并测上下密度差。结果见表 4-8、图 4-9。

表 4-8　三种钻井液体系沉降稳定性能对比

钻井液体系	方法	上层清液深度 /cm	上层密度 /(g/cm³)	下层密度 /(g/cm³)	上下密度差 /(g/cm³)
PDF-THERM	常温沉降性能	0.4	1.96	2.04	0.08
	高温沉降性能	1.2	1.90	2.10	0.2
Duratherm	常温沉降性能	2.9	1.86	2.14	0.28
	高温沉降性能	4.5	1.79	2.21	0.42
Megadril	常温沉降性能	0.5	1.97	2.03	0.06
	高温沉降性能	4.0	1.83	2.17	0.34

图 4-9　三种钻井液体系沉降稳定性能

（从左往右依次为：PDF-THERM、Duratherm、Megadril 体系）

　　从实验结果可以发现：PDF-THERM 水基钻井液静置 15 天后，沉降较小，上下密度差不大，稳定性较好。实验结果表明，Duratherm 水基钻井液室温和高温静置后均有较大沉降。沉降稳定性试验结果表明，Megadril 油基钻井液在室温下沉降较小。

　　为了更加切合实际地评价钻井液沉降稳定性，实验室选取了与井眼尺寸大小相近的容器评价钻井液沉降稳定性。发现实验室常用 10L 容量瓶直径为 210mm 左右，刚好与 8-1/2″井眼（215.9mm）尺寸大小相近，因此选取其模拟 8-1/2″井眼评价钻井液沉降稳定性；实验室常用 2L 烧杯直径为 145mm，刚好与 5-7/8″井眼（149mm）尺寸大小相近，因此选取其模拟 5-7/8″井眼评价钻井液沉降稳定性，并评价了不同井斜情况下的沉降稳定性，如图 4-10 所示。

模拟 8-1/2″井眼　　　　　　　　　　　模拟 5-7/8″井眼

图 4-10　井眼大小模拟容器

PDF-THERM 在模拟 8-1/2″井眼尺寸的沉降稳定性，结果见图 4-11、表 4-9。

0°井斜　　　　　　30°井斜　　　　　　45°井斜　　　　　　60°井斜

图 4-11　PDF-THERM 体系斜井段沉降稳定性

表 4-9　　PDF-THERM 体系斜井段沉降稳定性能

井斜/(°)	方法	上层清液深度/cm	上层密度/(g/cm³)	下层密度/(g/cm³)	上下密度差/(g/cm³)
0	0.3	1.96	2.04	0.08	4
30	0.2	1.98	2.02	0.04	2
45	0.4	1.94	2.06	0.12	6
60	0.4	1.95	2.05	0.10	5

从表 4-9 中可以看出，PDF-THERM 钻井液体系在 8-1/2″井眼中不同井斜情况下均具有良好的沉降稳定性，能够满足现场要求。

PDF-THERM 在模拟 5-7/8″井眼尺寸的沉降稳定性，结果如图 4-12 所示。

　　0°井斜　　　　　　　30°井斜　　　　　　　45°井斜　　　　　　　60°井斜

图 4-12　PDF-THERM 体系斜井段沉降稳定性

表 4-10　　PDF-THERM 体系斜井段沉降稳定性能

井斜/(°)	上层清液深度/cm	上层清液深度/cm	上层密度/(g/cm³)	下层密度/(g/cm³)	上下密度差/(g/cm³)
0	0.3	1.96	2.04	0.08	4
30	0.3	1.95	2.05	0.10	5
45	0.3	1.97	2.03	0.06	3
60	0.3	1.94	2.06	0.12	6

从表 4-10 中可以看出，PDF-THERM 钻井液体系在 5-7/8″井眼中不同井斜情况下均具有良好的沉降稳定性，能够满足现场要求。

Megadril 在模拟 8-1/2″井眼尺寸的沉降稳定性，结果如图 4-13 所示。

　　0°井斜　　　　　　　30°井斜　　　　　　　45°井斜　　　　　　　60°井斜

图 4-13　Megadril 体系斜井段沉降稳定性

表 4-11　Megadril 斜井段沉降稳定性

井斜/(°)	上层清液深度 /cm	上层密度 /(g/cm³)	下层密度 /(g/cm³)	上下密度差 /(g/cm³)	相对密度差 /%
0	0.5	1.96	2.04	0.08	4
30	0.4	1.97	2.03	0.06	3
45	0.5	1.95	2.05	0.10	5
60	0.6	1.95	2.05	0.10	5

从沉降稳定性实验结果可以看出，Megadril 油基钻井液体系在 8-1/2″井眼中不同井斜情况下均具有良好的沉降稳定性，能够满足现场要求。

Megadril 在模拟 5-7/8″井眼尺寸的沉降稳定性，结果如图 4-14 所示。

　　0°井斜　　　　　　　　30°井斜　　　　　　　　45°井斜　　　　　　　　60°井斜

图 4-14　Megadril 体系斜井段沉降稳定性

表 4-12　Megadril 沉降稳定性

井斜/(°)	上层清液深度 /cm	上层密度 /(g/cm³)	下层密度 /(g/cm³)	上下密度差 /(g/cm³)	相对密度差 /%
0	0.5	1.96	2.04	0.08	4
30	0.6	1.95	2.05	0.1	5
45	0.6	1.96	2.04	0.08	4
60	0.7	1.95	2.05	0.1	5

从表 4-12 可知，Megadril 油基钻井液体系在 5-7/8″井眼中不同井斜情况下均具有良好的沉降稳定性，能够满足现场要求。

5）封堵性控制研究

实验室采用砂盘进行了封堵性能评价，砂盘渗透率为 500mD。

砂盘实验结果如图 4-15 所示。

图 4-15   三种钻井液体系封堵性能对比

（从左往右依次为 PDF-THERM、Duratherm、Megadril 钻井液体系）

从图 4-15 中可知，三种钻井液侵入 500mD 沙盘较浅，泥饼质量较好，封堵较强；整个实验过程中无滤液透过砂盘流出，从实验后沙盘照片可以看出，只是砂盘表面有一层薄薄的泥饼，钻井液并未侵入砂盘中间。

6）泥饼质量评价

实验观察测量了三种钻井液高温高压泥饼厚度，分别如图 4-16、图 4-17、图 4-18 所示。

虚泥饼厚度 6.5mm   实泥饼厚度 3mm

图 4-16   PDF-THERM 体系泥饼质量

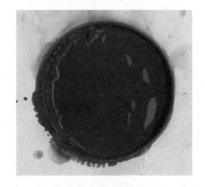

虚泥饼厚度 6mm   实泥饼厚度 4mm

图 4-17   Duratherm 体系泥饼质量

虚泥饼厚度 4.5mm　　　　　　　　　　　实泥饼厚度 2mm

图 4-18　Megadril 体系泥饼质量

通过对比可知，三种钻井液体系高温高压失水较小，泥饼相对较薄。

7)抗温老化性能评价

为考察该体系的抗温性能，分别在 150℃、160℃、170℃ 老化，评价老化前后钻井液各项性能，并对比三种条件下的钻井液性能，结果见表 4-13、表 4-14、表 4-15。

表 4-13　PDF-THERM 体系抗温性能评价

老化温度/℃	状态	AV /(mPa·s)	PV /(mPa·s)	YP /Pa	Φ6/Φ3	FL$_{API}$/mL	pH	FL$_{HTHP}$/mL
	滚前	47.5	38	9.5	10/8			
150	滚后	43	36	7	5/4	2.8	9	9.2
160	滚后	41	36	5	4/3	2.7	9	10.6
170	滚后	41	36	5	4/3	2.9	9	10.8

表 4-14　Duratherm 体系抗温性能评价

老化温度 /℃	状态	AV /(mPa·s)	PV /(mPa·s)	YP /Pa	Φ6/Φ3	FL$_{API}$ /mL	pH	FL$_{HTHP}$ /mL
	滚前	68.5	60	8.5	8/7			
150	滚后	50	45	5	5/4	4.2	10	14.0
160	滚后	48.5	45	3.5	4/3	3.8	10	16.0
170	滚后	50.5	47	3.5	4/3	4.0	10	14.4

表 4-15　Megadril 体系抗温性能评价

老化温度 /℃	状态	AV /(mPa·s)	PV /(mPa·s)	YP/Pa	Φ6/Φ3	ES/V	FL$_{HTHP}$/mL
	滚前	40	35	5	5.5/4.5	840	

老化温度/℃	状态	AV/(mPa·s)	PV/(mPa·s)	YP/Pa	Φ6/Φ3	ES/V	FL_HTHP/mL
150	滚后	41	37	4	5/4	630	3.8
160	滚后	41	37	4	5/4	612	3.8
170	滚后	43	38	5	5.5/5	602	3.6

从实验结果可以看出，现场钻井液 170℃老化前后性能较好，与 150℃老化性能变化不大，现场钻井液均具有较好的抗温性。

8）现场钻屑侵污性能评价

取现场钻屑对三种钻井液体系进行侵污，评价其性能。实验结果见表 4-16、表 4-17、表 4-18。以 DF13-1-6 井为例，现场钻屑过 100 目筛。

表 4-16　PDF-THERM 体系抗污染性能

井深/m	侵污	状态	AV/(mPa·s)	PV/(mPa·s)	YP/Pa	Φ6/Φ3	FL_API/mL	pH	FL_HTHP/mL
	空白	滚前	47.5	38	9.5	10/8			
		滚后	43	36	7	5/4	2.8	9	9.2
2852~2860	10%现场钻屑	滚前	50	39	11	11/9			
		滚后	45	38	7	5/4	2.6	9	10.4
2878~2890	10%现场钻屑	滚前	53	40	13	12/10			
		滚后	47	39	8	6/5	2.6	9	
2906~2924	10%现场钻屑	滚前	49	40	9	10/8			
		滚后	44	38	6	4/3	2.8	9	10.2

从实验结果可以看出，钻屑侵污对体系性能基本无影响。

表 4-17　Duratherm 体系抗污染性能评价

井深/m	侵污	状态	AV/(mPa·s)	PV/(mPa·s)	YP/Pa	Φ6/Φ3	FL_API/mL	pH
	空白	滚前	65.5	60	5.5	6/5		
		滚后	50	46.5	3.5	4/3	3.5	9~10
	10%露头土粉	滚前	74.5	67	7.5	6/5		
		滚后	49	44	5	5/4	4.0	9~10
	10%搬土粉	滚前	74	67	7	7/6		
		滚后	54	45	9	7/6	4.5	9~10

续表

井深/m	侵污	状态	AV /(mPa·s)	PV /(mPa·s)	YP /Pa	Φ6/Φ3	FL$_{API}$ /mL	pH
2852~2860	10%现场钻屑	滚前	69.5	61	8.5	7/6		
		滚后	46.5	41	5.5	5/4	3.7	9~10
2878~2890	10%现场钻屑	滚前	72	64	8	7/5		
		滚后	47.5	44	3.5	4/3	3.8	9~10
2906~2924	10%现场钻屑	滚前	64.5	58	6.5	5/4		
		滚后	42	38	4	4/3	3.9	9~10

从实验结果可以看出，搬土粉及现场钻屑侵污后钻井液性能变化不大，说明 Duratherm 水基钻井液具有很好的适应性。

表 4-18　Megadril 体系抗污染性能评价

井深/m	侵污	状态	AV /(mPa·s)	PV /(mPa·s)	YP /Pa	Φ6/Φ3	ES /V	FL$_{HTHP}$ /mL
	空白	滚前	40	35	5	5.5/4.5	840	
		滚后	41	37	4	5/4	630	3.8
	10%膨润土	滚前	49	41	8	8/7	887	
		滚后	42	37	5	5/4	645	3.8
2852~2860	10%现场钻屑	滚前	46	40	6	7/6	1011	
		滚后	51	45	6	7/6	617	6.0
2878~2890	10%现场钻屑	滚前	46	40	6	7/6	1077	
		滚后	53	45	8	7/6	622	6.6
2906~2924	10%现场钻屑	滚前	46	40	6	7/6	1047	
		滚后	51	44	7	7/6	644	6.6

以上表中的实验结果表明，膨润土侵污对体系性能影响不大，现场钻屑侵污后，体系流变变化不大，但高温高压失水上升较大，说明现场钻屑对 Megadril 油基钻井液具有一定的影响，如采用该体系钻进，现场要时刻跟踪高温高压失水变化情况，及时补充处理剂以降低高温高压失水。

4.2.1.3　钻井液体系的应用情况

1. PDF-THERM 水基钻井液体系在直井中的应用

地层主要为黄流组，岩性主要以泥岩、砂岩为主，目的层砂岩较为发育，该地层上部从莺歌海组二段过渡到黄流组，为压力过渡带，地层压力由 1.22g/cm³ 上升到 1.70g/cm³，因此钻井液的密度可能提至 1.80g/cm³ 甚至更高，实际作业中采用 Duratherm 水基钻井液钻进。

由于压力跨度较大，存在着很大的压差卡钻和井漏的风险，保持高质量的泥饼质量和较好的润滑性将有助于降低压差卡钻的风险，因此在实际作业中可提高钻井液密度后用石墨、磺化沥青改善泥饼质量和提高钻井液的润滑性。

油服油化在南海共完成 8 口高温高压井的钻井作业，油化的高温高压钻井液体系经受住了实践的检验，PDF-THERM 体系应用效果显著，如图 4-19 所示。

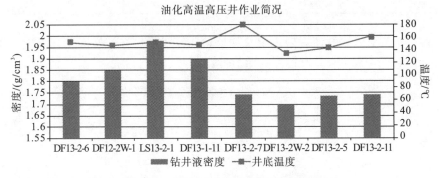

图 4-19   PDF-THERM 体系应用简况

在南海共完成 8 口高温高压井中，井底温度均在 135℃ 以上，密度均大于 1.7g/cm³。

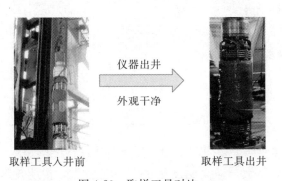

图 4-20   取样工具对比

体系经受住了高温高压条件的考验，从起下钻通井情况看，钻井液性能稳定，井眼顺畅，电测作业较为顺利，其中测压取样仪器在测最后一个点时静止时间长达 8h，解封顺利(图 4-20)。换成大尺寸的 saturn 取样测试工具(外径约 8″左右)起下仍然顺利，表明井眼状况良好。

LS13-2-1 井储层段钻遇异常压力，压井期间成功使用钻井液密度高至 1.98g/cm³ 以上，流变性稳定，抗温性良好，如图 4-21 所示。

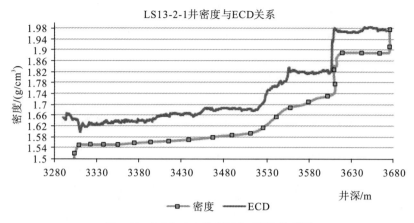

图 4-21　LS13-2-1 井密度与 ECD 关系图

高密度井段性能稳定，高温高压失水小，起下钻顺利，时效较高（表 4-19）。

表 4-19　高温高压井段 PDF-THERM 体系性能

井名	取样井深 /m	密度 /(g/cm³)	FV /s	PV /(Pa·s)	YP /Pa	FL_{HTHP} /mL	MBT /(kg/m³)
DF13-2-6	3003	1.75	45	28	6.5	7.4	15
	3210	1.77	45	31	8.5	6.4	15
DF13-2W-1	2935	1.7	50	36	6	7.8	14
	2935	1.75	45	28	4	9	14
	2935	1.85	47	32	4.5	8.8	14
LS13-2-1	3609	1.8	47	28	8	8.6	20
	3675	1.9	50	30	10.5	8.4	20
	3675	1.98	51	29	8	7.6	20
DF13-1-11	2813	1.76	43	27	5	8.4	12
	2895	1.82	47	28	8.5	8.8	14
	3023	1.9	46	29	9	8.8	14
DF13-2-7	3071	1.65	43	18	4.5	8.2	14
	3122	1.7	44	19	6	7.8	15
	3308	1.74	46	21	7	7.4	15

DF1-1-14 井钻遇乐东组、莺歌海组一段、莺歌海组二段及黄流组一段。DF1-1-14 井地漏实验数据、测试压力及温度分别见表 4-20 及表 4-21。

表 4-20　DF1-1-14 井地漏实验数据

井名	井深/m	钻井液比重/(g/cm³)	地面最高泵压/psi	当量钻井液比重/(g/cm³)	备注
DF1-1-14	789	1.05	550	1.54	未破
	2378	1.52	1510	1.968	未破
	2777.45	1.71	1055	1.977	做破
	2796	1.71	2108	2.24	未漏

表 4-21　DF1-1-14 井测试压力及温度

序　号		DST1			DST2				
井　段		2933.0～2963.0			2910.0～2918.0				
测试程序		初开井(1h13)	初关井(5h59)	二开井(28h33)	初开井(0h39)	初关井(14h19)	二开井（18h22）		二关井(27h14)
油嘴/mm		4.76(1h)		6.35(18h44)	7.94(0h24)		6.35(4h43)	9.53(4h0)	12.70(0h51)
压力/MPa	井底	29.08	52.518	24.089	37.873		41.074	35.105	29.456
	井口	0.283		1.937					
温度/℃	井底	142.52	136.23	140.01					
	井口	26.6		27.2	65.1		53.1	77.7	85.3

　　DF1-1-14 井建井周期 50.88d，非生产时间 84.5h，占总时间的 6.92%。邻井 DF1-1-11 井建井周期 169.28d，非生产时间 616.0h，占总时间的 15.16%。由此可知，DF1-1-14 井大大缩短了建井周期，节约了钻井费用（图 4-22）。

　　除 DF1-1-14 外，还在 DF29-1-4 等井中使用，通过对零散的高温高压钻井作业技术和经验进行系统集成和优化，形成一套完整的高温超压钻井工艺技术和管理成果，使高温高压井的建井周期和非生产时间大幅度下降。

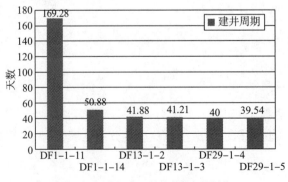

图 4-22　高温高压不同井建井周期

应用前的 DF1-1-11 井，建井周期 169.28d（包含测试）。应用后的 DF1-1-14 井，建井周期 50.88d，DF13-1-2 建井周期 41.88d，DF13-1-3 井建井周期 41.21d，DF29-1-4 建井周期 40.0d。

应用前的 DF1-1-11 井，非生产时间 616.0h，占总时间的 15.16%。应用后的 DF1-1-14 井非生产时间 84.5h，占总时间的 6.92%，DF13-1-2 非生产时间占总时间的 1.99%，DF13-1-3 井非生产时间占总时间 2.79%。

2. Duratherm 水基钻井液体系的应用

1）在直井中的应用

现场施工作业的抗高温高密度钻井液由浅井低密度钻井液转化而来，与后者相比较其重要性能指标主要包括固相含量、流变性能、润滑性能、降滤失造壁性能等。

（1）膨润土是水基钻井液增黏剂，能降低钻井液滤失量，增强造壁性，在现场施工中钻井液的 MBT<24kg/m³，严格控制钻井液的失水、黏度与切力之间的平衡。

（2）选用适当的抗温处理剂有效控制钻井液中黏土粒子的高温分散、钝化和絮凝等作用。钻井液处理剂必须有很好的抗高温降解能力，能有效地吸附于黏土表面，并在高矿化度钻井液中有较强的亲水性，利用处理剂高温交联改善钻井液性能。实际生产中用抗絮凝剂和稀释剂控制钻井液的流变性，并结合适当的排量，来满足井眼净化的需要。在现场实际使用中钻井液性能见表 4-22，高温高压下钻井液的沉降稳定性见表 4-23。

表 4-22　在现场实际使用中钻井液性能

井名	井深/m	比重/L	FV/s	PV/(Pa·s)	YP/Pa	FL_{API}/mL	FL_{HTHP}/mL	MBT/(kg/m³)	LGS/%	pH
DF1-1-11	3508	2.29	48	29	18	4.4	9.2	9.0	3.1	11.0
DF1-1-14	3006	1.95	52	34	21	4.0	8.8	19	3.5	10.5
DF13-1-4	3000	1.98	49	32	12	3.0	8.6	19	3.7	10.5
DF13-1-6	2955	1.98	60	37	19	3.2	8.0	20	3.6	10.5
DF29-1-6	3264	2.06	55	26	20	3.0	8.0	18	4.4	10.5
DF1-1-13	2685	2.08	48	28	16	3.6	6.2	16	3.7	10.5
DF13-1-7	2823	2.05	50	29	18	4.2	6.5	18	3.6	10.5
DF13-1-10	2955	2.02	48	26	18	4.2	6.8	17	3.5	10.5
DF13-1-8	2973	1.96	46	27	19	4.2	6.5	18	3.5	10.5

表 4-23　高温高压下钻井液的沉降稳定性

井名	性能	密度/(g/cm³)	FV/s	PV/(Pa·s)	YP/Pa	10s切力/Pa	10min切力/Pa	FL_API/mL	FL_HTHP/mL	pH	MBT/(kg/m³)
DF13-1-4井 5-7/8″裸眼测试	起钻前钻井液	1.98	60	53	20	4	15	2.2	8	11	18
	97℃水浴老化 151h	1.98	68	50	22	4.8	17.2	3.2	17.6	10.5	18
	井底静止157h返浆	1.98	70	49	22	5	17	2.8	16.8	10.5	18
DF1-1-13井 8-3/8″裸眼测试	起钻前钻井液	2.08	51	29	15	6	30	3	6	11	18
	97℃老化后120h	2.08	55	32	19	7	35	2.6	6.2	10	18
	井底静止120h返浆.	2.08	100	34	24	20	56	2.8	6.6	9	18

注：杯底均无重晶石沉降

高密度测试液高温下长时间静止性能良好。室内试验室的老化试验和现场的实际应用都表明 Duratherm 体系具有很好的高温稳定性；无论是钻井液还是测试液，在井下高温长时间静止后的性能良好，未出现重晶石沉淀的现象。

(3)应用情况统计。

东方 13 区已钻井复杂情况统计资料表明，前期钻井过程中遇到的主要复杂情况为起下钻遇阻、倒划眼困难、蹩扭矩等，这些复杂情况主要出现在乐东组、莺歌海组、黄流组。东方 13 区探井 DF13-1-2、DF13-1-3、DF13-1-4、DF13-1-6 及相邻区块 DF1-1-4 的井下复杂情况见表 4-24。

表 4-24　东方 13-1 气田已钻井复杂情况统计

序号	井号	地层层段	井下复杂情况描述
1	DF13-1-2	乐东组	930m、997m、1130m、1140m、1210m 处多点遇阻
		莺歌海组	2233m 短起遇阻
2	DF13-1-3	莺歌海组	1270～1300m、1360～1420m、1600～1660m 多点遇阻，1990m、2347～2350m、2398～2404m、2465～2524m、2665.5m 蹩扭矩严重
3	DF13-1-4	乐东组	600～950m 扩径、1100～1200m 与 1350～1500m 缩径、2380～2600m 灰色泥岩水敏性强，起泥团
		莺歌海组	2800m、2836m、2903m 遇阻、2906～2922m 缩径
4	DF13-1-6	乐东组	589～618m 遇阻
		莺歌海组	1500～1750m、2350m 缩径，倒划眼困难，蹩扭矩严重
		黄流组	2850m 遇阻
5	DF1-1-4	莺歌海组	1610m、1676m、1755m、1880m 遇阻
		黄流组	2920～3000m 缩径

　　综合分析结果表明，东方 13-1 气田已钻井复杂情况主要原因包括以下几点：①东方 13-1 气田复杂地层，即乐东组、莺歌海组、黄流组井段，发育巨厚层状灰色泥岩、薄层状灰色泥质粉砂岩地层，极易导致井壁失稳，发生井眼缩径或井壁掉块，进而造成了起下钻遇阻、倒划眼困难甚至是卡钻等复杂情况。②东方 13-1 气田已钻井使用的钻井液体系，在抑制性能和封堵性能方面需要进行针对性地优化，进而有效抑制泥岩水化和增强钻井液造壁性。

　　因此，有必要对东方区块前期高温高压探井井史资料进行分析，研究井下复杂情况出现的主要原因，找出钻井液应用中可能存在的主要不足，提出钻井液体系优选方向与措施。这里选取了比较典型的 DF13-1-4、DF13-1-6、DF13-2-3 井进行具体研究。

　　(4) 现场应用效果评价。

　　东方 13 区在前期钻井施工主要采用了 Magcobar 公司的抗高温 Duratherm 水基钻井液体系。在现场应用中主要有以下优点：①现场使用的水基体系能够在高温/高比重下保持良好的流变性、高温护胶性和护壁性等，为全井的各项井下作业提供了很好的安全井眼环境；Duratherm 体系具有高质量的泥饼，较好地实现了井径控制和储层保护。②在钻井液体系中使用 KCl 和 ULTRAHIB(液体聚胺)来增强钻井液抑制包被能力，具有较好应用效果，对井眼清洁和预防成团均有一定的帮助。③在体系中使用了 EMI-1045 自行研制的抗高温聚合物降失水剂，一方面对于钻井液 HTHP 失水的控制优良，另一方面也发挥了比较好的高温护胶作用。④封闭液中通过加大使用沥青类材料，结合使用 Asphasol Supreme，使井壁上泥饼构成变为主要由沥青类材料产生，一方面减低了泥饼厚度，使泥饼"更薄、更韧"；另一方面，由于沥青类材料的特性，使井壁泥饼由亲水性变为部分憎水性，这也进一步减低了滤液侵入地层的深度，从而减小了钻井液对地层的伤害。

　　但同时现有钻井液工艺体系仍存在：上部砂岩地层渗透性好出现的虚厚泥饼导致井径缩小，起下钻频繁遇阻等问题；中部巨厚灰色泥岩水敏性强及地温快速上升造成地层造浆严重，钻井液滤失量变大、流变性变差而导致泥饼质量变差、黏阻增大及掉块、坍塌等井壁不稳的问题；下部目的层砂岩渗透性好导致的缩径及污染储层等问题。

　　(5) 复杂情况分析。

　　①DF13-1-4 井遇阻原因分析：第一次遇阻，几乎全裸眼井段倒划眼。这是因为 2000m 以后，地层压力系数上升较快，钻井液密度未及时跟上，未能及时平衡地层侧压力，造成缩径阻卡，倒划眼期间蹩扭矩严重；泥岩、粉砂质泥岩地层，性软、易水化、水敏性强，造成地层膨胀缩径，形成阻卡，划眼期间蹩扭矩严重；粉-细砂岩地层，胶结疏松，渗透性好，形成虚厚泥饼，再由于井眼大、钻时快、排量较小，对井壁冲刷不力，造成缩径阻卡。第二次遇阻，灰色泥岩、

粉砂质泥岩地层，性较软、易水化、水敏性强，钻井液抑制性不够，造成地层膨胀缩径，形成阻卡；灰色泥质粉砂岩地层，泥质含量重，分布不均，灰泥质胶结，较疏松—中等，渗透性好，形成虚厚泥饼，造成多点阻卡；第三次遇阻，灰色泥岩井段，质纯、细腻，性较软—中硬，部分易水化，吸水性强，遇水膨胀；钻井液抑制性不够，造成地层膨胀缩径，形成阻卡。

②DF13-1-6井遇阻原因分析：第一次遇阻，几乎全裸眼井段倒划眼。这是因为2000m以后，地层压力系数上升较快，钻井液密度未及时跟上，未能及时平衡地层侧压力，造成缩径阻卡；泥岩、粉砂质泥岩地层，性软、易水化、水敏性强，造成地层膨胀缩径，形成阻卡；粉—细砂岩地层，胶结疏松，渗透性好，形成虚厚泥饼，再由于井眼大、钻时快、排量较小，对井壁冲刷不力，造成缩径阻卡。第二次遇阻，地层以灰色泥岩、粉砂质泥岩为主，微含粉砂，性较软—中硬，可塑、具滑腻感、易水化、水敏性强，由于钻井液抑制性不够，造成地层膨胀缩径，形成阻卡。

(6)DF13-2-3井遇阻原因分析。

第一次遇阻，灰色泥岩地层，性软、具滑腻感，岩屑呈团状、易水化、水敏性强，造成地层膨胀缩径，形成阻卡。

第二次遇阻，灰色粉砂质泥岩、灰色泥岩地层，性较软、可塑、具滑腻感，岩屑呈团状、易水化、水敏性强。由于钻井液抑制性不够，造成地层膨胀缩径，形成阻卡。

第三次遇阻，2000m以后由于地层压力系数上升较快，钻井液密度未及时跟上，未能及时平衡地层侧压力，造成缩径阻卡，倒划眼期间蹩扭矩严重；灰色粉砂质泥岩井段，岩性较软、可塑、易水化、水敏性强，钻井液抑制性不够，造成地层膨胀缩径，形成阻卡；浅灰色细砂岩地层，成分以石英为主，泥质胶结，局部为灰泥质胶结，较疏松、渗透性好，易形成虚厚泥饼，造成阻卡。

第四次遇阻，该段的岩性主要为灰色粉砂岩、细砂岩，该套砂岩发育段为本井的主要目的层，渗透性好，形成虚厚泥饼，造成阻卡。

(7)现场钻井液复杂情况分析。

通过上述阻卡情况分析，可以较清晰地得出结论：现场钻井液应进一步加强钻井液的封堵造壁性和抑制性。由此，我们也提取了现场钻井液工程师的分析总结：

DF13-1-6井在下入测井工具，裸眼测井（测压取样）。在2867m静止取样11h，取样结束后起上提仪器，发现黏卡，电缆提至9700磅没有提活，决定下打捞工具进行穿心打捞，鱼头所在位置2848.88m，下打捞工具顺利打捞上电测仪器。捞出的电测仪器上黏附较大量的厚泥饼，如图4-23所示。

2853~2878m段为渗透率较高的砂岩，从测井井径来看，这段地层缩径较严重，泥饼较厚，造成厚泥饼原因分析：DF13-1-6井井径控制措施和钻井液性能控制基本和其他井相同，唯一的区别就是选用的封堵材料（碳酸钙）较其他井细，这是根据地质提供的地层渗透率用软件进行分析优化得出的复配结果。同样，通过对 DF13-1-6 井在 12-1/4″井段（2213～2755m）完钻后倒划眼起钻过程中返出的泥团来分析，原因如下：

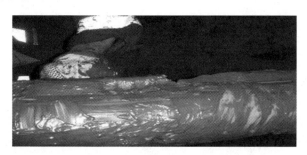

图 4-23　电测仪器上黏附的厚泥饼

①从倒划眼的情况看，13.375″管鞋到 2350m 处倒划比较困难，主要是由缩径引起的。这段从压力曲线来看，压力台阶上升很快。12-1/4″开钻密度偏低，2213～2350m 井段 1.41～1.45g/cm^3。

②该区块地层泥岩水敏性很强，井壁受到钻井液浸泡后变软，随着浸泡时间的增加，井眼会有一定的缩径。明显的现场现象是：倒划眼循环振动筛返出非常明显的井壁浸泡块状物，水敏性强的泥岩井壁变得松软，倒划眼时被刮落聚集形成泥团。

（8）改进措施。

①该区块钻开 12-1/4″井眼，提高密度到 1.50g/cm^3 以上，然后在起钻前适当提高钻井液密度加强对井壁支撑，减少缩径的发生。短起下钻到底后，将钻井液比重从 1.65g/cm^3 提高到 1.70g/cm^3 后，起钻、下套管、固井均顺利。

②需提高 KCl 含量至 5% 结合加入 ULTRAHIB（液体聚胺）以提高钻井液对泥岩地层的抑制性。

从上述现场钻井液工程师的分析及东方 13 区其他井的情况来看，因地层泥岩水敏性很强而造成的缩径阻卡现象非常频繁，加强体系的抑制性是非常有必要的。

2）在定向井中的应用

定向井结构见表 4-25。

表 4-25　定向井结构

井名	井深/m	最大井斜/(°)	井身结构	
			桩管鞋/m	20″套管/m
F1	512.5	8.56	103	512.5
F2	502.2	8.79	103	502.2
F3	528.8	2.3	103	528.8

续表

井名	井深/m	最大井斜/(°)	井身结构	
			桩管鞋/m	20″套管/m
F4	502	8.5	103	502
F5	515	2.3	103	515
F6	501.2	8.11	103	501.2

钻进时控制机械钻速、排量在合适的范围；钻井液流变性控制在低限，漏斗黏度 38~45s，3 转读数 4~5。通过以上措施的执行，定向井在钻进时都保持了较低的 ECD 值，从而降低了压差，减小了井漏的风险。

(1)定向井 ECD 数据。

定向井钻进 ECD 数据见表 4-26。

表 4-26　定向井钻进 ECD 数据

井名	密度 /(g/cm³)	FV /s	ECD /(g/cm³)	ECD 附加值
F1	1.90~1.93	38~41	1.94~1.99	0.04~0.06
F2	1.87~1.94	37~41	1.92~2.0	0.05~0.06
F3	1.90~1.94	41~49	1.95~2.01	0.05~0.07
F4	1.91~1.94	41~45	1.96~2.01	0.05~0.07
F5	1.82~1.95	39~41	1.87~2.01	0.05~0.07
F6	1.92~1.98	45~50	1.98~2.10	0.06~0.12

控制好 ECD，减小压差也就降低了井漏的风险；钻进时控制机械钻速、排量在合适的范围；钻井液流变性控制在低限，漏斗黏度 38~45s，3 转读数 4~5。

通过以上措施的执行，定向井在钻进时都保持了较低的 ECD 值，从而降低了压差，减小了井漏的风险。F1 井 ECD 与密度对应关系如图 4-24 所示。

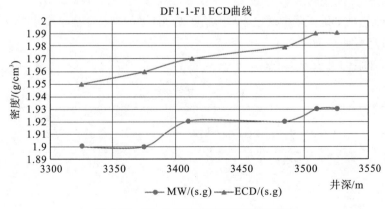

图 4-24　F1 井 ECD 与密度对应关系图

做好高温高比重下的钻井液稳定性和流变性控制，控制钻井液流变性处于低限，为钻井液比重的提高和性能调整留足空间；减少压差，降低井漏的风险（图4-25～图 4-30）。

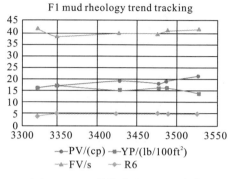

图 4-25　F1 井钻井液流变性曲线

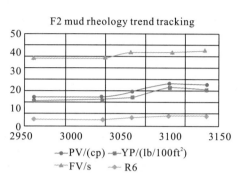

图 4-26　F2 井钻井液流变性曲线

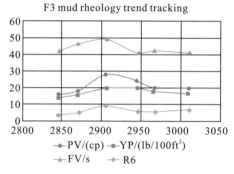

图 4-27　F3 井流变性数据曲线

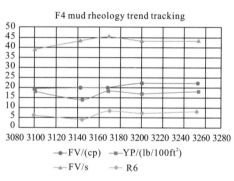

图 4-28　F4 井流变性数据曲线

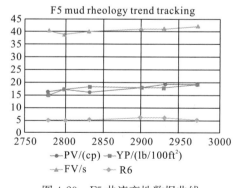

图 4-29　F5 井流变性数据曲线

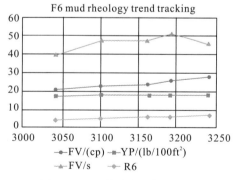

图 4-30　F6 井流变性数据曲线

根据地层压力逐步调整钻井液比重以保持井壁的稳定；

控制钻井液失水：中压失水<5mL/30min，高温高压<8mL/30min。

通过加入软性可变性粒子 Soltex（磺化沥青）、Asphasol Supreme（磺化沥青)、Resinex(有机树脂)等和 G-Seal(石墨)、碳酸钙等桥堵粒子相结合形成坚韧致密的泥饼，对渗透层加以良好的封堵；

保持适度的抑制性(1%～2%ULTRAHIB，3%～4%KCl)；

工程上在目的层段通过控制排量，不在砂岩井段长时间定点循环等，减小对井壁的冲刷。图 4-31、图 4-32 为两口井随钻电测井径图。

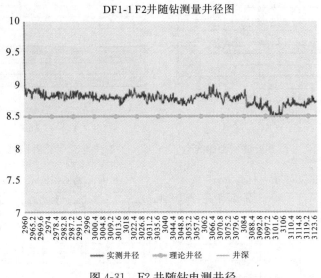

图 4-31　F2 井随钻电测井径

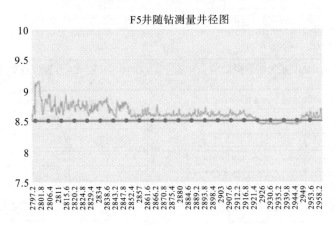

图 4-32　F5 井随钻随钻电测井径

(2)泥饼质量控制措施。

①选用优质土(M-I Gel)配浆，通过胶液稀释与固控清除相结合降低钻井液中劣质土(即钻屑污染)含量，控制低固相含量<4%；

②提高抗高温材料(XP-20K，Resinex)的浓度，控制钻井液高温高压失水<

8mL/30min；

③根据地质提供的储层物性（孔隙度、渗透率等）资料，优选复配封堵材料，提高泥饼的致密性和韧滑性；

④控制钻井液的高温聚合物（EMI-1045）浓度在 3～4kg/m³，沥青类 Asphasol Supreme 含量在 10kg/m³ 左右。

DF1-1-F1 井泥饼质量如图 4-33 所示，定向井钻井液稳定性统计见表 4-27。

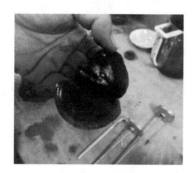

图 4-33　DF1-1-F1 井（密度 1.95g/cm³，FL_HTHP＝6.6mL，泥饼厚 2.0mm）

表 4-27　定向井钻井液稳定性统计

井名	时间/工况	密度/(g/cm³)	FV/s	PV/YP	Φ6/Φ3	Gel/(Pa/Pa)	FL_API/mL	FL_HTHP/mL	pH	MBT/(kg/m³)	钻井液累计静止时间/d
F1	固完井起钻前取样	1.96	46	24/22	7/5	7/20	3.4	7.6	10.5	28	16
	刮管时井底返出	1.97	47	32/22	10/9	8/27	5.2	9.4	10	27	
F3	固完井起钻前取样	1.94	47	32/22	6/5	4/18	4	7.6	11	28	37
	刮管时井底返出	1.95	58	27/25	10/9	8/27	5.3	9.8	10	27	
F4	固完井起钻前取样	1.93	52	23/23	9/7	9/18	4.2	7.6	11	28	42
	刮管时井底返出	1.93	66	30/26	10/9	8/25	5.4	9.8	10	26	
F5	固完井起钻前取样	1.95	45	20/20	6/5	4/20	3.2	7.4	10	28	7
	刮管时井底返出	1.96	56	32/22	10/8	7/26	5.3	9.7	10	26	
F6	固完井起钻前取样	1.95	51	28/20	7/6	6/19	4.2	7.4	10.5	26	48
	刮管时井底返出	1.95	65	29/26	11/9	8/21	5.2	9	10	26	

3. Megadril 油基钻井液体系在水平井中的应用

1）大斜度及水平井段钻井液的选择

在东方 1-1 气田一期调整井 F7H 水平井开发，采用裸眼完井的方式完井，该井属高温高压井，针对水平井的井斜大、摩阻大、井壁稳定及储层保护等问题，采用 Megadril 油基钻井液钻进。

2)钻井液性能的调控

(1)井眼净化。

影响水平井携岩洗井效果的主要因素有：井眼轨迹、井斜角、环空流速、钻具旋转、短起下钻与钻井液悬浮能力、流变参数、流态等，针对这些主要的原因，解决好施工中存在的问题，通常采用的方式如下：

①通过控制钻井液的动塑比不小于 0.5，使钻井液流态尽可能处于平板型层流，避免岩屑下层与堆积形成岩屑床。

②在水平段，钻屑极易在短时间内从钻井液中下沉到下井壁，而沉积在井壁形成岩屑床，增加了洗井难度，引起井下复杂情况。因此，钻井液的悬浮能力是水平井钻进的关键技术之一。

③在井斜区内，虽然流速越高环空净化效果越好，但是过高的流速也会造成钻井液的循环当量密度的增加，也会降低岩屑的输送比，出现岩屑"垂沉"现象，合理的流速才能将岩屑及时携带出来，同时对井壁的冲蚀较为适当。如东方F7H 水平井井斜角较大，井眼充分净化是消除大斜度井段产生岩屑床的关键。由于 F7H 井水平井段的钻井液比重较高，钻井液的悬浮能力会随比重的提高而提高，而压力窗口会随比重的提高而收窄，所以在保证井眼净化的同时需兼顾ECD 值的控制，因此在现场实际作业中，在满足井眼净化的前提下通过降低排量和钻速的办法以获得较低的 ECD 值；如在东方 F7H 井 8-1/2″井段，在控制钻井液 YP <18，Φ6<8 处于中低流变性前提下，钻速 20m/h 需排量>1400L/min才能获得较好的井眼净化，但 ECD 值在排量>1400L/min 后的增幅较大，因此建议本井段控制机械钻速<20m/h，排量<1600L/min；钻进时调整钻井液流变性到低限，漏斗黏度控制在 38~45s，Φ6 读数 4~6，工程上配合钻速与排量的控制，以获得较低的 ECD 值。F7H 井 8-1/2″井段与 5-7/8″井段流变性数据曲线如图 4-34、图 4-35 所示。

④在同样的流型、流态下，流变性的不同对洗井的效果也有很大影响，其中AV、PV、YP、Φ6、Φ3 等性能参数是影响井眼清洁的重要参数。

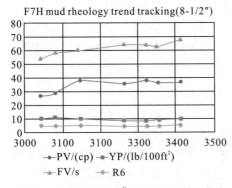

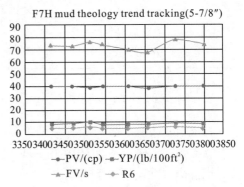

图 4-34 F7H 井 8-1/2″井段流变性数据曲线   图 4-35 F7H 5-7/8″井段流变性数据曲线

(2)润滑防卡技术。

为增强钻井液的润滑性，减少井下卡钻等事故发生，一般采用的手段有：

①选择合理的钻井液密度，防止在低压地层的压差过大，同时加强钻井液的抑制防塌能力，从而预防井壁失稳的发生。

②在钻井液中，加强固体、液体润滑剂的使用，保证钻井液体系具有良好的润滑性。如 F7H 井 9-5/8″套管长达 2996m，井斜为 10.86°～63.95°，且本井段将继续增斜至 88.20°左右，由于井斜大且摩阻大，钻井液通过以下措施帮助降低摩阻：在钻水泥时，先向井浆中加入 1％G-Seal(进口石墨)，然后再根据实钻的扭矩情况，再以 0.5％～1％的梯度逐渐补充加入；根据实钻的扭矩情况，适当提高油水比，通过提高钻井液中的油含量加强润滑性降低摩阻；在保证井控安全的前提下使钻井液比重尽可能低，减小压差造成的黏性摩阻；上部井眼良好的井眼轨迹控制尤为重要；加强井眼净化，减小环空钻屑摩阻；工程上优化钻井参数、钻井工具等，通过机械减阻降低摩阻。F7H 井与 F1 井扭矩对比如图 4-36 所示。

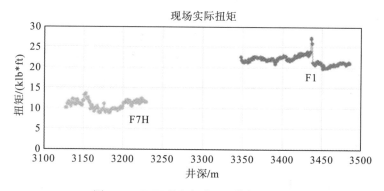

图 4-36　F7H 井扭矩与 F1 井扭矩对比

(3)井壁稳定。

①控制钻井液密度平衡地层压力，尤其是平衡地层的坍塌压力。

②使用强抑制的钻井液处理剂，增加钻井液的抑制性；针对东方 1-1 气田水平井钻井液的实际使用情况，在水平段小井眼钻进使用的油基钻井液是强抑制性体系，基本消除了井壁失稳的化学方面因素，如出现井壁失稳，主要应是物理力学平衡的原因。因此根据井况需要适当上提钻井液比重；通过调整油基钻井液水相中 $CaCl_2$ 的浓度(25％左右)，使钻井液水相的活度等于或略高于地层水的活度(Aw)，使钻井液的渗透压大于或等于地层(页岩)吸附压，从而防止钻井液中的水向岩层运移，防止页岩地层的渗透水化。严格失水控制(滤液必须全是油)结合防塌剂、封堵剂的使用提高泥饼质量；适当地加入防塌剂和封堵剂以加强钻井液的充填封堵性，提高井壁的稳定性；工程优化钻具组合、避免人为因素(如开泵过猛、起下钻过快)对井壁的机械损害，利用井下静止时间较长需分段循环等措施减少或避免压力激动。

③在高温高压条件下，钻井液长时间静止带来了重晶石沉降问题，如中 F6 井钻井液井下静止时间最长达 48 天。因此中海石油（中国）有限公司湛江分公司在室内对于现场采用的钻井液，通过模拟不同井斜下 180℃静态老化 168h，测试重晶石沉降。沉降指数与井斜关系图如图 4-37 所示。

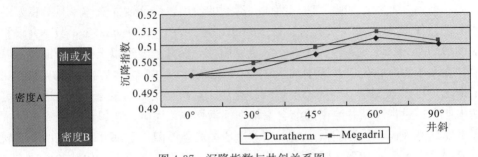

图 4-37　沉降指数与井斜关系图

〈沉降指数（SF）＝密度 B/（2 ＊ 密度 A）　SF＜0.52 期望值〉

（4）油气层保护措施。

①降低钻井液的固相含量，提高钻井液的液相黏度。

②钻水平段时，钻井液密度尽可能采用设计密度的下限，实行近平衡钻井，防止损害或压死气层。

③控制钻井液的滤失量，减少滤液进入气层造成的伤害。

4.2.2　其他钻井液体系

中海石油（中国）有限公司湛江分公司在调研国内外高温高压钻井液研究进展，总结分析南海高温高压井复杂情况的基础上，结合现场钻井液的实际使用问题，在室内对高温高密度钻井液进行了改进。

1. 钾钙基-聚磺钻井液体系

KCl 是一种常用的无机盐类页岩抑制剂，具有较强抑制泥页岩渗透水化的能力。与 CaO、聚合物配合使用，可配制成具有强抑制性的钾钙基聚合物防塌钻井液。而钾钙基聚合物防塌钻井液体系和聚胺类抑制剂配伍后能够极大提高化学防塌抑制能力，在比较理想的情况下其效果接近油基体系，而在体系中引入抗高温磺化处理剂后，则能极大地提高体系的抗温能力，并能显著改善钻井液的泥饼质量，形成了一套突出强抑制、强封堵的钾钙基－聚磺钻井液体系，经过较详细的实验技术分析，钾钙基－聚磺钻井液体系能够满足东方 13-1 气田的钻井要求。

因此所采用的钾钙基－聚磺钻井液体系配方如下：淡水＋0.1％Na₂CO₃＋2.5％~3％膨润土浆＋0.3％~0.5％NaOH＋0.03％~0.05％FA367＋0.5％~0.8％PAC-LV＋0.8％~1％NH-PAII（聚胺）＋0.5％~0.8％CH713＋4％~6％

SMP-1+3%~5%SMC+1%~3%ZR-27+1%~3%CX-189+0.2%Span-80+5%~7%KCl+0.3%~0.5%CaO+重晶石。

将本项目研制钾钙基-聚磺钻井液体系与现场钻井液体系进行对比,实验结果见表 4-28。

表 4-28　钻井液体系综合性能对比(160℃热滚后)

体系	AV /(mPa·s)	PV /(mPa·s)	YP /Pa	Gel /(Pa/Pa)	FL_API /mL	FL_HTHP /mL	抗温 /℃	抗盐 /%	抗钙 /%	抗劣土 /%	回收率 /%	润滑系数
钾钙基-聚磺	42	34	8	2.5/8	1.8	8.2	>160	>10	>1	>10	95.2	0.0864
Therm	101	93	8	2.0/8	2.3	11	>160	<5	<0.5	>10	91.8	0.0864
Duratherm	64	31	33	26/34	12	48	<160	—	—	—	91.6	0.1120

2. 强抑制强封堵钻井液体系

东方 13-1 气田开发井一开、二开井段仍推荐采用海水膨润土浆钻进,可根据井眼清洁情况用膨润土稠浆清扫;三开井段推荐采用 KCl/聚合物体系,现场应用效果良好;四开、五开井段进入高温高压井段,使用 Duratherm 抗高温水基钻井液体系。

结合现场实际使用 Duratherm 抗高温水基钻井液体系的作业情况,通过室内的单剂优选,优选出的各类型较优处理剂如下:高分子量 PF-PLUS,中低分子量 DRISCAL-D 和树脂类 PF-SHR 等增黏降滤失剂;SF26 硅氟降黏剂;LSF 和 PF-DYFT-Ⅱ封堵类防塌剂;PF-LUBE 润滑剂;PF-PLUS、SDCAG 页岩抑制剂。

在单剂优选基础上,通过配伍性优化研制出抗高温高密度水基钻井液体系,其抗温能力达到 160℃,密度在 1.4~2.2g/cm³ 可调。测试各实验浆 160℃/16h 老化前后的流变性(含初终切)、滤失性(含 150℃/3.5MPa 下的高温高压滤失量)及润滑性,综合对比各项指标,优选出综合性能较好的 DFGZ 钻井液体系,其配方为:3.5%海水膨润土浆+0.05%Na₂CO₃+0.1%NaOH+0.2%DRISCAL-D+3.5%PF-SHR 树脂类降滤失剂+3.0%SD-202+3.2%PF-LSF 封堵防塌剂+2.0%PF-LUBE 润滑剂+0.5%Span-80+0.3%SDPA+2.0%KCl+1.2%SF26 硅氟降黏剂+5.0%(5#)白油+2.0%石墨+1.0%PF-SATRO(重晶石加重到 1.70~2.05g/cm³)。

DFGZ 钻井液体系具有高温稳定性强、润滑性好以及页岩抑制能力、封堵能力与抗污染能力强等优点。抑制性增强,使钻屑保持在更完整状态,利于清除,对钻井液净化系统没有特殊要求。与油基体系相比(表 4-29),DFGZ 体系环境保护性能好、成本低、维护简便,与固井、射孔等后期作业兼容性强,有利于保护储层,满足现场钻井作业需求。

表 4-29　钻井液体系综合性能对比

体系	AV /(mPa·s)	PV /(mPa·s)	YP /Pa	Gel /(Pa/Pa)	FL$_{API}$ /mL	FL$_{HTHP}$ /mL	抗温 /℃	耐温 /h	抗盐 /%	抗钙 /%	抗劣土 /%	回收率 /%	润滑系数
DFGZ体系	87	67	21	9.5/19.0	3.0	13.0	170	48	>5	0.3~0.5	>8	86.03	0.131
有机盐体系	46	32	14	3.0/11.0	7.4	17.0	160	16	<3	0.3	<5	85.30	0.128
Duratherm	114	89	26	17.5/64.0	3.6	13.0	160	32	3	0.3	5	85.10	0.128
油基体系	80	57	23	11.0/27.5	0	11.0	180	48	>5	>1.0	>8	88.18	0.060

构建了抗温达160℃、密度在1.4~2.2g/cm³可调的系列高温高密度水基钻井液体系，评价结果（密度为2.2g/cm³的体系为例）表明，最优DFGZ体系具有抗5%盐、抗0.3%氯化钙、抗8%劣土污染的能力；抗温达170℃，在160℃下稳定达48h以上；封堵能力及抑制防塌能力强（仅次于油基钻井液）。

3. 甲酸铯钻井液体系

甲酸铯是一种可被生物降解性的盐类。国内外检测结果均证实甲酸盐对海洋生物的毒性很低，甲酸铯盐水钻完井液具有密度高、热稳定性好、固相低、对环境无污染及地层伤害小、腐蚀性低等特点。与常规钻井液相比，使用甲酸铯盐水钻完井液能提高机械钻速和油井产能。由于甲酸铯盐水钻完井液的润滑性能好、摩擦系数低，能大幅度减少卡钻事故。在高达165℃的井底温度条件下，甲酸铯盐水钻完井液性能仍能保持稳定，其腐蚀性低到可忽视的程度。甲酸铯盐水钻完井液在国外高温高压井的钻完井作业中取得了较好的应用效果。

高温高压井的定义：井底压力大于68.95MPa或者地层压力系数大于1.80以及井底地层温度大于150℃的井。莺琼盆地已钻高温高压井地层：快速沉降、沉积的新生代新近系地层。主要勘探目的：天然气。该盆地高温高压并存，已钻遇的最高压力112.48MPa，已钻遇的最大压力系数为2.3；已钻遇的最高温度为251.76℃，最高地温梯度为5.51℃/100m，平均地温梯度为4.00℃/100m。

1)在南海莺琼盆地使用甲酸铯盐水技术可行性分析

甲酸铯盐水是为解决在深井和高温高压井所遇到的腐蚀、地层损害、井壁稳定等问题而开发出的一种新型钻井液和完井液。200多口井的成功说明甲酸铯已经是一种成熟的先进技术，其优越性已在北海各油田的应用情况得到证实。分析在北海能取得成功的原因：①甲酸铯盐水确实是一种解决高温高压井腐蚀和地层损害等一系列问题行之有效的产品；②国外大石油公司在解决疑难问题时尽量采用先进技术，从先进技术中取得最大的经济效益的策略；③进行综合经济分析，从长远的经济效果来确定是否有投资价值。

而从一部分获得良好效果的油气井来看，这种新型钻井液和完井液确实具有投资和应用价值。例如，巴西国家石油公司使用甲酸铯盐水作为钻井和完井液完成的一口井，创下了日产天然气 1970 万 m^3 的记录；又如在北海的滕恩（Tune）和霍尔达（Huldar）油田，2001 年和 2002 年分别用甲酸盐完井液各完成了 1 口井。迄今，这两口井的采收率已超过其预测储量的 90%。

从技术角度来看，甲酸铯盐水的功能符合莺琼盆对钻完井液的 8 项要求和对完井液的 7 项要求。除井漏外，在深井和高温高压井中都可应用这种钻井液和完井液。卡博特公司编写了甲酸盐技术手册，对于技术问题和参数都进行了详细的介绍。利用这本手册可解决现场遇到的技术问题。

另外，为了在南海莺琼盆地使用甲酸铯盐水，北京石大胡杨石油科技公司专门研制出抗 150℃、抗 180℃ 和抗 200℃，密度为 $1.8g/cm^3$、$1.9g/cm^3$、$2.0g/cm^3$、$2.2g/cm^3$ 和 $2.3g/cm^3$ 的钻井液和完井液配方，能满足莺琼盆地高温高压井钻、完井要求。同时验证了三种盐水在不同温度下和不同老化时间内的热稳定性。

为了降低成本，北京石大胡杨公司还研制出采用进口处理剂、国产处理剂和进口国产处理剂混合使用的配方，为在南海莺琼盆地使用甲酸铯盐水做好了前期的技术支持和技术储备。

2) 南海莺琼盆地使用甲酸铯盐水的经济可行性分析

甲酸铯盐水是一种昂贵的钻井液和完井液。甲酸铯盐水的年产量很低，只有 $1270m^3/a$。目前，作为钻井液和完井液使用的甲酸铯盐水只有卡博特公司独家经营，其生产成本无法调查。卡博特公司是以日租金的形式提供服务的。在使用过程中损失部分甲酸铯盐水是不可避免的，而损失部分要由甲方出资，因此在使用过程中必须把甲酸铯的损失率控制为最低。在使用过程中还要进行测量以避免盐水遭到稀释而使盐水的密度大幅度下降。据钻井承包商杂志 2007 年 5、6 月报道，道达尔勘探和开发公司在埃尔金油田 7 口井的修井作业中使用了甲酸铯盐水，盐水的损失量为 $402.6m^3$，占总量的 10.5%。损失最大的部分是甲酸铯盐水滞留在封隔器下面，滞留量为 $6.15 \sim 15.14m^3$。7 口井的总滞留损失量为 $90.92m^3$。平均每口井甲酸铯盐水的费用不到 100 万美元。

平均每口井钻井液和完井液成本达到 100 万美元确实很高，但从解决腐蚀和地层损害等一系列问题的观点来看，其综合成本不一定就高。这样做也符合了尽量采用新技术解决挑战性问题的发展观。另外采用甲酸铯钻井液还能提高机械钻速，减少钻井复杂情况等优势来降低部分钻井成本，以补偿钻井液和完井液费用过高的问题。

据统计，提高机械钻速和缩短钻机占用时间可以降低钻井成本。例如在海上，机械钻速提高 30%，降低钻机占用时间 4.5 天，可节省 1 亿美元的钻井费用。又如，每个钻头钻进的总进尺增加 30%，可节省起下钻时间 12 天，可节省 2.5 亿美元的钻井费用。

使用甲酸铯盐水后，井眼清洁更加容易，无须添加溶剂/表面活性剂，能够更快地达到进行完井所要求的清洁状态，可省 25 万美元。

室内构建了甲酸铯无固相钻完井液体系。在该配方中，选用抗温聚合物 DRISCAL-D 作为降滤失剂；选用生物聚合物 MC-VIS 作为增黏剂，改善体系的流变性能；选用低黏度聚阴离子纤维素 PF-PAC-LV、抗温淀粉 PF-FLOCAT 作为降滤失剂；采用无荧光润滑剂 PF-LUBE 增强钻井液的润滑性能；加入防水锁剂 PF-SATRO，防止储层水锁损害；添加碳酸钾作为缓冲剂，氧化镁作为抗氧化剂及 pH 辅助调节剂。

甲酸铯无固相钻完井液体系($2.20g/cm^3$)配方如下：80%甲酸铯盐水+0.3% DRISCAL-D+0.8%MC-VIS+0.5%PAC-LV+2.0% PF-FLOCAT+1.5%PF-LUBE+0.5%PF-SATRO+0.6%氧化镁+1.5%碳酸钾+2.5%碳酸钙，其性能见表 4-30。

表 4-30　甲酸铯无固相钻井液体系性能

体系	条件	AV /(mPa·s)	PV /(mPa·s)	YP /Pa	Gel /(Pa/Pa)	FL$_{API}$ /mL	HK /mm	FL$_{HTHP}$ /mL
甲酸铯无固相体系	老化前	80.0	48.0	32.7	9.7/19.9	2.4	0.5	12.0
	老化后	56.0	35.0	21.5	3.6/7.2	1.4	0.5	12.0

利用水力学分析软件 Drillbench 进行了 ECD 计算，模拟条件为：井斜角 43.6°，目的层 8-3/8″井段钻进，采用 5in 钻杆钻具组合。计算结果见表 4-31。

表 4-31　钻井液循环当量密度计算结果

体系	PV /(mPa·s)	YP /Pa	密度 /(g/cm³)	ECD /(g/cm³)
DFGZ 体系	32.0	14.0	1.95~2.20	2.049~2.302
有机盐体系	57.0	23.5	1.95~2.20	2.102~2.355
Duratherm-2 体系	36.0	10.0	1.95~2.20	2.019~2.272
优化的油基体系	68.0	13.5	1.95~2.20	2.069~2.321
甲酸铯无固相体系	35.0	21.5	1.95~2.20	2.090~2.343

8-3/8″井段中拟采用密度为 $2.05g/cm^3$ 钻井液体系钻进，其 ECD 范围均位于孔隙压力和破裂压力之间，能够满足钻井工程安全钻进的需求。

甲酸铯盐水是一种价格昂贵的新型钻井液和完井液。这种钻井液和完井液在防腐蚀和防止地层损害方面，有其独到的功能和效果。在特殊的场合，特别是高温高压和深井环境中，为解决特殊问题，在充分论证的条件下，可以有限度地使用这种昂贵的钻井液和完井液。在满足莺琼盆地要求的同时，为降低甲酸铯钻井液和完井液的成本，研究出国内与国外处理剂配伍的抗 180℃、200℃高温，密度为 1.8g/cm³、1.9g/cm³、2.0g/cm³、2.2g/cm³ 和 2.3g/cm³ 的钻井液和完井液配方。在考虑降低钻井液和完井液成本时，是一种可供选择的配方，为在莺琼盆地高温高压井钻和完井应用甲酸盐盐水提供了技术储备和技术支持。

4.3 高温高压完井液技术

完井液从钻开油气层直到油气井正式投产过程中一直与储层接触，必须与储层和地层流体具有好的适应性和优良的储层保护效果。储层孔渗特性及敏感性分析结果表明，东方 13-1 气田黄流组储层存在强水敏性和中等偏弱应力敏感性以及潜在水锁损害。因此，完井过程中应当减少液相侵入，严格控制完井液矿化度，并对储层进行改造，减小固井过程中水泥浆对储层的损害。

4.3.1 有机盐完井液体系

基于东方 13-1 气田黄流组储层物性和敏感性类型，并本着减少井下作业时间、减少储层伤害的原则，套管射孔完井液采用清洁盐水隐形酸射孔液。

有机盐盐水具有自身溶解度高、密度可调、机械杂质少、毒性低、腐蚀速率小等优点。东方 13 气田针对其储层以水敏和速敏为主的特点，选用有机盐盐水作为该气田的完井液。

1. 有机盐的选择

作为完井液的主要组成部分，要求有机盐的纯度高、杂质少、饱和度大、低温下不结晶。同时对储层的黏土矿物要有极强的抑制性、水的活度要低等，严防水敏发生。

根据东方 13-1 气田储层出砂预测结果，在整个生产过程中不容易出现出砂现象，不考虑防砂措施。为了保障高温高压气井的作业安全，简化完井工序，同时减小射孔孔道压实程度，避免射孔液侵入地层，保证射孔后油气流动通道畅通，推荐采用负压射孔生产联作方式。因此，拟采用甲酸钾盐水作为加重清洁盐水，配方为 36％水＋64％ HCOOK（密度为 146g/cm³）。

2. 保护储层预期效果分析

有机盐完井液可以从如下几方面实现对储层的有效保护：

(1)避免固相伤害。因有机盐盐水完井液无固相，属清洁液体，不存在固相的侵入问题。

(2)避免二价阳离子沉淀。当二价阳离子与地层水中的硫酸根离子或碳酸根离子相接触时会产生沉淀，由于有机盐仅有一价阳离子，可避免这种伤害。

(3)有机盐抑制性强，即使少量渗入储层，也不会引起黏土矿物膨胀而造成水敏性损害。

(4)有机盐盐水矿化度高，水的活度很低，而地层水矿化度低，水的活度高，采用成膜封堵形成的致密泥饼有一定的"半透性"，从而在地层水与盐水间产生了一个向井内的渗透压力，抵消了部分液柱压差，减少了达西滤失，若"渗透压力"足够大，地层水将会向井内逆向流动。因此，液相的伤害对有机盐盐水完井液来说是非常轻微的。

(5)有机盐盐水有一定的溶蚀性，它能溶解某些硫酸盐垢，这对储层非常有利。

3. 缓蚀剂种类

东方 1-1 气田一期调整井 5 口定向井开发气藏垂深约 2780~2950m，目的层平均地层温度为 139~144℃。目的层压力系数为 1.95~1.97，上部储层天然气密度 0.740~0.819，CO_2 含量 14.63%~22.66%，N_2 含量 7.67%~9.87%，计算 CO_2 分压值为 12.29MPa；下部储层天然气相对密度为 1.068~1.070，天然气中 CO_2 含量 49.27%~50.04%，计算 CO_2 分压值为 27.05~28.62MPa，N_2 含量 6.30%~7.58%，不含硫化氢和氢气。DST 测试结果显示凝析油的密度为 0.834~0.836g/cm^3，地面原油黏度为 1.163 ~1.165mPa·s。水型主要为 $NaHCO_3$ 型，总矿化度为 12445 ~22929mg/L。综合考虑气田的井底温度、含水等其他因素，认为本气田 CO_2 腐蚀比较严重。

缓蚀剂为抑制酸性完井液对井下管柱和设备的腐蚀，从而保证顺利地进行完井施工作业。同时由于东方 13-1 气田储层二氧化碳含量较高(分压 9.82MPa)，优先选用水溶性咪唑啉金属缓蚀剂，既可以减缓清洁加重盐水对钻具的腐蚀，也可以有效抑制二氧化碳腐蚀。

咪唑啉是含两个氮原子的五元杂环化合物，部分咪唑啉衍生物具有很好的缓蚀作用，这些衍生物被称为咪唑啉类缓蚀剂。咪唑啉类缓蚀剂一般由三部分组成：

具有一个含氮的五元杂环；杂环上与 N 成键的含有官能团的支链 R_1，如酰胺官能团，胺基官能团等；长碳链支链 R_2(图 4-38)。

在缓蚀剂发生缓蚀作用的过程中，疏水基团(R_2)远离金属表面形成一种疏水、胶束保护层，对电极表面起到外围屏蔽作用，并对腐蚀介质向金属表面的迁移起到阻碍作用，从而对缓蚀剂的缓蚀性能产生影响；而亲水基团(R_1)可以有效地提高缓蚀剂的水溶性来增强缓蚀剂的缓蚀性能。

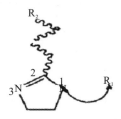

图 4-38　咪唑啉缓蚀剂的基本结构组成

　　咪唑啉缓蚀剂具有良好耐热稳定性，遇热不分解，生物降解率达 98％以上，无毒、无刺激，是一种新型环保缓蚀剂。作为酸性介质中常用的缓蚀剂，咪唑啉类缓蚀剂可有效抑制 CO_2、H_2S 和 HCl 对铁、铝、铜等金属的腐蚀，目前被广泛应用在石油石化、化学清洗、大气环境、工业用水、机器和仪表制造等生产过程中。

4. 黏土稳定剂种类

　　控制水敏及微粒运移损害，要改进工作液的抑制性，一是采用加无机盐，抑制地层黏土水化膨胀、分散运移，但对地层中一些惰性微粒的运移则无大效果，抑制水敏作用是临时性的；二是采用黏土稳定剂，如无机聚合物羟基铝、有机阳离子聚合物等。这些处理剂能有效地抑制黏土水化膨胀、分散运移，并对地层中惰性微粒的运移有很好的抑制作用，其效果是永久性的。黏土稳定剂种类可分为以下几类。

1）无机盐

　　常用的无机盐黏土稳定剂主要有氯化钠、氯化钾、氯化铵、氯化钙和氯化铝。它们主要是通过 Na^+、K^+、NH_4^+、Ca^{2+} 和 Al^{3+} 的离子交换作用，进入黏土表面的双电层中，压缩双电层，使黏土微粒之间以及黏土微粒和砂粒之间的排斥作用减小，抑制黏土矿物中蒙脱石水化膨胀和高岭石分散运移，从而减少这些黏土矿物产生的水敏效应。

　　按照离子交换作用原理，离子价数越高，交换能力越强，抑制水敏的能力也越强。故一般说来，铝离子的作用最强，钙离子次之，一价离子最弱。但一价离子中钾和铵离子例外，它们不但抑制水敏的能力强，而且水敏地层经它们处理之后，对淡水的敏感性明显降低。据认为，这是由于钾和铵离子的尺寸较小，可嵌入黏土颗粒表面晶格的孔穴中，而具有较强的交换能力所致。钙和铝离子易引起结垢和与一些处理剂不配伍，使其应用受到限制。

　　在一价和二价离子共存的情况下（实际情况往往如此），它们对水敏的抑制不但取决于总浓度，而且与其中二价离子的比例关系甚大，从而使钠离子对水敏的抑制作用与浓度的关系变得十分复杂。

2)无机聚合物

常用无机聚合物有羟基铝 $Al_6(OC)_{12}Cl_6$ 和氯氧化锆 $ZrOCl$。它们在水中水解为高价、多核无机聚合物,羟基铝水解离子的结构式为 $[Al_6(OH)_{12}(H_2O)_{12}]^{6+}$ 或 $[Al_6(OH)_6(H_2O)_{24}]^{12+}$,氯氧化锆水解离子的结构式为 $[Zr_4(OH)_8(H_2O)_{16}]^{6+}$ 或 $[Zr_{10}(OH)_{20}(H_2O)_{38}]^{20+}$。

这些多核离子具有很高的正电荷,同带负电荷的黏土表面具有很强的静电引力,且由于平面形状的多核离子与黏土晶格相似,金属离子可嵌入晶层之间,加强了彼此的吸引力,而且每个多核离子可结合多个黏土晶片,它对稳定水敏性黏土的作用比简单阳离子要有效得多。它们的缺点是体系较复杂,同多种处理剂配伍性较差,而且价格昂贵。

3)有机阳离子聚合物

有机阳离子聚合物主要为聚胺和聚季胺类化合物,因胺基所处位置不同而有不同的结构。有机阳离子聚合物主要靠静电作用迅速与黏土矿物表面上低价离子进行不可逆交换吸附,通过胺基在其表面上的多点吸附,有效地抑制黏土矿物水化膨胀和分散运移。由于聚合物与表面活性剂分子两亲结构的差异,它在黏土矿物表面上的吸附不但比表面活性剂强,而且不会造成油层润湿反转。

此类黏土稳定剂的用量小,热稳定性好,配伍性好,处理后长期有效,聚季胺可耐酸;但聚胺和聚季胺可与氟硅酸生成沉淀,不宜与土酸酸化液混用。

东方 13-1 气田部分定向井采用射孔生产联合作业方式。射孔枪与油管一同下井,一次射开全部生产层。为减小射孔孔道压实程度,消除射孔液侵入地层,清除射孔弹碎屑对地层的堵塞,采用负压射孔,用溴化锌/溴化钙/氯化钙复合盐水作为加重清洁盐水,构建密度为 $1.9\sim2.2g/cm^3$ 可调清洁盐水清扫液体系,见表 4-32。

表 4-32   加重清洁盐水配方

加重盐水	密度/(g/cm^3)	水/%	$CaCl_2$/%	$CaBr_2$/%	$ZnBr_2$/%
溴化锌/溴化钙/氯化钙复合盐水	1.90	37.0	12.0	38.0	15.0
溴化锌/溴化钙/氯化钙复合盐水	2.00	32.0	9.0	32.0	27.0
溴化锌/溴化钙/氯化钙复合盐水	2.10	29.0	6.0	28.0	37.0
溴化锌/溴化钙/氯化钙复合盐水	2.20	26.0	5.0	22.0	47.0

在室内采用静态挂片失重法测试加重盐水的腐蚀性,并进行水溶性咪唑啉缓蚀剂加量优选,优选结果见表 4-33。当咪唑啉缓蚀剂的加量为 1.5% 时,复合盐水的腐蚀速率为 0.0554mm/a,满足中国石油天然气行业标准的要求($<0.076mm/a$)。

表 4-33　缓蚀剂加量优选结果

序号	基液	缓蚀剂加量/%	腐蚀速率/(mm/a)	缓蚀率/%
1		0	1.7521	—
2	溴化锌/溴化钙/氯化钙复合盐水(2.20g/cm³)	0.5	0.2214	87.36
3		1.0	0.1025	94.14
4		1.5	0.0554	96.83

注：通过加入石灰调节清洁盐水的 pH 至 4.5 左右

4.3.2　清洁盐水完井液体系

东方 13-1 气田储层射孔完井的清洁盐水隐形酸射孔液与清扫液配方如下。

1. 清洁盐水隐形酸射孔液体系

复合盐水体系：溴化钙/氯化钙复合盐水(1.46g/cm³)＋2.0％黏土稳定剂 HCS＋2.0％抗高温隐形酸 HTA-H＋1.5％水溶性咪唑啉缓蚀剂＋6％～8％KCl。

甲酸钾盐水体系：甲酸钾盐水(1.46g/cm³)＋2.0％黏土稳定剂 HCS＋2.0％抗高温隐形酸 HTA-H＋1.5％水溶性咪唑啉缓蚀剂＋6％～8％KCl。

2. 清洁盐水清扫液体系

溴化锌/溴化钙/氯化钙复合盐水(1.90～2.20g/cm³)＋2.0％黏土稳定剂 HCS＋1.5％水溶性咪唑啉缓蚀剂(加入石灰调节 pH 至 4.5 左右)。

4.3.3　油基完井液体系

定向井储层往往通过射孔完井来解除钻井液对近井地带的损害，而东方 1-1 气田 F7H 水平井，温度 141℃，压力系数 1.91～1.97，裸眼完井后，需要完井作业 15 天，钻井液就直接作为完井液。

Megadril 油基钻井液基本配方：5♯白油(85/15 油水比)＋4.28％ONEMUL(乳化/润湿剂)＋0.285％Ecortrol-RD(高温稳定剂)＋2.85％Lime(碱度调节剂)＋0.86％Versagel-HT(高温有机膨润土)＋1.43％Versatrol(高温降滤失)＋水相(26％$CaCl_2$溶液)＋重晶石(ρ＝2.0g/cm³)。

4.4　高温高压条件下固相控制技术

钻井液中的固相按其作用可分为两类：一类是有用固相，如膨润土、加重材料以及非水溶性或油溶性的化学处理剂；另一类是无用固相，如钻屑、劣质土和砂粒等。钻井实践表明，过量无用固相的存在是破坏钻井液性能、降低钻速并导致各种井下复杂情况的最大隐患。所谓钻井液固相控制，就是指在保存适量有用固相的前提下，尽可能地清除无用固相。通常将钻井液固相控制简称为固控。

钻井液固相控制是实现优化钻井的重要手段之一。正确、有效地进行固控可以降低钻井扭矩和摩阻，减小环空抽汲的压力波动，减少压差卡钻的可能性，提高钻井速度，延长钻头寿命，减轻设备磨损，改善下套管条件，增强井壁稳定性，保护油气层以及减低钻井液费用，从而为科学钻井提供必要的条件。因此，钻井液固控是现场钻井液管理工作中最重要的环节之一。

4.4.1 钻井液中固相物质的分类

钻井液中的固相(或称固体)物质，除按其作用分为有用固相和无用固相外，还有以下几种不同的分类方法。

1. 按固相密度分类

可分为高密度固相和低密度固相两种类型。前者主要指密度为 $4.2g/cm^3$ 的重晶石，还有铁矿粉、方铅矿等其他加重材料；后者主要指膨润土和钻屑，还包括一些不溶性的处理剂，一般认为这部分固相的平均密度为 $2.6g/cm^3$。

2. 按固相性质分类

可分为活性固相(active solids)和惰性固相(inert solids)。凡是容易发生水化作用或与液相中其他组分发生反应的均称为活性固相，反之则称为惰性固相。前者主要指膨润土，后者包括砂岩、石灰岩、长石、重晶石以及造浆率极低的黏土等。除重晶石外，其余的惰性固相均被认为是有害固相，即固控过程中需清除的物质。

3. 按固相粒度分类

按照美国石油学会(American Petroleum Institute，API)制订的标准，钻井液中的固相可按其粒度大小分为三大类：①黏土(或称胶粒)，粒径$<2\mu m$；②泥，粒径 $2\sim73\mu m$；③砂(或称 API 砂)，粒径$>74\mu m$。

一般情况下，非加重钻井液中固相的粒度分布情况见表 4-34。可以看出，粒径大于 $2000\mu m$ 的粗砂粒和粒径小于 $2\mu m$ 的胶粒在钻井液中所占的比例都不大。如果以 $74\mu m$(相当于通过 200 目筛网)为界，大于 $74\mu m$ 只占 $3.7\%\sim25.9\%$，表明大多数是小于 $74\mu m$ 的颗粒。由此可见，仅以含砂量($>74\mu m$)的多少作为检验钻井液固控效果的标准是不全面的。

表 4-34　钻井液中固相的粒度分布情况（使用典型分散性水基钻井液测定）

类别	外观描述	粒径范围/μm	对应目数	重量百分比/%
砂	粗	>2000	>10	0.8~2
	中	250~2000	60~10	0.4~8.7
	中细	74~250	200~60	2.5~15.2
泥	细	44~74	355~200	11~19.8
	极细	2~44	—	56~70
黏土	胶粒	<2	—	5.5~6.5

4.4.2　常用的固控方法

　　钻井液固控有各种不同的方法，但首先应考虑的是机械方法，即通过合理使用振动筛、除砂器、除泥器、清洁器和离心机等机械设备，利用筛分和强制沉降的原理，将钻井液中的固相按密度和颗粒大小不同而分离开，并根据需要决定取舍，以达到控制固相的目的。与其他方法相比，这种方法处理时间短、效果好，并且成本较低。

　　除机械方法外，常用的固控方法还有稀释法和化学絮凝法。

　　稀释法既可用清水或其他较稀的流体直接稀释循环系统中的钻井液，也可在泥浆池容量超过限度时用清水或性能符合要求的新浆，替换出一定体积的高固相含量的钻井液，使总的固相含量降低。如果用机械方法清除有害固相仍达不到要求，便可用稀释的方法进一步降低固相含量，有时是在机械固控设备缺乏或出现故障的情况下不得不采用这种方法。稀释法虽然操作简便、见效快，但在加水的同时必须补充足够的处理剂，如果是加重钻井液还需补充大量的重晶石等加重材料，因而会使钻井液成本显著增加。为了尽可能降低成本，一般应遵循以下原则：①稀释后的钻井液总体积不宜过大；②部分旧浆的排放应在加水稀释前进行，不要边稀释边排放；③一次性较多量稀释比分多次少量稀释的费用要少。

　　化学絮凝法是在钻井液中加入适量的絮凝剂（如部分水解聚丙烯酰胺），使某些细小的固体颗粒通过絮凝作用聚集成较大颗粒，然后用机械方法排除或在沉砂池中沉除。这种方法是机械固控方法的补充，两者相辅相成。目前广泛使用的不分散聚合物钻井液体系正是依据这种方法，使其总固相含量保持在所要求的 4% 以下。化学絮凝方法还可用于清除钻井液中过量的膨润土，由于膨润土的最大粒径在 $5\mu m$ 左右，而离心机一般只能清除粒径 $6\mu m$ 以上的颗粒，因此用机械方法无法降低钻井液中膨润土的含量。化学絮凝总是安排在钻井液通过所有固控设备之后进行。

4.4.3　非加重钻井液的固相控制

1. 钻屑体积与重量的估算

非加重钻井液是指体系中不含加重材料的钻井液，其固相含量不应超过22%，一般低于加重钻井液的总固相含量。但是，由于非加重钻井液一般用于上部井段，此时井径较大，地层较松软，机械钻速较高，低密度固相的增长率也就相对较大，因此钻屑的清除量比使用加重钻井液时要高。

一口井在钻进过程中，进入钻井液的钻屑量是相当大的。只有不断清除这些钻屑，才能使钻井液保持所要求的性能，保证正常钻进的进行。

2. 膨润土和钻屑的粒度分布

为了选择适合的固控设备和方法，必须了解作为有用固相的膨润土和作为清除对象的钻屑的粒度分布及范围。虽然膨润土和钻屑均属钻井液中的低密度固体，两者密度十分相近，但两类固相的粒度分布情况却有很大差别。膨润土的粒度范围大致为 $0.03\sim5\mu m$，而钻屑的粒度处于 $0.05\sim10000\mu m$ 这样一个极宽的范围。在小于 $1\mu m$ 的胶体颗粒和亚微米颗粒中，膨润土所占的体积百分比明显超过钻屑，而在大于 $5\mu m$ 的较大颗粒中，则几乎全部是钻屑的颗粒。

各种振动筛的分离能力有很大区别，其中筛网为 200 目的细目振动筛可清除粒径大于 $74\mu m$ 的砂粒。常规除砂器、除泥器可分别清除 $30\mu m$ 和 $15\mu m$ 以上的泥质颗粒；而最后在离心机溢流中，主要含有粒径在 $6\mu m$ 以下的微细颗粒。因此，如钻井液中膨润土含量过高，只能采用化学絮凝或加水稀释的方法加以解决。

3. 非加重钻井液的固控流程

在基本的非加重钻井液的固控流程中，固控设备的排列顺序为振动筛、除砂器、除泥器和离心机，以保证固相颗粒按从大到小的顺序依次被清除。固控设备型号的选择，应依据钻井液的密度、固相类型与含量、流变性能以及固控设备的许可处理量而定。各种固控设备(离心机除外)的许可处理量，一般不得小于泥浆泵最大排量的 1.25 倍。在通过所有固控设备之后，需对净化后的钻井液进行处理以调整其性能，包括适量补充所需的化学处理剂、膨润土和水，这是因为以上物质中的一部分会随着被清除的固相而失去。另外，在钻井液进入除砂器之前，应适当加水稀释以提高分离效率。

非加重钻井液能否达到固控要求，在很大程度上取决于对各种旋流器的合理使用。有的井队只重视一级固控，认为用好振动筛就行了，这显然是不正确的。

当快速钻进时，除砂器、除泥器均应连续开动。中途除泥或间歇式除泥都会导致钻井液密度随井深而明显增加，只有连续除泥才能使钻井液密度保持相对稳定。

只要测出旋流器和离心机底流的流量和密度，便可按照下列的计算方法求出单位时间内所失去的水量和排除的固相质量。

4.4.4　加重钻井液的固相控制

1. 加重钻井液固控的特点

加重钻井液又称为重钻井液。加重钻井液中同时含有高密度的加重材料和低密度的膨润土及钻屑。重晶石是最常用的加重材料，由于它在钻井液中的含量很高，因此其费用在钻井液成本中占有很大的比重。值得注意的是，大量重晶石的加入必然会降低钻井液对来自地层的岩屑的容纳量，并对膨润土的加量有更为苛刻的要求。加重钻井液中，钻屑与膨润土的体积分数之比一般不应超过 2：1，而非加重钻井液中该比值可放宽至 3：1 或更多。大量钻井实践表明，过量钻屑及膨润土的存在会造成重钻井液的黏度、切力过高，失去正常的流动状态。此时如果不加强固控，仅依靠加水稀释来暂时缓解过高的黏度、切力，则只能造成恶性循环，不仅钻井液成本大幅度增加，而且常导致压差卡钻等复杂情况屡屡发生。因此，对于加重钻井液来说，清除钻屑的任务比非加重钻井液更为重要和紧迫，并且其难度也比非加重钻井液大得多。总的来说，加重钻井液固控的主要特点是，既要避免重晶石的损失，又要尽量减少体系中钻屑的含量。

2. 重晶石的粒度分布

了解重晶石粉的粒度分布情况对实现加重钻井液的固控目标非常重要。按照我国国家标准和 API 标准，钻井液用重晶石粉的 200 目筛筛余量均小于 3%，即要求至少有 97% 的重晶石颗粒的粒径在 $74\mu m$ 以下。一般认为，绝大多数重晶石粉颗粒的粒度范围为 $2\sim74\mu m$。

3. 加重钻井液的固控流程

加重钻井液固控系统的基本流程为振动筛、清洁器和离心机三级固控，其中振动筛和清洁器用于清除粒径大于重晶石的钻屑。对于密度低于 $1.8g/cm^3$ 的加重钻井液，使用清洁器的效果十分显著，如果对通过筛网的回收重晶石和细粒低密度固相适当稀释并添加适量降黏剂，可基本上达到固控的要求，此时可以省去使用离心机。但是，当密度超过 $1.8g/cm^3$ 时，清洁器的使用效果会逐渐变差。这种情况下，常使用离心机将粒径在重晶石范围内的颗粒从液体中分离出来。含大量回收重晶石的高密度液流（密度约为 $1.8g/cm^3$）从离心机底流口返回在用的钻井液体系,而将从离心机溢流口流出的低密度液流(密度约为 $1.15g/cm^3$)废弃。离心机主要用于清除粒径小于重晶石粉的钻屑颗粒。

在实际应用中,目前国内各油田有时仍单独使用除砂器处理加重钻井液,但是必须使用分离粒度大于 $74\mu m$ 的大尺寸除砂器。由于重晶石与钻屑颗粒的沉降直径比约为 1∶1.5,因此能清除 $74\mu m$ 以上钻屑颗粒的除砂器,也会除掉 $49\mu m$ 以上的重晶石粉。

4. 离心机分析

将离心机用于加重钻井液固控,一方面可回收重晶石,另一方面可有效地清除微细的钻屑颗粒,降低低密度固相的含量,从而使加重钻井液的黏度、切力得以控制。但也应看到,在其使用过程中需付出一定的代价。钻井液中有大约 3/4 的膨润土和处理剂以及一部分粒径很小的重晶石粉会随钻屑细颗粒一起从离心机溢流口被丢弃,还有相当一部分水也不可避免地被排掉。因此,为了维持正常钻进,必须不断地补充一些新浆。这里需要解决的一个重要问题,就是如何准确地确定新浆中各组分的补充量,使钻井液通过离心机后,仍能维持原有密度和体积,并具有良好的性能。

4.5 井漏的预防与控制

井漏是钻井过程中常见的复杂情况,损失较大。在钻井实践中,虽然对井漏的原因与预防已积累了一些成功的经验,有些方法虽然有效,但如果选用不当,掌握不好,不能对症下药,同样收不到好的效果。本节对井漏产生的原因、预防及发生井漏的处理措施进行初步探讨。

4.5.1 井漏的原因

井漏主要是由于钻井液液柱压力大于地层孔隙压力或破裂压力造成的。其主要原因有:①地层因素:天然裂缝、溶洞、高渗透低压地层;②钻井工艺措施不当引起的漏失,主要发生在上部地层环空堵塞,造成环空憋压引起漏失;开泵过猛、下钻速度过快、加重过猛造成井漏;③井身结构不合理,中间套管下深不够,或不下中间套管致使高低压地层处于同一裸眼井段,造成井漏。

4.5.2 井漏的预防

在钻井过程中对付井漏应坚持预防为主的原则,主要包括合理设计井身结构、降低井筒内钻井液激动压力、提高地层承压能力。从钻井液技术上采取的措施如下所述。

1. 选用合理的钻井液密度与类型,实现近平衡钻井

(1)对于孔隙压力较低的井,首先考虑选用低固相聚合物钻井液、水包油钻井液、油包水钻井液、充气钻井液、泡沫钻井液或空气钻井。在选择钻井液类型时,除了考虑钻井液密度能满足所钻井段防止井漏的最小安全密度外,还要考虑其流变性。对于压力低、大井眼井段,应适当提高钻井液的黏切;而对于深井压力较高的小井眼井段,应降低钻井液的黏切。

(2)当井身结构确定后,为防止井漏的发生,应使钻井液液柱压力低于裸眼井段地层的破裂压力或漏失压力,而且能平衡地层孔隙压力。

2. 降低钻井液环空压耗和激动压力

钻井过程中钻井液可采取以下措施来降低环空压耗。

(1)在保证携带钻屑的前提下,尽可能降低钻井液黏度。

(2)降低钻井液中的无用固相含量和含砂量。

(3)降低钻井液滤失量,提高泥饼质量,防止因井壁泥饼较厚起环空间隙较小,导致环空压耗增大。

(4)钻井液加重时,应控制加重速度,并且加量均匀。要求每循环周钻井液密度提高幅度不超过 0.02g/cm^3。

3. 提高地层承压能力

地层的漏失主要取决于地层的特性,通过人为的方法提高地层的承压能力,封堵漏失孔道,从而达到防漏目的,通常采用以下三种方法来提高地层承压能力。

(1)调整钻井液性能:对于轻微渗透性漏失,进入漏层前,适当提高钻井液黏度、切力防漏可收到一定的效果。

(2)在钻井液中加入堵漏材料随钻堵漏:对于孔隙型或孔隙—裂缝性漏失,进入漏层前,在钻井液中加入堵漏材料,在压差作用下,堵漏剂进入漏失通道,提高地层的承压能力,达到防漏的目的。根据漏失性质、漏层孔吼直径、裂缝开口尺寸选用堵漏剂的种类和加量。

(3)先期堵漏:当井身结构无法改变,而下部地层孔隙压力超过上部地层破裂压力时,进入高压层前,必须按下部高压层的孔隙压力确定的钻井液密度,这样导致上部地层漏失,为了防止上部地层漏失而引起的井涌、井喷等复杂情况发生,在进入高压层之前,应进行先期堵漏,提高上部地层承压能力。先期堵漏程序:①钻进下部高压层前试压,求出上部漏失层破裂压力。②若地层破裂压力低

于钻进下部高压层的当量循环密度，必须进行堵漏，堵漏方法及材料应根据地层特性加以选择。堵漏钻井液注入井中后，井口加压将堵漏浆挤入地层中。静止48h，然后下钻分段循环到井底。③起钻至漏层以上安全位置或套管内，采用井口加压的方式试漏，检查堵漏效果，当试漏钻井液当量密度大于下部地层钻井液用密度时，方可加重钻开下部高压层。

4.5.3 井漏的处理

井漏是钻井、完井过程中常见的井下复杂情况之一，为了堵住漏层，必须利用各种堵漏材料，在距井筒很近范围的漏失通道里建立一道堵塞隔墙，用以隔断漏液的流道。

1. 处理井漏的规程

(1)分析井漏发生的原因，确定漏层位置、类型及漏失严重程度。

(2)在钻井中发生井漏，如果条件许可，应尽可能强钻一段，确保漏层完全钻穿，以免重复处理同样的问题。

(3)堵漏浆的配制必须按要求保质保量。

(4)施工时如果能起钻，应尽可能采用光钻杆，下至漏层顶部。

(5)使用正确的堵剂注入方法，确保堵剂进入漏层近井筒处。

(6)施工过程中要不停地活动钻具，避免卡钻。

(7)凡采用桥堵剂堵漏，要卸掉循环管线及泵中的滤清器、筛网等，防止堵塞憋泵伤人。

(8)憋压试漏时要缓慢进行，压力一般不能过大，避免造成新的诱导裂缝。

(9)施工完成后，各种资料必须收集整理齐全、准确。

2. 处理井漏常用方法

1)调整钻井液性能与钻井措施

调整钻井液性能与钻井措施包括改变钻井液密度、黏度、切力、泵排量等。其主要作用是降低井筒液柱压力、激动压力和环空压耗，改变钻井液在漏失通道中的流动阻力，减少地层产生诱导裂缝的可能性。通常采取以下措施：

(1)降低钻井液密度。降低钻井液密度是减少静液柱压力的唯一手段。采用降低钻井液密度来制止井漏时应注意以下几个问题：①研究分析裸眼井段各组地层孔隙压力、破裂压力、坍塌压力、漏失压力，确定防喷、防塌、防漏的安全最低钻井液密度。②依据裸眼井段各组地层结构，确定降低钻井液密度的技术措施。如裸眼井段不存在塌层，可采用离心机清除钻井液固相来降低钻井液密度，同时补充增黏剂、水、低浓度处理剂或轻钻井液，保证既降低钻井液密度又保持钻井液原有性能。③降低钻井液密度时应降低泵排量，循环观察，不漏后再逐渐提高泵排量至正常值，如仍不漏即可恢复正常钻进。

（2）提高钻井液黏度、切力。当钻进浅层胶结差的砂层、砾石层或中深井段渗透性好的砂岩层发生井漏时，可通过向钻井液中加土粉或增黏剂来提高钻井液黏度、切力，增大钻井液进入漏层的流动阻力来制止井漏。亦可在地面配制高膨润土含量的稠浆，挤入漏层堵漏。

（3）降低钻井液黏度、切力。深井钻井过程中发生井漏，在保证井壁稳定和携带与悬浮岩屑的前提下，通过降低钻井液黏度、切力来减低环空压耗和下钻激动压力来制止井漏。

（4）改变钻井工程技术措施。不合理的钻井工程技术措施往往会诱发井漏。对于这种类型的漏失，可在分析漏失原因的前提下，通过改变钻井工程技术措施来制止井漏。

2）静止堵漏

静止堵漏是在发生完全或部分漏失的情况下，将钻具起出漏失井段或起至技术套管内或将钻具全部起出静止一段时间（一般 8~24h），漏失现象即可消除。

（1）静止堵漏的机理。钻井过程中因操作不当（如开泵过猛、下钻速度过快等）造成压力激动，使作用在地层的压力超过破裂压力，形成诱导裂缝而产生漏失。起钻静止一段时间后，一方面消除了激动压力，裂缝往往会闭合，自然缓解井漏，地层又可以承受压裂前可以承受的压力；另一方面，漏进裂缝的钻井液，因其有触变性，随着静切力增加，起到了黏结和封堵裂缝的作用，从而消除了井漏。

（2）静止堵漏施工要点：①发生井漏时应立即停止钻进和钻井液循环，把钻具起至安全位置后静置一段时间。静止时间要合适，时间太短容易失败，太长又容易发生井下复杂情况。一般静置候堵为 8~24h 为宜。②把钻具起至漏层以上，必须定时向井内灌注钻井液，保持液面在套管内，防止裸眼井段地层坍塌。③在发生部分漏失的情况下，循环堵漏无效时，最好在起钻前替入堵漏钻井液覆盖于漏失井段，然后起钻，增强静止堵漏效果。④再次下钻时，控制下钻速度，尽量避开在漏失井段开泵循环。如必须在此井段开泵循环，应采用小泵量低泵压开泵循环观察，不发生漏失后再逐渐提高泵量，恢复钻进。⑤恢复钻进后，钻井液密度和黏切不宜立即作大幅度调整，要逐步进行，控制加重速度，防止再次发生漏失。

3）桥接材料堵漏法

桥接堵漏由于经济价廉，使用方便，施工安全，目前现场已普遍采用。桥接堵漏占整个处理方法的 50%以上，并取得明显的效果。使用此方法可以对付由孔隙和裂缝造成的部分漏失和失返漏失。

桥接堵漏是利用不同形状、尺寸的惰性材料，以不同的配方混合于钻井液中直接注入漏层的一种堵漏方法。采用桥接堵漏时应根据不同的漏层性质，选择堵漏材料的级配和浓度，否则在漏失通道中形不成"桥架"，或是在井壁处"封门"，使堵漏失败。

在施工前要较准确地确定漏层位置，钻具一般应在漏层的顶部，个别情况可不在漏层中部。严禁下过漏层施工，以防卡钻，施工时要严格按照施工步骤进行。特别要提出的是如果由于漏失段长且位置不清楚发生的井漏，采用配制大量桥堵浆，覆盖整个裸眼井筒的堵漏方法，经常可取得成功。另外要注意的是采用这种方法时应尽量下光钻杆，如带钻头要去掉喷嘴，不然选择的桥接材料尺寸必须首先满足喷嘴尺寸，以避免堵塞钻头。堵漏成功后立即筛除在井浆中的桥接材料。

(1)桥堵材料的选择和浓度。桥浆浓度具体选择时应综合考虑漏速、漏层压力、液面深度和漏层段长、漏层形状等因素，一般范围是5%～20%，对漏速大、裂缝大或孔隙大的井漏，应用大粒度、长纤维、大片状的桥接剂配成高浓度浆液。反之，则用中小粒度、短纤维、小片状的桥接剂配成低浓度浆液。

(2)桥接剂可分三类：硬质果壳(核桃壳等)、薄片状材料(云母、碎塑料片等)、纤维状材料(锯末、甘蔗渣、棉籽壳等)。桥接剂级配比例的合理选择对于提高堵漏成功率至关重要，通常搭配比例是粒状：片状：纤维状为6：3：2，具体搭配比例由现场来确定。

(3)基浆通常用井浆，有时用含膨润土8%左右的新浆，基浆黏度和切力要适当，不能太低不能过高，以防桥接剂漂浮和下沉，避免桥浆丧失可泵性。

(4)堵漏工艺应用桥接堵漏材料的堵漏工艺包括挤压法和循环法两种方法。施工人员对堵漏工艺掌握的好坏，是决定堵漏施工能否成功的关键。①挤压法堵漏工艺：尽可能找准漏层；根据井漏情况和漏层性质综合分析，确定桥浆浓度、级配和配浆数量，桥浆密度应接近于钻进的井浆密度；配堵漏基浆：在地面配浆罐连续搅拌条件下，最好通过加重漏斗以纤维状＋颗粒状片状顺序配够要求的桥浆，应注意防漂浮、沉淀及不可泵性。配制量应以漏速大小、漏失通道形状和段长以及井眼尺寸等综合确定，通常范围是20～50m³/次；确定漏失层段，将光钻杆或带大水眼钻头的钻具下至漏层顶部10～300m位置，立即泵入已配好的桥浆至漏失层段，在井下条件允许时最好关井挤压，控制环空压力在0.5～5MPa，但不能超过井口和其他层的承压强度。此法适合于漏速小、井筒易满，不易压差卡钻的井。井漏严重、井筒不易满且易压差卡钻的井，应起钻至安全井段，关井挤压施工时，应尽可能定时活动钻具，防止卡钻。②循环法堵漏工艺：此方法适用于漏层刚钻开、还未完全暴露的井段、渗透性或小裂缝多漏失井段、漏失位置不清楚井段、井口无加压装置的漏失井。工艺措施为：往钻井液中加入一定匹配的桥堵剂3%～8%；随钻堵漏时采用大水眼；不停地活动钻具，防止卡钻；停止使用固控设备，防止除去堵漏剂。

4)柴油膨润土浆堵漏法

(1)柴油膨润土浆堵漏法 。柴油膨润土浆是由柴油、膨润土、纯碱、石灰等按一定比例混配而成的,当混合物被泵入漏层与水接触后,悬浮的膨润土颗粒开始水化,并从油中分离出来,结成一团坚韧的油泥块,从而达到堵漏目的。

(2)柴油膨润土浆-屏蔽暂堵剂堵漏法。当钻至低压高孔渗砂岩水层发生井漏时,采用柴油膨润土浆或桥接堵漏均能取得较好效果。但采用上述方法堵漏所能提高的地层承压能力不能满足固井施工的需要,会导致固井施工时再次发生漏失。为了提高此类漏失地层承压能力,可采用柴油膨润土浆+屏蔽暂堵剂复合堵漏法。此方法的原理是根据与地层孔喉架直径相匹配的固相颗粒在地层孔喉架桥屏蔽堵漏原理,在近井筒内形成致密的内泥饼,降低其渗透率,从而提高地层承压能力,柴油膨润土钻井液在井壁内形成软塞堵水层。因而在柴油膨润土钻井液中加入屏蔽暂堵剂,可有效地堵住低压高孔渗砂岩水层,有效地提高承压能力。

5)水泥堵漏

水泥堵漏主要以水泥浆及各种水泥混合稠浆为基础,这种堵漏法一般用于较为严重的井漏。水泥浆堵漏一般要求漏层位置比较清楚,主要用以处理自然横向裂缝、破碎石灰岩及砾石层的漏失。目前,采用此方法的成功率较低,其主要原因是在施工设计中计算不准确和施工工艺出现差错所致。水泥浆堵漏必须搞清楚漏层位置和漏层压力,使用“平衡”法原理进行准确计算方可保证施工质量和安全。一般要求采用此方法时,需要在井筒中形成一段水泥塞,水泥塞的体积约等于水泥浆总体积的1/3左右。这是为了避免有限量的水泥浆被顶得过远而不能完全封住漏层喉道,造成堵漏失败。采用此方法要避免钻井液混入水泥浆,以免使形成的封堵隔墙质量较差,故施工时可以在注入水泥浆之前先注入一段隔离液。在施工时除注意和地层压力平衡以外,还要注意钻具内外的水泥浆液面平衡,这样可以避免起钻时水泥浆遭到污染。水泥堵漏的方法通常分为一般水泥堵漏、速凝水泥堵漏、胶质水泥堵漏和柴油-膨润土-水泥堵漏。现场施工中多数采用前两种方法。

打水泥塞是水泥浆堵漏的一个重要步骤,水泥塞形成的好坏,直接关系到堵漏施工的成败。在裸眼中打水泥塞时,必须特别注意水泥塞周围地层的性质,坚持做好以下几个方面的工作:确定漏层位置和漏层性质,施工前应对井漏情况有较全面的了解;根据井漏情况仔细计算水泥、水、添加剂量和钻井液顶替量,必须注意水泥的用量要多于实际需要量;注入水泥前,应尽可能打前置液,防止水泥污染。

6)强行钻进套管封隔漏层

有些浅部地层结构疏松,存在长段天然水平裂缝或溶洞,造成钻进时钻井液有进无出,采用以上堵漏方法一般没有明显效果。因此在条件允许的情况下,采用强行钻进完全通过漏层以后,再下套管会收到显著成效。强行钻进包括清水强钻和轻钻井液强钻两种方式。采用清水强钻必须具备四个前提条件：一是井眼稳定，能经受住清水长时间的浸泡而不垮塌；二是已钻和待钻井段无油气水进入井内；三是钻头所破碎的岩屑能带入漏层；四是准备足量的稠钻井液，每次起钻前注入，保持井底至漏层段井眼用钻井液保护，以提高井壁稳定性，防止沉砂卡钻。四个条件同时具备时才能进行强钻。

采用清水钻进，所钻遇的地层不能处于强地应力作用带，而且地层遇水不易水化、膨胀和分散。清水强钻一般适合于较稳定的灰岩地层或火成岩地层。为了提高井眼稳定性，可采取以下措施：清水中加入少量聚丙烯酰胺类高聚物，既可以提高所钻地层稳定性，又可提高清水黏度，有助于钻屑的携带；起钻前注入稠钻井液以保护裸眼井段；提高生产时效，缩短浸泡的时间，尽快钻完漏失井段，下入套管封隔。

除了以上几种常用堵漏方法外还有高失水浆液堵漏法、化学堵漏法、软硬塞堵漏法等，可根据现场情况进行选择。

第5章 高温高压钻完井过程中储层保护技术

储层损害是指当打开储层时，由于储层内组分或外来组分与储层组分作用发生了物理、化学变化，而导致岩石及内部液体结构的调整并引起储层绝对渗透率降低的过程。打开油气层后，如果钻井方式、钻井参数、钻井液性能等因素处理不当，可能会对生产层造成多种损害，研究这些损害机理，对保护和开发生产层具有重要意义。

保护技术就是保护储层不受伤害所采用的措施。作为油气井工程的一个分支，储层损害及保护技术是一个广义概念：不但在钻井，而且在完井、固井、增产压裂或酸化以及生产等各个环节均存在储层损害和保护问题，其内容涉及到储层损害机理研究、模拟装置研制、评价方法和标准制订及保护技术研究等方面。

使用与地层相配伍的钻完井液，采用保护生产层的钻完井方式将直接关系到油气井的产量及油气田的开发经济效益。

自20世纪70年代以来，国内外石油界均高度重视以防止或减轻损害为目的的保护储层技术的研究和应用，将其作为石油工程领域的重大科技课题进行攻关和研究，其间逐步形成了钻完井保护储层所需基础资料的取得技术、储层损害机理研究技术、保护储层钻完井液的技术。

目前，国内外仍以耐高温、高压、深井复杂地层、油气层保护的钻完井液技术为主攻目标和重要的发展方向，并积极寻求技术更先进、性能更优异、综合效益更佳的钻完井液体系及钻完井液处理剂。

5.1 国内外高温高压钻完井储层保护技术现状

油气层(储层)损害机理就是油气层损害的产生原因和伴随损害发生的物理、化学变化过程。机理研究工作必须建立在岩心分析技术和室内岩心流动评价实验结果，以及有关现场资料分析的基础上，其目的在于认识和诊断油气层损害原因及损害过程，以便为推荐和制定各项保护油气层和解除油气层损害的技术措施提供科学依据。储层损害的实质就是有效渗透率的下降，它包括绝对渗透率的下降(即渗流空间的改变)和相对渗透率的下降。渗透空间的改变包括：外来固相侵入、水敏性损害、酸敏性损害、碱敏性损害、微粒运移、结垢、细菌堵塞和应力敏感损害；相对渗透率的下降包括：水锁、贾敏、润湿反转和乳化堵塞。由于在油气层被钻开之前，其岩石、矿物和流体是在一定物理、化学环境下处于一种物理、化学的平衡状态，当储层被钻开以后，钻井、完井、修井、注水和增产等作业或生产过程都可能改变原来的环境条件，使平衡状态发生改变，这就可能造成油气井产能下降，导致油气层损害。所以，储层损害是在外界条件影响下油气层内部性质变化造成的，即可将油气层损害原因分为内因和外因。凡是受外界条件影响而导致油气层渗透性降低的油气层内在因素，均属油气层潜在损害因素（内因），它包括孔隙结构、敏感性矿物、岩石表面性质和流体性质。在施工作业时，任何能够引起油气层微观结构或流体原始状态发生改变，并使油气井产能降低的外部作业条件，均为油气层损害外因，它主要指入井流体性质、压差、温度和作业时间等可控因素。为了弄清油气层损害机理，不但要弄清油气层损害的内因和外因，而且要研究内因在外因作用下产生损害的过程。

5.1.1　储层伤害室内研究评价方法

储层评价技术包括室内评价和矿场评价，室内评价的目的是研究油气层敏感性，配合进行机理研究，同时对可采用的保护技术进行可行性和判定性评价，为现场提供室内依据，如图 5-1 所示。

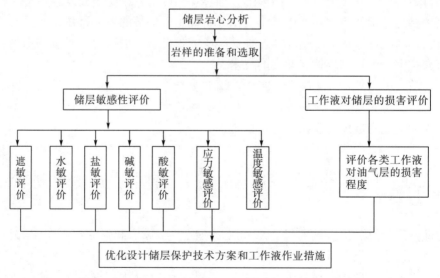

图 5-1　储层损害室内评价实验流程框图

从室内进行储层损害研究的方法上讲，常规的室内标准岩心，在模拟储层现场条件的情况下，进行岩心流动试验，在观察和分析所取得试验结果的基础上，研究岩心损害的机理。但在具体试验当中需要制定标准的程序，所以，建立室内评价方法及制定相应标准，一直是储层损害方面研究的重点之一，现已形成的主要成果有 API 推荐标准和美国岩心公司制定的(常规岩心分析方法)和(特殊岩心分析技术)等，我国在参照以上标准的基础上，形成了两个标准。我们的研究认为，一个完整的评价方法和标准应该包括两大方面内容：①储层敏感性评价，以便找出导致储层损害的主要因素；②钻井液对岩样污染程度的评价，以便针对具体地层选择合适的钻井液或对使用的钻井液进行评价。根据调研结果，目前国内外尚无同时包括以上两方面内容的评价方法和标准。

5.1.2 储层伤害机理

5.1.2.1 油层主要伤害机理

1. 固相侵入引起储层伤害的机理

固相颗粒对储层渗流通道的堵塞普遍存在于各个作业环节。钻完井过程中主要有：①外来小于裂缝有效宽度的固相颗粒(钻井液中的有害固相颗粒、水泥微粒等)侵入地层裂缝深部或被裂缝表面吸附形成"泥膜"，导致裂缝渗流能力降低，其损害程度和侵入深度与颗粒大小，滤饼形成以及压差大小有关；②双重介质储层本身的微粒运移对储层损害的影响。由于外力作用使得充填在裂缝面间的断层泥、次生矿物和成岩矿物(主要是石英和基岩矿物)微粒运移后，沉积堵塞裂缝，影响渗流通道，导致储层渗流能力降低；③在钻井勘探过程中，井漏是双重介质地层(大裂缝或低压低渗地层)经常发生的最复杂情况之一，也是造成储层损害的重要的因素之一。由于正压差和储层裂缝的存在，钻井液中的有害细小固相颗粒(黏土、加重材料、钻屑等)，可随裂缝的延伸运移，进入裂缝深部且不易返排，造成储层流体流向井筒的渗流阻力急剧增加，严重损害产层。

钻井液中固相颗粒堵塞储层的机理主要有以下几种类型。

1)入井流体中固相颗粒的类型

钻井液中固相颗粒主要分为刚性颗粒、可变形球形颗粒和可变形纤维状颗粒。其中，刚性颗粒指本身水化作用较弱、不能发生变形的颗粒，主要包括加重材料、超细碳酸钙及钻屑颗粒等；可变形球形颗粒指在温度、压差作用下能够发生变形的颗粒，主要包括水化的黏土颗粒、改性沥青颗粒、油溶性树脂颗粒、高温析出的聚合醇液滴及乳化液滴；可变形纤维状颗粒一种是指天然或改性纤维处理剂，另一种是指十几或几十个粒子相互交联形成的絮凝团，这种絮凝团强度较低，在压差下容易变形，在孔隙、裂缝中容易形成稳定架桥。

2)入井流体中固相颗粒的受力情况

杨凤丽和 Ives 等将作用在流动悬浮颗粒上的各种力分为 3 类。

（1）与吸附机理有关的力。

这种力主要指远程范德华吸引力，是由于原子和分子的电子特征所产生的电磁波所致。这些力作用在距离颗粒表而附近不到 $1\mu m$ 的范围内。

（2）与分离机理有关的力。

①剪切力。它是一种摩擦力或阻力，当沉积颗粒上流动液体的剪应力产生的剪切力大于吸附在颗粒表面上的剪切力时，粒子就会脱离，且移动。

②静电双层力。这些力是通过在不同 pH 和离子强度的离子条件下产生的。当颗粒表面携带相同符号的静电荷时，它们互相排斥。

（3）与传输机理有关的力。

与传输机理有关的力主要包括惯性力、重力、离心力、扩散力和水动力。当固相颗粒随钻井液进入地层时，均会受到与上述机理有关的力的作用，但各种力的大小与固相颗粒的物理性质（固相类型）、孔隙结构等因素有关。相应地，这些固相颗粒在孔隙内滞留、沉积，从而引起储层损害的机理也与这些因素有关。

3）颗粒在孔隙内滞留与沉淀机理

入井流体在正压差的作用下流向孔隙，流体中的固相颗粒随流体一起运移。微粒在沿着孔隙介质中的弯曲流动通道移动时，有可能在孔隙骨架内被捕获、滞留和沉淀，导致孔隙骨架的结构发生不利变化，使孔隙度和渗透率减小，从而造成对储层的伤害。颗粒在孔隙内滞留的基本机理包括：表面沉淀（物理－化学的）；孔喉堵塞（物理卡堵）；孔隙充填和内部滤饼形成（物理的）；屏蔽和外部滤饼形成（物理的）。

2. 外来流体与储层岩石、储层流体之间不配伍造成的损害

侵入裂缝的外来流体（钻井液及滤液）和存在于裂缝中的次生充填敏感矿物以及酸性气体（CO_2，H_2S）不配伍，将会发生一系列物理化学作用，引起储层敏感性损害和有机物、无机物沉淀，堵塞裂缝孔隙，导致储层渗透率降低。

3. 应力敏感性损害

双重介质储层，在上覆岩层压力与孔隙流体压力共同作用下，产生的有效应力，对其渗透率的影响随有效应力上升，压缩裂缝（甚至闭合）和孔隙增大了油气的渗流阻力，存在渗透率显著下降的现象。天然裂缝－孔隙型双重介质，在不同有效应力条件下，渗透率及应力敏感系数的变化，经研究认为，当有效应力开始增加时，裂缝首先被压缩闭合，引起岩样渗透率急剧降低，应力敏感系数大；随着有效应力的继续增加（超过 15MPa），裂缝的形变已基本完成。此时，岩样孔隙才开始形变，相应的渗透率降低的趋势变为平缓，最终由于颗粒间的支撑作用，渗透率基本不再变化。由于裂缝形变后几乎不可恢复，致使卸压后岩样渗透率回升的幅度很小，即裂缝滞后效应明显。

Nikolaevskily 等通过建立模型阐述了井壁失稳与储层伤害的关系。对于胶结疏松的储层，传统的岩石弹性模型不能很好地描述井壁岩石伤害程度与岩石应力状态、不断变化的孔隙压力以及岩石物性之间的关系，该研究应用大量的实验数据建立了能够反映以上关系的弹塑性模型。利用该模型可对井壁的应力状态进行预测，输入的参数包括初始孔隙度、孔隙压力、渗透率、岩石弹性模量、黏聚力、摩擦系数和膨胀系数。论文还阐述了地应力各向异性和孔隙结构破坏对近井壁储层伤害的影响，以及井眼轨迹和断层对伤害的影响。由于井壁失稳，岩石结构破坏，当达到一定程度时，便会引起出砂，从而影响油井产量。即使不出砂，靠近井壁处也会形成一个范围不等的塑性带，从而导致永久性伤害。

4. 水锁效应

水锁效应指外来液相在压差的作用下，进入裂缝和孔隙深部，并在界面间形成弯液面，而产生一毛管阻力。由于毛管阻力的作用，利用自然地层压力，很难将这些外来侵入液体返排出来，导致出现储层渗透率降低的现象。尤其是低渗裂缝油气藏水锁损害比较严重。

近年来，国外学者研究了钻井液中固相颗粒的平均粒径、固相浓度、储层渗透率和压差等因素对渗透率伤害程度和有效伤害深度的影响。结果表明，钻井液中固相颗粒的粒径、储层渗透率、压差等因素严重影响着储层伤害程度和深度。并且研究了固相颗粒堵塞造成渗透率下降的机理，发现固相颗粒在储层沉积是造成储层渗透率下降的一个重要原因。Chauveteau 等详细地分析了各种不同沉积过程中的伤害机理，特别是对导致颗粒沉积的各种作用力进行了定量分析。颗粒沉积引起渗透率下降的过程包括：表面沉降、孔隙桥堵、内滤饼和外滤饼的形成，其机理可分为表面沉积和孔隙架桥。在以上工作的基础上，建立了定量预测固相颗粒沉积导致储层渗透率下降的数学模型。但是该模型仅适用于稳定的固体颗粒，对于那些实际上更为常见的不稳定颗粒，其沉积规律有待于进一步研究。

5. 黏土矿物水化膨胀和分散运移引起的伤害

Tchis tiakov 依据胶体化学原理，系统地阐述了黏土矿物所引起的储层伤害，特别是对各种物理、化学因素影响黏土颗粒稳定性、运移及砂岩储层渗透率的规律进行了理论分析。主要影响因素包括储层流体的流速、化学组成、pH 和温度以及黏土矿物组成、微观结构、可交换阳离子组成等。研究表明，黏土引起的储层伤害不仅取决于其黏土总含量，还取决于其组成、微观结构和形态。在油层物理和石油地质分析中，当储层岩石孔隙中含有高岭石颗粒时，往往认为储层伤害的机理是微粒运移。然而，Hayatdavoudi 等发现，在低温下并不是微粒运移，而是高岭石被过氧化钠氧化，氧化反应的过程是地层微粒从高岭石母体上被逐渐分散和解离的过程。最终产物包含埃洛石的小螺旋结构，假定大部分黏土矿物可溶解于氢氧化钠，在钠离子充足及适当的压力条件下，高岭石会转化为蒙脱石，高岭石族的其他矿物还可能转化为珍珠石和埃洛石。根据渗透率恢复值试验结果及扫描电镜、X-射线衍射的分析结果，高岭石在室温以及 pH 达 12 的条件下，短时间内就可能引起储层伤害。减轻高岭石伤害的有效方法是将高岭石接触的流体 pH 控制在 8 以内，以防止过氧化钠等强氧化剂的形成。

6. 聚合物吸附引起的油层伤害

钻井液中的聚合物处理剂侵入储层后，其链状分子在孔喉处形成多点吸附，其结果对渗透率下降有很大影响。Audibert 等对此进行了专门研究，聚合物可通过对滤饼的堵孔作用降低滤失。采用 CT 扫描技术进行测定，结果表明，聚合物会对岩心造成伤害。大多数聚合物通过堵塞孔喉和提高剩余水饱和度对储层造成伤害，其伤害程度与聚合物的结构、相对分子质量及吸附量等因素有关。为了减轻聚合物的伤害，必须控制随滤液侵入储层的那部分聚合物所占比例，尽量通过调整其结构使大多数分子链沉积在滤饼上而参与对滤饼的封堵作用。

5.1.2.2 气层的主要伤害机理

在绝大多数情况下，人们对储层损害进行的以上研究工作是针对油层而不是气层的。气层与油层相比，有很多不同之处。自然界中存在的气藏大多数是低渗气藏，储层普遍具有低孔、低渗、强亲水、大比表面积、高含束缚水饱和度、高毛细管力和低储层压力特点。这些特点决定了气层易受到损害，并且一旦损害，解除比较困难。近几年来，D. Bennion 等对气层损害机理进行了比较系统的概括性总结，对钻井过程中的气层损害机理总结为：①储层本身质量问题；②水锁效应；③欠平衡钻井中的反向自吸；④钻井液固相侵入；⑤钻具在孔壁磨光和压碎现象；⑥岩石-流体间相互作用；⑦流体-流体间相互作用。并给出一个预测水锁效应发生与否的公式，但没有有关试验性的研究资料，也没有分别定量分析各因素对储层的损害程度。

5.1.2.3 油气田开发生产对油气层的伤害机理

油气田开发生产使储层发生动态变化，其损害发生也在动态过程中。这种变化过程主要包括以下几个方面：

(1)在储层的储集空间中，油、气、水不断重新分布。例如：油、气的采出和注气、注水引起含水、含气饱和度改变；

(2)储层的岩石组成结构以及储、渗空间不断改变。例如：黏土矿物遇淡水发生膨胀，外来固相微粒或各种垢的堵塞作用，使储、渗空间缩小；

(3)岩石的润湿性改变或润湿反转；

(4)储层的水动力学场(压力、地应力、天然驱动能量)和温度场不断破坏和不断重新平衡。

油气田开发生产过程中的储层损害具有如下特点：

(1)损害周期长。几乎贯穿于油气田开发生产的整个生命期，损害具有累积效应。

(2)损害涉及储层的深部而不仅仅局限于近井地带，即由井口到整个储层。

(3)更具有复杂性。井的寿命不等，先期损害程度各异，经历了各种作业，损害类型和程度更为复杂，地面设备多、流程长，工艺措施种类多而复杂，极易造成二次损害。

(4)更具叠加性。每一个作业环节都是在前面一系列作业的基础上叠加进行的，加之作业频率比钻井、完井次数高，因此，损害的叠加性更为突出。

5.1.3　储层保护的钻井液技术

1. 疏松砂岩储层

疏松砂岩储层孔隙度、渗透率分布范围大，非均质性较严重。钻井过程中易发生固相损害。另外，储层岩石黏土矿物的含量较高，储层一般呈现强水敏、强盐敏。因此，在钻进该类储层时，应采用具有以下特性的钻井液以保护储层。

(1)减少黏土颗粒的侵入污染。黏土颗粒和钻井液固相颗粒靠水分子链构成了空间网架结构，使得体系内没有独立的黏土颗粒存在。制约了黏土颗粒向油气层孔喉内的侵入。

(2)抑制油气层中的黏土水化膨胀。钻井液固相颗粒进入油气层孔隙后被吸附在黏土胶结物的表面，把黏土表面的吸附阳离子排挤出去。使黏土表面阳离子活度降低，从而削弱了黏土的渗透水化作用；同时，固相颗粒吸附于黏土矿物表面形成一层固态膜，阻缓了水分子向黏土矿物的渗透。

(3)减少处理剂对油气层的污染。具有多种功能(如强抑制性、润滑防塌特性等，并具有一定的消泡能力)，其体系只需加入数量较少的处理剂就能满足钻井工艺技术所要求的各项性能，而且具有良好的稳定性。抗盐侵能力强，大大减少了处理剂对油气层的污染。

(4)有利于返排和渗透率恢复。形成的黏土复合体在油气层孔喉处形成的"软堵"是可变形的，在返排压力作用下可以顺利返排出来；另外，固相颗粒具有良好的油溶性和酸溶性。可以通过储层原油的返排和酸化处理进一步恢复油气层渗透率。

(5)瞬间镶嵌封堵作用。钻井液中直径与储层孔喉直径相等的一次性封堵粒子，在接触储层的瞬间迅速镶嵌封堵大孔喉。

(6)架桥充填封堵作用。刚性粒子按照 2/3 架桥原则，在孔喉处形成桥堵，粒径较小的充填粒子进一步充填桥堵形成的小孔隙,可变形粒子在压差作用下在已发生桥堵的孔喉表面发生塑性变形,进一步降低孔喉处的渗透率。

(7)纤维材料搭桥封堵作用。纤维材料存在多个活性吸附点,可在孔喉处搭桥,使大尺寸孔喉变为数个较小尺寸的小孔喉,便于颗粒状材料进行架桥封堵,从而确保了钻井液的广谱屏蔽暂堵功能。如有机正电胶钻井液体系、合成基钻井液就具有此类性能钻进以保护储层。

裂缝性储层的损害机理主要有三个方面,即固相颗粒堵塞、应力敏感和裂缝滞后效应、水锁损害,究竟哪一方面占主导作用,主要取决于裂缝的有效水力学宽度。

因此,钻井过程中裂缝储层保护的技术思路主要分为三个方面。

(1)在储层条件下,当裂缝宽度小于 $10\mu m$ 时,采用常规屏蔽暂堵技术并减小水锁损害。

(2)当裂缝宽度为 $10\mu m\sim1mm$ 时。应采用纤维状暂堵剂和颗粒状暂堵剂复配的暂堵技术。

(3)当裂缝宽度大于 $1mm$ 时,应使钻井液及其滤液与储层岩石地层水配伍并解决应力敏感问题,调节钻井液密度,使有效应力在一定范围内变化,避免引起裂缝滞后损害。对于开发过程,入井工作液宜采用油溶性堵剂和纤维状暂堵剂复配的方法,同时提高液相的抑制性。

2. 保护裂缝-孔隙型储层钻井液体系

保护裂缝-孔隙型储层钻井液体系的设计在不同的地区有不同的设计方案,但其基本思路为:

(1)必须确保所使用的各种处理剂和整个钻井液体系与储层岩石和流体之间具有良好的配伍性。

(2)选与地层特性相配伍的高效降失水剂,以控制滤失量以及减小钻井液的侵入深度。

(3)对双重介质储层的应力敏感性问题,必须引起足够的重视,防止因有效应力的变化而对储层造成损害。

(4)应重视双重介质储层的水锁损害,在配方中应选用既能有效降低表(界)面张力,又与其他处理剂相配伍的表面活性剂。目前,国内外针对不同的双重介质储层,优选出多种防止储层损害的钻井液体系如:聚合醇钻井液体系、阳离子钻井液体系、MMH 正电胶钻井液、充氮泡沫钻井液、广谱屏蔽暂堵型钻井液等。在这些钻井液中,加入适当的表面活性剂(如 ABSN)来降低储层水锁损害,可达到较为理想的储层保护效果。

(5)同时也可使用广谱型屏蔽暂堵储层保护技术,它是依据对渗透率贡献率的大小来区别对待不同的孔喉,纠正了传统屏保技术应用中的偏差,平均流动孔喉直径和最大流动孔喉直径的提出使得这一技术更科学，尤其适用于渗透性严重不均质的砂岩油藏。

5.1.4　钻井过程中的储层损害因素

钻开储集层时，由于破坏了储集层的原有环境状态，井筒内的固相、液相侵入储集层内与地层内的固相和液相发生固－固，固－液，液－液的物理和化学变化，使储集层的有效渗透率受到不同程度地损害，这将严重影响油井的产量和寿命，而且在勘探钻井中还会失去发现油气层的机会。国外从 20 世纪 30 年代就提出并开始进行防止油气层污染的研究。过去的研究主要集中于钻井液的类型及特性，没有对钻井过程中由于钻井技术问题对储集层的损害进行研究。实际上，在油井工程的各个环节中，如钻井、固井、射孔、试油修井等都将不同程度地产生近井地层储集层的污染问题。油气层一旦受到伤害，恢复到原有水平就相当困难，因此在钻井作业过程中，采取有效保护储集层的钻井技术及预防措施是防止油气层污染的第一关。

除了储集层岩石矿物的类型、成分、结构、形态等条件及由它们所决定的岩石的物理机械性能外，从钻井技术因素来说有压差、环空流速、钻井液类型及性能、钻速和浸泡时间。

固相对油气层的损害决定于固相粒子的形状、大小及性质和级配。钻井过程中，大于油气层孔隙的粒子不会侵入油气层造成损害，比油气层孔喉直径小的粒子会进入油气层造成损害。颗粒愈小，侵入深度愈大。若钻井液中含有细颗粒或超细颗粒，则侵入深度和损害程度愈大。

若钻井液中各种大小直径的粒子都有，则细粒子及超细微粒的侵入深度将随之降低，但在损害带的损害程度并不减少，固相粒子的损害对裂缝油藏更为突出。因此，做好固控以减少钻井液中的固相含量，特别是细及超细粒子含量，并使它们保持一个合理的级配，是减少钻井液固相对地层渗透率的影响及对油气层损害的重要内容。同理若钻进中井壁不稳定、页岩坍塌、井径扩大、泥页岩造浆等因素造成钻井液内的固含量增加，都将会加剧固相对油气层的损害。

油气层中黏土的水化膨胀、分散、运移是油气层水敏损害的根本原因，钻井液对黏土水化的抑制性愈强，则地层水敏损害愈小。因此，针对油气层中的黏土类型和性质，提高钻井液的抑制性是保护油气层钻井技术的另一主要内容。

钻井液液相与地层流体，若经化学作用产生沉淀或形成乳状液，都会堵塞油气层，其中水基钻井液滤液与地层水的不配伍能形成各类沉淀，是最常见的损害。

各类钻井液处理剂随钻井液滤液进入油气层都将与油气层发生作用，尽管其作用类型、机理因处理剂种类和油气层组成结构不同而异，但大多对油气层产生不同程度的损害。由于处理剂是钻井液的必要成分,因此,针对油藏特性,选择适当的钻井液和完井液以及井下流体处理剂是钻井过程中保护油气层技术的又一重要内容。

5.1.4.1 钻井液的储层损害因素

钻井液(图 5-2)是钻井工程的血液,它的存在使得钻井工程得以顺利实施。但钻井液滤液及固相等都对油气储层造成不同程度的损害。钻井液是最先接触油气层的外来流体,钻头钻开储层时,在正压差的作用下,钻井液滤液渗入储层,特别在泥饼形成之前,滤液渗入不可避免。进入储层的滤液如果与储层岩石或流体不配伍,就会引起黏土矿物水化、膨胀、分散、迁移;或与地层水中无机离子作用形成不溶于水的盐类沉淀等;如果滤失量过大,钻井液将会携带大量的固相颗粒进入储层。这几种情况都会导致储层孔喉和裂缝堵塞(图 5-3)或储层渗透率(图 5-4)下降,对储层都有不同程度的损害。

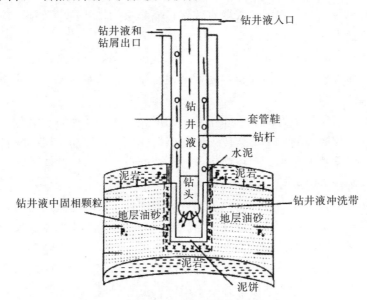

图 5-2　钻井液在井筒中流通示意图

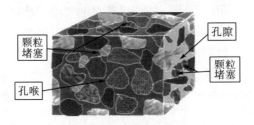

图 5-3　颗粒堵塞孔喉及孔隙示意图

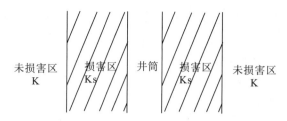

K—未损害区储层渗透率；Ks—损害区储层渗透率

图 5-4　Ks<K 井筒附近储层损害示意图

不同类型钻井液对不同储层损害的程度各异，油基钻井液损害比水基钻井液的损害要小。主要表现在钻井液与地层水不配伍造成的敏感性损害；常规的钻井液处理剂，对改善钻井液性能、提高钻速、稳定井眼、保证井下安全均能起到一定作用，但对储层却有不同程度的损害。作为黏土增效剂的碱类物质有促进黏土分散膨胀的作用，这类物质进入地层易引起黏土水化膨胀、分散、运移，导致微粒运移而堵塞储层。碱类物质还会导致 Ca^{2+}、Mg^{2+} 等的化学沉淀。钻井液中的高分子处理剂在油层孔喉上吸附将缩小孔喉直径，从而造成处理剂吸附损害。钻井液中水相与储层中油相接触形成乳状液，会对地层造成乳化堵塞损害。钻井液中液相与原油接触可能会引起沥青、蜡的析出和沉淀。酸液与地层流体岩石接触生成的不溶酸渣，以及微粒的脱落运移均会导致地层伤害。

1. 钻井液中的固相损害储层因素

钻井液中的固相颗粒堵塞油气层是造成储层损害的主要原因之一。

侵入储层的固相主要来源于两个方面：一是钻井液及其他入井液携带的固体颗粒；二是钻井过程中，钻头磨蚀地层岩石产生了大量的固体颗粒，其中包含地面固控设备不能除去的细小颗粒。这些颗粒与渗透性储层接触时，由于井筒内液柱压力与地层压力的压差作用，在泥饼形成前，随着渗滤的进行，固相颗粒侵入油气层，堵塞孔隙、喉道，造成储层伤害。

钻井液中含有多种尺寸量级的固相颗粒，从亚微米级的黏土颗粒到数百微米甚至毫米级砂粒或碳酸钙颗粒，其形状有球形（如碳酸钙颗粒）、椭球形、片状（如黏土颗粒）和棒状（如石棉纤维）等。钻井流体中的固相颗粒可按其在力作用下可变形的程度分为可变形微粒和不可变形微粒。对于不可变形球形微粒，进入裂缝的微粒尺寸的当量直径为裂缝的最大开度值；对于棒状或椭球形微粒，当其最小特征尺度小于裂缝的最大开度时也可进入裂缝。对于可变形粒子，能进入的尺寸不仅取决于最大开度，同时取决于微粒可变形的程度。

固相对油层损害的大小决定于固相粒子的形状、大小及性质和级配。在钻井过程中，大于油层孔隙的粒子不会侵入油层造成损害，比油层孔喉直径小的粒子进入油层造成损害。颗粒愈小，侵入深度愈大。若钻井液中含有细颗粒或超细颗粒，则侵入深度和损害程度愈大。若钻井液中各种大小直径的粒子都有，则细粒子及超细微粒的侵入深度将随之降低，但在损害带的损害程度并不减少，固相粒子的损害对裂缝油藏更为突出。

因此，做好固控以减少钻井液中的固相含量，特别是细及超细粒子含量，并使它们保持一个合理的级配，是减少钻井液固相对地层渗透率的影响以及对油气层损害的重要内容。同理，若钻进中井壁不稳定，页岩坍塌，井径扩大，泥页岩造浆等因素造成钻井液内的固相含量增加，都将会加剧固相对油气层的损害。

2. 钻井液的液相损害储层因素

油层中黏土的水化膨胀、分散、运移是油层水敏损害的根本原因，钻井液对黏土水化的抑制性愈强，则地层水敏损害愈小。因此，针对油层中的黏土类型和性质，提高钻井液的抑制性是保护油层钻井技术的另一主要内容。

钻完井液中液相(水溶液相)进入油气层的液相必然与岩石孔穴喉道中的敏感性物质尤其是黏土矿物发生种种作用从而带来各类损害，这类损害实际上就是储层敏感性的表现。

1) 水敏损害

所谓水敏损害是指当与地层不配伍的外来流体进入地层后引起黏土膨胀、分散和运移，从而导致储层渗透率不同程度下降的现象。通常认为影响水敏的因素有四种：一为黏土矿物类型和分布状况；二为储层孔渗性质和喉道大小及分布；三为外来液体矿化度、含盐度、pH 的影响和外来液体阳离子成分；四为温度等环境的影响。

(1)水敏性黏土含量、类型、分布对储层特征的影响。

油气层水敏性的基本原因是储集层中含有可水化膨胀或分散运移的水敏性矿物，黏土矿物的水敏性大小次序为：蒙脱石、蒙脱石/伊利石混层矿物、伊利石、高岭石、绿泥石，此外分布状况也很重要。国内外专家研究了不同类型的黏土矿物产状分布对水化膨胀及微粒运移形成程度的差别(表 5-1)，相关系数越大，黏土矿物越容易发生水化膨胀和微粒运移，造成的储层伤害越严重。

表 5-1　黏土矿物产状、分布及相关系数

黏土分布类型	孔隙内衬	孔隙充填	孔隙搭桥	离散颗粒	薄透镜状
膨胀系数	1.0	1.0	0.5	0	0.5
微粒运移系数	0.7	1.0	1.0	0.9	0

(2)渗透率以及孔喉大小的影响。

一般情况下，渗透率越低，喉道越小，水敏损害也就越强。一般伤害率为40%，最高达 90%。储层黏土矿物含量越高，渗透率就越低。

（3）外来液体和地层流体性质的影响。

岩心流动实验证明，如果外来液体的含盐度低于临界盐度，岩心的渗透率会明显下降。大量实验还表明，渗透率降低的程度与含盐度降低的速度有关，若液体突然从高矿化度盐水变成近似淡水，渗透率则会大幅度降低。产生这种情况的原因一般解释为，过快的降低离子浓度会促使敏感性矿物加速分散释放。增大微粒数量和浓度，导致孔喉堵塞严重。

2）盐敏损害

在钻完井及其他作业中，各种工作液具有不同的矿化度，有的低于地层水矿化度，有的高于地层水矿化度。当高于地层水矿化度的工作液滤液进入油气层后，可能引起黏土的收缩、失稳、脱落。当低于地层水矿化度的工作液滤液进入油气层后，可能引起黏土的膨胀和分散，这些都将导致油气层孔隙空间和喉道缩小及堵塞，引起渗透率下降从而损害油气层。

矿化度降低时，溶解度升高，使黏土矿物晶片之间的连接力减弱，同时反离子浓度减小，扩散层之间斥力增加，增加扩散层间距，黏土矿物失稳、脱落。当矿化度升高时，同离子效应也能使晶片之间的连接物溶解，同时反离子浓度增加，扩散层之间引力增加，压缩双电层间距，有利于絮凝，导致黏土矿物失稳、分散。黏土矿物脱落、分散后，在流体的作用下产生运移，堵塞孔喉，导致渗透率降低，并且渗透率的降低程度与黏土矿物的含量和产状有密切的关系。

3）碱敏损害

当 OH^- 浓度较高的钻井液钻遇各类黏土、长石和石英等地层，或地层流体富含 Ca^{2+}、Mg^{2+}、CO_3^{2-}、HCO_3^-、SO_4^{2-} 时，将引起地层出现硅酸盐沉淀、分散运移、晶格膨胀、无机矿物沉淀等损害。

4）酸敏损害

当含较高浓度 HCl 的入井液进入绿泥石、蒙脱石、伊/蒙混层、高岭石、铁方解石、铁白云石、黑云母、含铁重矿物等地层时，将会发生酸蚀微粒释放、运移等损害。当含较高浓度 HF 的入井液进入铁方解石、铁白云石、各类黏土、云母、长石、石英等地层时，将会发生氟硅酸盐、氟铝酸盐沉淀而对油气层造成损害。

5）速敏损害

速敏损害是流体速度变化引起的损害。速敏的实质是流体的流速超过占优势的黏土矿物微结构的稳定场，导致黏土矿物及其他地层微粒从颗粒表面和裂缝壁面脱落，微粒运移并在粒间和裂缝宽度狭窄处沉积，最终使渗透率降低。微粒在流动液体中会受到水动力冲击，当流速达到某一值时，水动力将克服妨碍微粒运移的阻力（范氏力和重力），使微粒起动运移，此流速值称为表观临界起动速度。

油气层中粒径小于 $37\mu m$ 的矿物微粒称为地层微粒。常见地层微粒运移的程度从大到小依次为伊利石、赤铁矿、石英、高岭石、碳酸钙、磁铁矿，临界启动速度从大到小顺序为高岭石、石英、蒙脱石。黏土矿物在流速增加的过程中更容易发生分散、运移，堵塞孔喉，降低渗透率，引起储层损害，并与黏土矿物的含量和产状有密切关系。

3. 钻井液液相与地层流体的配伍性

钻完井液液相与地层流体，若经化学作用产生沉淀或形成乳状液，都会堵塞油气层。

1)乳化堵塞

钻完井液中水相与油气层中油相在地层中接触能形成乳状液，一般而言在亲水性油层中形成水油型乳状液，反之则为油水型。乳状液黏度高于油或水，而液滴在喉道处的贾敏效应均会对地层造成损害。

2)结垢

水基钻井液滤液的无机离子与地层水中的离子可能会形成难溶解物质，混合时即产生无机盐沉淀。钻完井液中液相与原油接触可能会引起沥青、蜡的析出和沉淀，也包括酸液与原油生成的不溶酸渣。

4. 各种钻井液处理剂对油层的损害

各类钻井液处理剂随钻井液滤液进入油层都将与油气层发生作用，尽管其作用类型、机理因处理剂种类和油层组成结构不同而异，但大多对油层产生不同程度的损害。钻完井液中的高分子处理剂在油气层孔喉上吸附将缩小孔喉直径而造成损害，这在低渗储层更加明显。由于处理剂是钻井液的必要成分，因此，针对油气藏特性，选择适当的处理剂是钻井过程中保护油层技术的又一重要内容。

5. 界面现象引起的损害

1)水锁损害

在压差作用下，滤液侵入亲水的油气层孔道，会将油气层中的气和油推向储层深部，并在油水（或气）形成一个凹向的弯液面。由于表面张力的作用，任何弯液面都存在一个附加压力，即毛细管压力。如果储层能量不足以克服这一附加阻力，储层油气就不能将水段驱动而流向井筒，形成水锁效应损害储层。

2)润湿反转对油层的损害

当钻完井液水相中含有表面活性剂时，有可能吸附于油层孔隙内表面，若由此将表面由亲水性反转为亲油性，由界面作用原理将大大降低油相的相对渗透率，一般可达40%以上。

6. 气藏的特殊损害

人们对储层损害问题已经进行了大量的研究工作，但应该指出的是，人们取得的成果很多时候是针对油层而不是气层的。

气层与油层相比，有很多不同之处。自然界中存在的气藏大多数是低渗气藏，储层普遍具有低孔、低渗、强亲水、大比表面积、高含束缚水饱和度、高毛细管力和低储层压力特点。这些特点决定了气层易受到损害，并且一旦损害，解除比较困难，因此研究气层损害机理也是十分重要的。

与油层损害相比，对气层损害的研究深度远远不够。从历史上看，国内外长期有"重油不重气"的倾向，所以低渗气藏的研究得不到重视；另一方面从渗流力学的观点分析，气体本身具有可压缩性，在储层中渗流时，因滑脱效应而表现出与液体不同的渗流行为，特别是在低渗储层中，有些学者认为，气体渗流具有非达西特性，这些均增加了渗流行为的复杂性。另外，气层表面绝大多数是水湿的，亲水现象严重，增加了渗流行为的不定性，这些都增加了气层研究的难度。

随着气藏勘探开发力度的加大，气层损害机理与保护措施研究就显得特别重要。对于天然气藏，特别是凝析气藏，开发生产中储层内流动的流体除油和水以外，更大量的应该是天然气。所以，这类储层除了存在前面分析讨论的油和水流动及侵入可能引起的常规敏感性潜在损害以外，可能还存在气体流动及气体参与的以下几种特殊损害。

1）气层压力敏感性

气层压力敏感性又称为气层应力敏感性。气层应力敏感性就是在开采过程中，由于储层上覆地层岩石压力固定，随着天然气的采出，储层的孔隙压力必然下降，这样，上覆岩石压力与储层孔隙压力之间就产生一个更大的正压差，这一压差破坏了储层岩石的原有压力平衡，使储层岩石受到压缩，而使其孔隙度减小和渗透性降低，这一现象就称之为储层的压力敏感性。储层岩石的渗透率随上述压差的增加而降低得越严重，则认为储层的压力敏感性就越强，引起渗透率大幅度降低的压差称为临界压差。

2）气层流速敏感性

在气田的开采过程中，气体流动与液体流动一样，在流速过大的情况下，由于气体的流动对储层岩石的冲蚀，也会使储层中的微粒发生运移，微粒运移到孔喉处也可能产生堵塞，造成储层渗透率降低，而引起气层的流速敏感性。对于比较疏松、出砂可能性较大的气层，尤其要注意控制天然气的产量，尽量避免发生流速敏感性损害。否则，损害发生后，要解除损害是非常困难的。

3）气层水侵损害

气层水侵损害就是与气层岩石配伍的水侵入气层后引起的储层渗透率损害。对于矿化度较低的水来说，这种损害可能主要由毛管压力产生的水锁损害所引起；而对于矿化度很高的水而言，当这种水侵入气层后，一部分小孔道中的侵入水可能因不能被返排出来，而引起储层水锁损害，对于多数大孔道中的侵入水而言，当天然气将侵入大孔道中的水吹出时，能排出一部分盐水和水分，大部分的盐水因水分蒸发被排除，剩下的盐分就在储层的孔喉以结晶形式析出，而析出的盐结晶还带有一部分的结晶水和吸附水，气体很难将其带走。因此，可能大大降低储层的渗透率，而造成严重的水侵损害，而且这种损害也很难解除。

近几年来，D. Bennion 等对气层损害机理进行了比较系统的概括性总结，对钻井过程中的气层损害机理总结为：①储层本身质量问题；②水锁效应；③近平衡钻井中的反向自吸；④钻井液固相侵入；⑤钻具在孔壁的磨光和压碎现象；⑥岩石-流体间相互作用；⑦流体-流体间相互作用等。

5.1.4.2　影响储层损害程度的工程因素

钻井过程损害储层的严重程度不仅与钻井液类型和组分有关，而且随钻井液固相和液相与岩石、地层流体的作用时间和侵入深度的增加而加剧。影响作用时间和侵入深度的原因主要是工程因素，而这些因素可归纳为以下几方面。

1. 压差

压差是造成储集层损害最主要的因素之一。在一定压差下，钻井液中的滤液和固相就会渗入地层内，造成固相堵塞和黏土水化等问题。井底压差越大，对储集层损害的深度越深，对储集层渗透率的影响也更为严重。此外，当钻井液有效液柱压力超过地层破裂压力或钻井液在储层裂缝中的流动时，钻井液就有可能漏失至储层深部，加剧对储层的损害。通常在设计钻井液时，力求液柱压力与地层压力平衡，以减轻对储层的损害，又可快速钻井。但在实际钻井过程中，出于安全考虑，一般采用高于地层压力 5%~10% 的钻井液柱压力进行钻进。这种情况下，储层渗透率就会明显下降，对储层造成了损害。

国外某油田在钻开油层时，如压差小于 10.3MPa，产量接近 $636m^3/d$；如压差大于 10.3MPa，则产量仅为 $318m^3/d$。美国阿拉斯加普鲁德霍湾油田针对油井产量递减问题进行三年的调查研究，分析了多个环节对储集层损害的影响，其结论是，在钻井过程中，由于超平衡压力条件下钻井促使液相与固相侵入地层，储集层的渗透率降低 10%~75%。

薄片鉴定和扫描电镜分析也证明，微粒侵入储集层将是储集层损害的主要原因之一。由此可见压差是造成储集层损害的主要原因之一，降低压差是保护储集层的重要技术措施。

钻井过程中，造成井内压差增大的原因有：

(1)采用过平衡钻井液密度；

(2)管柱(钻柱、套管等)在充有流体的井内运动产生的激动压力；

(3)地层压力检测不准确；

(4)水力参数设计不合理；

(5)井身结构不合理；

(6)钻井液流变参数设计不合理；

(7)井喷及井控方法不合理；

(8)井内钻屑浓度；

(9)开泵引起的井内压力激动。

2. 浸泡时间

赵峰等研究结果表明：随着钻井液滤液浸泡时间的增加，油基钻井液体系的返排恢复率变化不大，水基聚合醇体系的返排恢复率有下降的趋势；短时间浸泡时变化不大，长时间浸泡后返排效果明显变差；无固相体系的总体趋势是增加的。钻井液滤液浸泡时间对返排效果的影响主要与钻井液性质、储层特征、储层损害机理等因素有关。

在钻开储集层过程中，钻井液滤失到储集层中的数量随钻井液浸泡时间的延长而增加。浸泡过程中除滤液进入地层外，钻井液中的固相在压差作用下也逐步侵入地层，其侵入地层的数量及深度随时间增加，浸泡时间越长侵入越多。

在钻井过程中，储集层的浸泡时间包括从钻入储集层开始至完井电测、下套管、注水泥和替钻井液完成这一段时间。因此这段时间包括以下正常作业程序：

(1)纯钻进时间；

(2)辅助工作时间(起下钻，接单根，设备检修保养，循环钻井液等)；

(3)完井电测；

(4)下套管前通井处理钻井液；

(5)下套管，注水泥浆，直到顶替钻井液完成。

另外在钻开储集层过程中，若钻井措施不当，或其他人为原因，造成掉牙轮、卡钻、井喷或溢流等井下复杂情况和事故后，就要花费大量的时间去处理井下复杂事故，这样将成倍地增加钻井液对储集层的浸泡时间。

3. 环空流速

钻井中，环空流速设计不合理，也将损害储集层的渗透率。环空流速对储集层损害的原因可归纳为以下两点：

(1)高的环空流速，即环空流态为紊流时，井壁被冲刷，使井眼扩大，造成井内固相含量增加，有关研究资料表明井眼扩大对会对地层的渗透率产生影响。

对于井眼扩大的问题是一个涉及地层、钻井液性能和钻井液环空流态的复杂问题。对于泥岩水化后发生剥蚀掉块垮塌引起的井眼扩大和盐岩、玄武岩等不稳定地层的井眼扩大，一般采取钻井液柱压力与地层压力平衡，抑制水化，保持渗透压力平衡，控制失水，改善造壁性能等措施。另一个重要的措施是控制环空流为层流状态，层流对井壁避免了冲刷冲蚀作用，在一定条件下，对井壁稳定起主导作用。

（2）高环空流速在环空产生的循环压降将增大钻井液对井底的有效液柱压力，即增大对井底的压差。

产生高环空流速一般情况由以下原因引起：

①水力参数设计中未考虑井壁冲蚀条件，致使排量设计大而导致环空流态为紊流；

②起下钻速度太快，在环空形成高流速，特别是当井下出现复杂情况（遇阻卡时），且开泵时快速下放管柱就会在环空产生极高的流速。

5.1.5　国内外高温高压储层保护的钻完井液技术

5.1.5.1　高温高压储层保护的钻井液技术

钻井液作为服务钻井工程的重要手段之一。从 20 世纪 90 年代后期钻井液的主要功能已从维护井壁稳定，保证安全钻进，发展到如何利用钻井液这一手段来达到保护油气层、多产油的目的。一口井的成功完井及其成本在某种程度上取决于钻井液的类型及性能。因此，适当地选择钻井液及钻井液处理剂以维护钻井液具有适当的性能是非常必要的。现代钻井液技术是在高效廉价、一剂多效、保护油气层、尽可能减轻环境污染等方面进行深入研究，以寻求技术更先进、性能更优异、综合效益更佳的钻井液及钻井液处理剂。

目前，国内外高温高压储层保护的钻井液技术主要分为：水基钻井液技术、油基钻井液技术、合成基钻井液技术。

这里简要介绍部分高温高压钻井液体系的储层保护技术机理。

1. 高温高压储层保护的水基钻井液技术

水基钻井液是目前国内外各油田使用最普遍的一类，共同特点是：水为连续相，配制维护简单、来源广、配方多、性能容易控制和调节、保护储层的效果较好、成本低。这类钻井液现已形成了几种比较成熟的类型。

1）抗高温聚合物水基钻井液技术

所使用的聚合物在其 C—C 主链上的侧链上引入具有特殊功能的基团如：酰胺基、羧基、磺酸根、季胺基等，以提高其抗高温的能力。不论是其较新的产品，如磺化聚合物 Poly-drill，或早已生产的产品如 SSMA（磺化苯乙烯与马来酸酐共聚物）均是如此，并采取下列措施：①利用表面活性剂的两亲作用来改善钻井液的抗温性；②抗氧化剂可以大幅度提高磺化聚合物抗高温降滤失剂的高温稳定性能；③膨润土一直是水基钻井液的基础。但随着温度的升高和污染，它是最难控制和预测其性能的黏土矿物。而皂石和海泡石最重要的特征是随着温度的升高而转变为薄片状结构的富镁蒙脱石，比膨润土能更好地控制流变性和滤失量。

2) 强抑制聚合物水基钻井液技术

随着钻井液的发展，研制成功了阳离子聚合物钻井液。这种抑制能力很强的新型钻井液与原阴离子的聚合物钻井液的本质区别就是在"有机聚合物包被剂"这一主剂上引入了阳离子基团(如阳离子聚丙烯酰胺)，另外又添加了一种分子量较小的季胺盐类(如羟丙基三甲基氯化铵)。

另外，在 PAM 分子链上引入阳离子基团、疏水基团和 AMPS(2-丙烯酰胺基-2-甲基丙磺酸)，从而使改性的 PAM 赋予了新的性能。通过改性，使聚合物分子中的阳离子中和了黏土颗粒上的负电荷而减小静电斥力，使聚合物能在更多位置上与黏土发生桥链，对黏土能够起到很好的保护作用。由于分子链中含有疏水基团，使吸附在黏土表面的聚合物表现为憎水性质，故有利于阻止水分子的进入，从而能有效地抑制页岩的膨胀。

3) 有机盐盐水钻井液技术

有机盐钻井液完井液的核心是高密度和强的抑制性。它是基于低碳原子(C1~C6)碱金属(第一主族)有机酸盐、有机酸铵盐、有机酸季铵盐的钻井液完井液体系。优点为：① 配方简单：一种主处理剂有机盐构成一个钻井液体系；② 类油基特点：该钻井液是一种高浓度有机物连续相流体；③ 抑制性强：能够有效地抑制储层泥岩胶结物的水化膨胀和水化分散，有利于井壁稳定、井眼规则，有效地保护油气层；④ 低固相，高密度；⑤ 有利于提高机械钻速；⑥ 无毒、无害、易生物降解、无生物富集，有利于保护环境。

有机盐钻井液完井液技术机理分析：

有机盐钻井液完井液的五种作用机理都能有效地抑制泥岩水化膨胀、水化分散，有利于井壁稳定和油气层保护。其储层保护机理主要体现在：

(1) 类油基钻井液性质：有机盐钻井液中较长链有机酸根浓度较高，呈有机物连续相性质，可达到趋近于油基钻井液的抑制能力，可有效抑制黏土、钻屑的分散和膨胀，同时有利于保护油气层。

(2) 水的活度较低：有机盐钻井液中有机盐含量较高，可束缚大量自由水，水活度低，黏土颗粒、钻屑在其中浸泡时水化应力较低，在其中的分散趋势被强烈抑制，同时能够有效地抑制储层泥岩胶结物的水化膨胀、水化分散，有利于保护油气层。

(3) 阳离子吸附和阳离子嵌入机理：有机盐钻井液中含大量的 K^+、NH_4^+、NR_4^+ 可通过化学键吸附于带负电的黏土颗粒表面，也可嵌入黏土颗粒晶格内，增大黏土颗粒的水化阻力，起到抑制其分散、膨胀的作用，同时有利于保护油气层。

(4) 有机酸根阴离子吸附机理：有机盐钻井液中大量的有机酸根阴离子可吸附于带正电的黏土颗粒端面上，阻止水进入黏土颗粒，抑制其表面水化及渗透水化，同时有利于保护油气层。

(5)有机盐钻井液的滤失造壁性分析：有机盐钻井液中大量的有一定链长的有机酸根阴离子，可与土结合形成薄而韧的泥饼，从而有效地保护井壁和降低滤失量，也有利于保护油气层。

钻井液的典型配方：有机盐水溶液（1.00～2.30g/cm³）基液＋0.1％～0.2％NaOH＋1％～2％降滤失剂 Redu1＋0.5％～2％无荧光白沥青 NFA-25。

注：根据现场具体情况，有时需要加入包被剂 IND10、提切剂 Visco1、黄原胶 Xc、聚合醇。

4)甲酸盐类水基钻井液技术

甲酸盐钻井液是国外 20 世纪 90 年代研制并使用的一种新型钻井液。将甲酸与氢氧化钠或氢氧化钾在高温高压下反应制成碱性金属盐如甲酸钠、甲酸钾、甲酸铯配制成甲酸盐类水基钻井液。甲酸盐盐水钻井液体系是在盐水钻井液和完井液基础上发展起来的，因而除具有盐水钻井液的特点外，还具有其独特的优点。

甲酸盐的优点：① 由于其强抑制性，可有效地抑制泥页岩的水化膨胀和分散，也有利于减少钻井液对油气层的损害；② 易生物降解，不会造成对环境的污染；③ 钻具、套管等金属材料在这种钻井液中的腐蚀性小，有利于延长它们的使用寿命；④ 不需要加重材料就可以配制高密度钻井液，甲酸钠和甲酸钾盐类的水溶液密度分别为 1.34g/cm³ 和 1.60g/cm³，甲酸铯水溶液密度可高达 2.3g/cm³，不仅有利于提高机械钻速，而且有利于保护油气层；⑤ 这种钻井液体系的低黏度、高动态瞬时滤失量有利于提高机械钻速；⑥ 这种钻井液体系具有良好的抗高温、抗污染的能力，并可以降低所使用的各类添加剂在高温条件下的水解和氧化降解的速度。

甲酸盐盐水具有作为深井和小井眼钻井的无固相钻井液的特性：① 在高温下能维持携屑；② 在高温下能阻止固相沉降；③ 降低了压差卡钻的可能性（滤饼很薄）；④ 在长且狭窄的井筒中具有低的当量循环密度；⑤ 可以向钻井液马达和钻头传送最大的动力；⑥ 与油层的矿物和油层中的液相相容；⑦ 与完井设备的硬件和人造橡胶相容；⑧ 符合环保要求而且易被生物降解。

2. 高温高压储层保护的油基钻井液技术

油基钻井液体系是油为连续相、水为分散相，能有效地避免储层中的黏土矿物发生水化膨胀、分散运移，能有效防止水敏损害；同时，对于亲水储层，进入储层的油性滤液易反排，不易引起水锁损害，所以这类钻井液可以防止或减轻水基钻井液引起的水敏及水锁损害问题。如有代表性的油基钻井液、油包水乳化钻井液、抗高温高密度油包水乳化钻井液、低毒无荧光油包水乳化钻井液等，这类钻井液已在新疆、中原、大庆、二连、华北、胜利等油田应用，取得了比较好的储层保护效果。

3. 高温高压储层保护的合成基钻井液技术

合成基钻井完井液体系在组成上与传统的油基钻井液类似，主要由有机合成物基液、乳化剂、水相、加重剂和其他性能调节剂组成。其中有机合成物为连续相，水相为分散相，加重剂用于调节密度，乳化剂和其他调节剂用于分散体系的稳定及调节流变性。体系中常用的合成基液类型有酯类、醚类、聚-a-烯烃类和直链烷基苯类等，而尤以酯类用得最多，其次是聚-a-烯烃类。多元醇（Polyols）类和甲基多糖（Methyl Glucoside）类是合成基钻井完井液中广为使用的两种多功能添加剂，它们具有乳化、降滤失、润滑和增黏的功效，也可以单独作为多元醇钻井液和甲基多糖钻井液两种新体系的主要添加剂。合成基钻井液的乳化剂有专用的，如水生动物油乳化剂，但多数使用与普通油基钻井液相同的乳化剂，如脂肪酸钙、咪唑啉衍生物、烷基硫酸（酯）盐、磷酸酯、山梨糖醇酐酯类（Span）、聚氧乙烯脂肪胺、聚氧乙烯脂肪醇醚（平平加类）等。

合成基钻井液保护储层的效果好，但成本相对较高。合成基钻井液体系的优点是：合成基液易于降解，毒性小，利于环保；热稳定性好，耐高温且低温可泵送性好；有较强的抑制性和井眼稳定性，润滑性和携屑性能较好，适合于水平井、大斜度井、大位移井和多底井钻进。

该钻井完井液体系的应用有利于井眼稳定和井下安全，提高钻速；有利于保护环境和油气层。

5.1.5.2　高温高压储层保护的完井液技术

完井作业是油气田开发总体工程的重要组成部分。和钻井作业一样，在完井作业过程中也会造成对油气层的损害。如果完井作业处理不当，就有可能严重降低油气井的产能，使钻井过程中的保护油气层措施功亏一篑。因此，了解完井过程对油气层损害的特点，了解各种保护油气层的完井技术，了解如何根据油气藏的类型和特性，选择最适宜的完井方式显得十分重要。

1. 各种完井方式的特点及其适用条件

目前国内外主要采用的完井方式有射孔完井、裸眼完井、砾石充填完井等，由于各种完井方式都有其各自的适用条件和局限性，因此应根据所在地区油气藏的特性慎重地加以选择。

许多的油气井在生产过程中要出砂，为了保证生产顺利，必须实施防砂完井。目前，不论是在裸眼井内还是在射孔套管内均可实施有效的防砂，所以按照完井方式是否具备防砂的功能来分，可分成防砂型完井和非防砂型完井两大类。

防砂型完井包括：①割缝衬管完井（在砂岩地层中，割缝衬管完井也具备一定的防砂能力）；②绕丝筛管完井；③裸眼预充填砾石筛管完井；④裸眼金属纤维筛管完井；⑤裸眼烧结陶瓷筛管完井；⑥裸眼金属毡筛管完井；⑦裸眼井下砾石充填完井；⑧裸眼化学固砂；⑨衬管外化学固砂；⑩管内下绕丝筛管完井；⑪管内预充填砾石筛管完井；⑫管内金属纤维筛管完井；⑬管内烧结陶瓷筛管完井；⑭管内金属毡筛管完井；⑮管内井下砾石充填完井（管内井下砾石充填完井包括常规井下砾石充填完井、高速水井下砾石充填完井和压裂砾石充填完井三类）；⑯套管外化学固砂。

非防砂型完井包括：①裸眼完井；②割缝衬管完井；③带 ECP 的割缝衬管完井；④贯眼套管完井；⑤射孔完井。

下面介绍几种主要的完井方式。

1）射孔完井

射孔完井方式能有效地封隔含水夹层，易塌夹层、气顶和底水；能完全分隔和选择性地射开不同压力、不同物性的油气层，避免层间干扰；能具备实施分层注、采和选择性增产措施的条件，此外也可防止井壁垮塌。

由于我国主要是陆相沉积的层状油气藏，其特点是层系多、薄互层多、层间差异大，加之油层压力普遍偏低，大多采用早期分层注水开发和多套层系同井开采。因此，一般都采用射孔完井方式。

需要注意的是，采用射孔完井方式时，油气层除了受钻井过程中的钻井液和水泥浆损害以外，还将蒙受射孔作业本身对油气层的损害。因此，应采用保护油气层的射孔完井技术以提高油气井的产能。

2）裸眼完井

裸眼完井最主要的特点是油气层完全裸露，因而具有最大的渗流面积，油气井的产能较高，但这种完井方式不能阻挡油层出砂、不能避免层间干扰、不能有效地实施分层注水和分层措施等作业。因此，主要是在岩性坚硬、井壁稳定、无气顶或底水、无含水夹层的块状碳酸盐岩或硬质砂岩油藏以及层间差异不大的层状油藏中使用。

采用裸眼完井方式时，油气层主要受钻井过程中的钻井液损害，故应采用保护油气层的钻井及钻井液技术。

3）砾石充填完井

砾石充填完井是最有效的早期防砂完井方式，主要用于胶结疏松、易出砂的砂岩油藏，特别是稠油砂岩油藏。砾石充填完井有裸眼砾石充填完井和套管砾石充填完井之分，它们各自的适用条件除了岩性胶结疏松以外，分别与裸眼完井和射孔完井相同。

采用套管砾石充填完井方式时，油气层除了将受到钻井过程中的钻井液和水泥浆损害、射孔作业对油气层的损害以外，还将受砾石充填过程中对油气层的损害。因此，应采用保护油气层的砾石充填完井技术（例如，压裂砾石充填），做到既防止地层出砂，又不降低油井产能。

2. 射孔完井液的保护油气层技术

射孔过程一方面是为油气流建立若干沟通油气层和井筒的流动通道,另一方面又可能对油气层造成一定的损害。

正压差射孔必然会造成射孔液对油气层的损害。即使是负压差射孔,射孔作业后有时由于种种原因需要起下更换管柱,射孔液也就成为压井液了。

射孔液对油气层的损害包括固相颗粒侵入和液相侵入两个方面。侵入的结果将降低油气层的绝对渗透率和油气相对渗透率。如果射孔弹已经穿透钻井损害区,此时射孔液的损害不但将使井底附近的地层在受到钻井液损害以后,再进一步受到射孔液的损害,而且将使钻井损害区以外未受钻井液损害的地层也受射孔液的损害。因此,射孔液的不利影响有时要比钻井液更为严重。

采用有固相的射孔液或将钻井液作为射孔液时,固相颗粒会堵塞射孔孔眼,较小的颗粒还会穿过孔眼壁面而进入油气层引起孔隙喉道的堵塞。

因此,应根据油气层物性,通过室内筛选,选择既能与油气层配伍、又能满足射孔施工要求的射孔液。

射孔液是射孔作业过程中使用的井筒工作液,有时它也用作射孔作业结束后的生产测试、下泵等压井液。对射孔液的基本要求是:保证与油气层岩石和流体相配伍,防止在射孔作业过程中和射孔后的后继作业过程中,对油气层造成损害。同时应满足射孔及后继作业的要求,即应具有一定的密度,具备压井的条件,并应具有适当的流变性,以满足循环清洗炮眼的需要。

目前国内外使用的射孔液主要有以下几种体系。

1)无固相清洁盐水

这类射孔液一般由无机盐类、清洁淡水、缓蚀剂、pH 调节剂和表面活性剂等配制而成。其中盐类的作用是调节射孔液的密度和暂时性地防止油气层中的黏土矿物水化膨胀分散造成水敏损害,缓蚀剂的作用是降低盐水的腐蚀性,pH 调节剂的作用是调节清洁盐水的 pH 在一合适范围,以免造成碱敏损害,表面活性剂的作用是降低滤液的界面张力,利于进入油气层的滤液返排,以及清洗岩石孔隙中析出的有机垢。为减小造成乳化堵塞和润湿反转损害的可能性,最好使用非离子活性剂。此类射孔液的优点:①无人为加入的固相侵入损害;②进入油气层的液相不会造成水敏损害;③滤液黏度低,易返排。缺点:①要通过精细过滤,对罐车、管线、井筒等循环线路的清洗要求很高;②滤失量大、不宜用于严重漏失的油气层;③无机盐稳定黏土的时间短,不能防止后继施工过程中的水敏损害;④清洁盐水黏度低,携屑能力差,清洗炮眼的效果不好。

2)阳离子聚合物黏土稳定剂射孔液

这类射孔液可以是用清洁淡水或低矿化度盐水加阳离子聚合物黏土稳定剂配制而成,也可以在清洁盐水射孔液的基础上加入阳离子聚合物黏土稳定剂配制而成。一般对不需加重的地方用前一种方法较好，这类射孔液除具有清洁盐水的优点外，还克服了清洁盐水稳定黏土时间短的缺点，对防止后续生产作业过程的水敏损害具有很好的作用。

3）无固相聚合物盐水射孔液

这类射孔液是在无固相清洁盐水的基础上添加高分子聚合物配制而成。其保护油气层机理是：利用聚合物提高射孔液的黏度，以降低滤失速率和滤失量，提高清洗炮眼的效果。其余与无固相清洁盐水基本相同。使用该类射孔液时，长链高分子聚合物进入油气层会被岩石表面吸附，从而减少孔喉有效直径，造成油气层的损害。故应权衡增黏降滤失量与聚合物损害的利弊。一般不宜在低渗透油气层中使用，仅宜于在裂缝性或渗透率较高的孔隙性油气层中使用。

4）暂堵性聚合物射孔液

该类射孔液主要由基液、增黏剂和桥堵剂组成，基液一般为清水或盐水，增黏剂为对油气层损害小的聚合物，桥堵剂为颗粒尺寸与油气层孔喉大小和分布相匹配的固相粉末。常用的有酸溶性、水溶性和油溶性三种。对于必须酸化压裂才能投产的油气层可用酸溶性桥堵剂；对含水饱和度较大，产水量较高的油气层可用水溶性桥堵剂；其他情况下最好用油溶性暂堵剂。这类射孔液保护油气层的机理是：通过"暂堵"减少滤液和固相侵入油气层的量，从而达到保护油气层的目的，其最大优点是对循环线路的清洗要求低。

5）油基射孔液

油基射孔液可以是油包水型乳状液，或直接采用原油，或柴油与添加剂配制。油基射孔液可避免油气层的水敏、盐敏危害，但应注意防止油气层润湿反转、乳状液及沥青、石蜡的堵塞以及防火安全等问题，这类射孔液由于比较昂贵，一般很少使用。

6）酸基射孔液

这类射孔液是由醋酸或稀盐酸与缓蚀剂等添加剂配制而成。其保护油气层机理是：利用盐酸、醋酸本身溶解岩石与杂质的能力，使孔眼中的堵塞物以及孔眼周围的压实带得到一定的溶解，并且酸中的阳离子也有防止水敏损害的作用。

使用该类射孔液应注意酸与岩石或地层流体反应生成物的沉淀和堵塞；注意设备、管线和井下管柱的防腐等问题。一般不宜于在酸敏性油气层及 H_2S 含量高的油气层使用。

实际选择射孔液时，首先应根据油气层的特性和现场所能提供的条件确定最适宜的射孔液体系。然后根据油气层的岩心矿物成分资料、孔隙特征资料、油水组成资料及五敏试验资料，进行射孔液的配伍性试验。通过上述工作才能确定出对本地区油气层无损害或基本无损害的优质射孔液、压井液。

7）隐形酸完井液

隐形酸完井液利用酸解除由于各种滤液不配伍在储层深部产生的无机垢、有机垢沉淀；利用酸性介质防止无机垢、有机垢的形成；利用酸解除酸溶性暂堵剂、有机处理剂对储层的堵塞和损害；利用螯合剂防止高价金属离子二次沉淀或结垢堵塞和损害储层。

3. 水平井裸眼完井保护储层的完井液技术

在设计钻井液时需考虑钻井过程中的储层保护。吴诗平等指出针对水平井设计的 11 种钻井液，其中 8 种是水基钻井液，大部分用 XC（生物聚合物）、PAC（聚阴离子纤维素）和改性淀粉作为增黏剂和降滤失剂，$CaCO_3$ 粉末通常用作桥堵剂，但极少使用膨润土，以减轻黏土颗粒对储层的损害。鄢捷年等分析了影响水平井产量的各种因素，发现储层伤害是影响产量的重要因素。水平井钻井液设计要围绕安全钻井、环境保护、储层保护等，同时还要考虑滤饼的清除技术，完井后钻井液滤饼能否有效清除直接关系到储层渗流能力的恢复。

樊世忠等总结国外学者的研究后认为，在水平井水平段使用无损害或损害较轻的完井液及使滤饼溶蚀极其重要。钻井完井液的设计应充分考虑其可快速形成滤饼，且完井后内外滤饼易除、易溶、易剥落；完井液必须与储层流体及各种入井液配伍，且具有一定的胶体稳定性（抗温、耐盐、耐剪切等）。他们比较了盐粒暂堵完井液、KCl 聚合物钻井液和 MMH 钻井液的滤饼清除效果：10% HCl 清除滤饼后渗透率恢复最高的是 MMH 钻井液；次氯酸钠清除盐粒暂堵完井液、KCl 聚合物钻井液的滤饼效果最好；次氯酸钠及 HCl 可有效破除 MMH 钻井液滤饼；10% HCl 和酶清除 KCl/聚合物/碳酸盐滤饼的效果与钻屑浓度有关。王富华等通过类似研究表明，采用盐酸酸化和强氧化剂氧化相结合的二元复合解堵方法，酸化可以消除酸溶性桥堵粒子，而强氧化剂使聚合物分子变小，失去桥连和附着作用，从而将致密、坚韧的滤饼变为松散、破碎结构，易于返排。李云波等则研究了生物酶清除聚合物类钻井液滤饼的技术，指出生物酶在分解聚合物时遵循"一把钥匙配一把锁"的原则，用相应的生物酶降解不同水平井钻井液中的聚合物成分。现场应用表明，使用该技术可有效破除滤饼，恢复产层压力。与只用酸化措施相比，大大超过了预期值，最高达 357%。

岳前升等对解除油基钻井液形成的滤饼进行了研究。在强渗透剂的作用下，用酸解除滤饼中的骨架颗粒，用溶剂型有机物溶解沥青类降滤失剂，用高效清洗渗透剂处理滤饼，用高效螯合剂防止高价金属离子生成沉淀，同时加入黏土稳定剂，防止滤饼解除液进入储层引起黏土水化膨胀伤害产层。若不去除滤饼，用煤油返排岩心的渗透率恢复值为 86.3%；用滤饼解除液处理后，渗透率恢复值达 102.5%，解除滤饼效果明显。在中海油渤海湾水平井广泛应用，发现经滤饼解除液处理后的油井有不同程度的漏失现象，未发生滤饼堵塞地层和筛管，说明滤饼解除液作用效果明显。

使用传统的水基钻井液应结合储层特性及井身结构进一步提高钻井液的抑制

性、润滑性，严格控制固相含量，提高钻井速度，以减少钻井液对储层的浸泡时间和减少井下复杂情况为目的，同时调整流变参数提高携岩能力以防止岩屑床的形成。仿油基钻井液可有效降低钻井液的表面张力，减轻滤液对低孔低渗储层的水锁，有利于液相返排，应研发新工艺降低成本，以便推广使用。近平衡钻井和无固相钻井液技术保护储层效果良好，需进一步研究，以降低钻井成本，提高开发效益。为满足水平井技术开发深层、高压类储层发展趋势的要求，配套的钻井液技术应着重研发高密度、抗高温的钻井液体系。在设计钻井液时，应结合其类型采用相应的滤饼清除技术和方式，可生物酶降解的处理剂和滤饼清除技术是新的发展方向。

油基钻井完井液是以油作为连续相，主要应用在钻高难度的高温深井、大斜度定向井、水平井、各种复杂井段和储层保护等钻完井工艺中的一种较好的钻井完井液。这种钻井完井液能有效地避免水敏作用，降低对油气层的损害程度，同时具备钻井工程对钻井完井液各项性能的要求，而储层保护的好坏又直接关系着油气田产量的高低，所以油基钻井完井液技术已成为实现储层保护的重要手段。

与国内相比，国外更早意识到油基钻井完井液技术对保护储层研究和应用的重要性。J. M. Davison 等通过评价一种钻水平井的油基钻井液的性能分析了地层伤害特性和生产时原油穿过泥饼的初始流动压力（FIP）；Linel 等则是针对油基钻井液性能对储层保护的影响，在不受毛细管压力影响的同时，通过一系列的反应特性解决并阻止滤液向页岩渗透；Kunt Taugbo 等介绍一种低固相油基射孔液，并将其应用在挪威北海水平井中获取到良好结果；另外，M. A. Al-Otaibi、Hamed Soroush 和 H. K. J. Ladva 等也在水平井储层保护工艺领域对油基钻井完井液进行了深入研究，研究结果显示出油基钻井完井液不仅实现储层保护，还实现最大化油气产量、降低成本和提高钻速的目的。

目前，国内应用水平井油基钻井完井液的技术有全油基钻井完井液技术、VersaClean 低毒油基钻井完井液技术等。

1）全油基钻井完井液技术

全油基钻井液不含水，乳化剂用量少，无需考虑钻井液水相活度与地层水活度的平衡问题，因而可用于易塌地层、盐膏层、水相活度差异较大的地层、能量衰竭的低压地层和海洋深水钻井。目前使用的全油基钻井液不再应用大量沥青增黏提切，而且塑性黏度低。

2）VersaClean 低毒油基钻井完井液技术

该钻井液以无荧光低芳烃矿物油为连续相，水加 $CaCl_2$ 为盐水相，与乳化剂、油润湿剂、增黏剂、降滤失剂等亲油胶体及碱度控制剂和加重材料组成。连续相是逆乳化钻井液的主要成分，它是一个非极性的连续相，它的主要作用是防止钻井液与地层间的极性反应。

油基钻井完井液具备钻井工程对钻井完井液各项性能的要求，该技术能有效地避免水敏作用，降低对油气层损害程度，是水平井储层保护的重要手段。

5.1.6　高温高压储层保护的钻完井工艺技术

1. 高温高压钻井过程中的储层保护

高温高压要求钻井液具有高温稳定性，在高密度条件下保持较好的流变性，抗污染能力及抑制性强。这就要求高温高压下钻井液要具有低黏低切，防止深井高温条件下，钻井液循环不当或起下钻操作不当引起的压力波动压漏地层等；及时测量高温高压钻井液物性；定时取样送实验室进行钻井液高温老化试验。

钻井过程中，针对钻井工艺技术措施中影响储层损害因素，可以采取降低压差，实现近平衡压力钻井，优选环空返速，做好中途测试，防止井喷井漏等措施来减少对储层的损害。钻井液方面要优选有利于储层保护的钻井液体系，控制钻井液的密度和固相含量，使用屏蔽暂堵油层保护技术和暂堵型完井液、减少钻井液浸泡时间、控制起下钻速度，防止快速起钻井筒局部压力下降，破坏油层表面形成的桥堵、引起井泳或井喷等，快速下钻井筒局部压力增大，钻井液侵入储层或压漏地层。

1）建立压力剖面为井身结构和钻井液密度设计提供科学依据

地层孔隙压力、破裂压力、地应力和坍塌压力是钻井工程设计和施工的基础参数，依据上述四个压力才有可能进行合理的井身结构设计，确定出合理的钻井液密度，实现近平衡压力钻井，从而减少压差对油气层产生的损害。通过十多年的努力，我国已经建立起运用地震层速度法、声波时差法、dc 指数法、RFT 测井等方法求取地层孔隙压力；采用 Eaton 法、Staphen 法、Anderson 法、声波法、液压试验法等来预测或实测地层破裂压力；运用测井资料和实测地层岩石力学性能和破裂压力来计算地应力；再运用以上综合资料预测地层坍塌压力和控制盐膏层或含盐膏泥岩塑性变形所需的压力。

2）确定合理井身结构是实现近平衡压力钻井的基本保证

井身结构设计原则有许多条，其中最重要的一条是满足保护油气层实现近平衡压力钻井的需要，因为我国大部分油气田均属于多压力层系地层，只有将油气层上部的不同孔隙压力或破裂压力地层用套管封隔，才有可能采用近平衡压力钻进油气层。如果不采用技术套管封隔，裸眼井段仍处于多压力层系。当下部油气层压力大大低于上部地层孔隙压力或坍塌压力时，如果用依据下部油气层压力系数确定的钻井液密度来钻进上部地层，则钻井中可能出现井喷、坍塌、卡钻等井下复杂情况，使钻井作业无法继续进行；如果依据上部裸眼段最高孔隙压力或坍塌压力来确定钻井液密度，尽管上部地层钻井工作进展顺利，但钻至下部低压油气层时，就可能因压差过高而发生卡钻、井漏等事故，并且因高压差而给油气层造成严重损害。综上所述，选用合理的井身结构是实现近平衡钻进油气层的前提。但实际钻井工程施工中，井身结构设计因经济效益或套管程序限制或井下压力系统不清楚等多种原因，难以确保裸眼井段仅处于一套压力系统之中。因而钻进多套压力层系地层，如何做好保护油气层工作是一个技术难题。

3）减少浸泡时间

钻井过程中，油气层浸泡时间从钻开油气层开始直到固井结束，包括纯钻进时间、起下钻接单根时间、处理事故与井下复杂情况时间、辅助工作与非生产时间、完井电测、下套管及固井时间，为了缩短浸泡时间，减少对油气层的损害，可从以下几方面着手：①采用优选参数钻井，并依据地层岩石可钻性选用合适类型的牙轮钻头或 PDC 钻头及喷嘴，提高机械钻速。②采用与地层特性相匹配的钻井液，加强钻井工艺技术措施及井控工作，防止井喷、井漏、卡钻、坍塌等井下复杂情况或事故的发生。③提高测井一次成功率，缩短完井时间。④加强管理，降低机修、组停、辅助工作和其他非生产时间。

4）钻进多套压力层系地层所采用的保护油气层钻井技术

前面阐述过我国许多裸眼井段仍然存在多套压力层系，由于受到各种条件的制约，已不可能再下套管封隔油气层以上地层，因而在钻开油气层时难以实行近平衡压力钻井，压差所造成的油气层损害难以控制。对此类地层可采取以下几种方法减轻油气层的损害，这些方法不一定是最佳的保护油气层技术方案，但往往在经济效益上是可行的。

(1)油气层为低压层，其上部存在大段易坍塌高压泥岩层。对此类地层可依据上部地层坍塌压力确定钻井液密度，以确保井壁稳定。为了减少对下部油气层的损害，可在进入油气层之前，转用与油气层相匹配的屏蔽暂堵钻井液。

(2)裸眼井段上部为低压漏失层或破裂压力低的地层；下部为高压油气层，其孔隙压力超过上部地层的破裂压力。对此类地层，可在进入高压油气层之前进行堵漏，提高地层承压能力，堵漏结束后进行试压，证明上部地层承受的压力系数与下部地层相当时，再钻开下部油气层，否则一旦用高密度钻井液钻开油气层就可能发生井漏，诱发井喷，对油气层产生损害。

(3)多层组高坍塌压力泥页岩与多层组低压易漏失油气层相间。应提高钻井液抑制性，降低坍塌压力，按此值确定钻井液密度。为了减少对油气层损害，应尽可能提高钻井液与油气层配伍性，采用屏蔽暂堵保护油气层钻井液技术。多压力层系地层多种多样，可参考上述原则来确定技术措施。

2. 高温高压完井过程中的储层保护

射孔过程一方面是为油气流建立若干沟通油气层和井筒的流动通道，另一方面又对油气层造成一定的损害。射孔对油气层的损害主要有：成孔过程对油气层的损害、射孔参数不合理或油气层打开程度不完善对油气层的损害、射孔压差不当对油气层的损害、射孔液对油气层的损害。因此，选择恰当的射孔工艺和射孔参数，合理确定射孔负压值，选择与油气层配伍又能满足射孔施工要求的射孔液，可以使射孔对油气层的损害程度减到最小，而且一定程度上还可以缓解钻井对油气层的伤害。

油井出砂时，轻则砂粒逐渐在井筒内堆积，阻碍油气流甚至使油井停产，重则引起井眼坍塌、套管毁坏，同时也会增加工具的磨损。主要的防砂完井保护技术有：割缝衬管防砂、砾石充填防砂、压裂砾石充填防砂。防砂的原则是要既能阻挡油层出砂，又要使充填防砂层具有较高的渗透性，因此衬管缝眼尺寸和形状，砾石粒径和强度以及充填携砂液的选用，都对油井防砂至关重要。

试油过程中压井液性能不良、与油气层岩石及流体不配伍，频发起下管柱，各工序配合不紧凑延长压井时间等都会对油气层产生重要损害，重视程度不够将会使钻、完井过程中采取的保护油气层技术功亏一篑。试油过程中要以油气层岩性、矿物成分和敏感性数据为依据，选用优质压井液，采用多功能联作管柱减少起下钻，紧凑安排压井各工序等候时间，选用井下温度和压力条件下性能稳定、滤失量低、腐蚀性小的压井液。

3. 高温高压固井及储层保护

高温高压固井容易发生气窜、井漏、井塌等复杂情况，固井质量差会引发油气水层相互干扰，工作液在井下各层窜流，易发生套管损害和腐蚀；水泥浆会引起固相颗粒堵塞，滤液引起地层污染及无机盐结晶沉淀等。

因此高温高压固井要改善水泥浆性能，确定合理压差固井，提高顶替效率，确保下套管安全到位；尽量分段使用不同密度和凝结速度的水泥浆，并采用化学方法(例如水泥浆中加气锁添加剂)防气窜；使用高温油井水泥，防止高温下水泥强度衰退；使用高黏胶液防止高密度钻井液与清水接触引起重晶石沉淀而导致的卡钻，并应注意保持施工作业的连续性，防止热膨胀效应诱发管内外压力失衡；对于经过测试作业的高温高压井，应先下桥塞将井底高压封住后再进行注水泥作用，以确保注水泥塞的安全和质量。高温高压井由于井深、套管柱重量大或是水泥段长、温差较大等原因，一般油层套管多采用尾管固井。

4. 高温高压水平井储层保护

水平井钻井液设计要围绕安全钻井、环境保护、储层保护等，同时还要考虑滤饼的清除技术，完井后钻井液滤饼能否有效清除直接关系到储层渗流能力的恢复。总结国外学者的研究后认为，在水平井水平段使用无损害或损害较轻的完井液以及使滤饼溶蚀极其重要。钻井完井液的设计应充分考虑其可快速形成滤饼，且完井后内外滤饼易除、易溶、易剥落；完井液必须与储层流体及各种入井液配伍，且具有一定的胶体稳定性(抗温、耐盐、耐剪切等)。

1)水平井储层保护的主要技术难点

(1)水平井钻井完井周期较长,钻井完井液与储层长时间接触容易引起井下复杂情况,加剧污染程度;

(2)钻井液性能要求高,水平段钻进钻井液性能有待进一步优化;

(3)地层压力复杂,钻井液密度控制难;

(4)完井液稳定性差,钻井液在高温、高矿化度的环境下静置容易发生固相沉降,聚集在水平段井眼下部,堵塞井眼和油气通道。

2)水平井钻井储层保护技术需要分析

(1)缩短水平井钻井完井周期。实施有效合理的钻井工程措施,保证井下安全,防止井壁坍塌、卡钻、岩屑床沉积等井下问题,加快钻井进度,缩短钻井、完井周期,减轻钻井液对储层的伤害;

(2)提高钻井液性能,实施储层保护措施。水平井钻井特殊性要求钻井液具有较好防塌抑制性、流变性、润滑性和储层保护等综合性能,能较快形成致密泥饼(尤其是内泥饼),控制钻井液固相和滤液的进一步侵入,钻井液滤液同地层流体相配伍,泥饼应容易返排清除或使用酸液或溶剂清除,返排的启动压力要低,渗透率恢复值高。利用返排解堵或其他措施消除伤害,提高储层保护效果;

(3)严格控制钻井液密度。钻井液液柱压力与地层孔隙压力差越大,污染越严重。因此在保障井下安全的情况下实施近平衡钻井,控制钻井液密度,可以减少钻井液进入储层的侵入量;

(4)提高完井液的稳定性。水平井多采用裸眼完井方式,钻开液在高温、高矿化度的环境下静置容易发生固相沉降,聚集在水平段井眼下部,堵塞油气通道。应适当提高钻井液在井下环境中的稳定性,便于完井作业;

(5)改善水平井固井质量。由于存在套管居中难题以及管外窜漏或固井液漏入筛管污染油气层问题,容易发生固井液污染储层现象。

5.2　南海高温高压储层钻完井保护技术

南海储层为莺歌海组下部、黄流组、梅山组地层,莺歌海组下部地层为巨厚层状泥岩,易水化、易垮塌;黄流组地层为巨厚层状泥岩夹中薄层状泥质粉砂岩及泥质粉砂岩,易水化、易散塌;梅山组地层为巨厚层状泥岩,易水化、易垮塌。黄流组下部地层与梅山组地层为高温高压地层,且有可能出现漏失。要求钻井液抗温能力强、有较强的抑制性、较强的改善泥饼能力、封堵防塌能力与滤失造壁能力。进入黄流组下部地层与梅山组地层,要求钻井液有较高密度及防漏、堵漏能力。

5.2.1　南海高温高压储层保护的技术要求与难点

1. 莺琼盆地高温高压井在钻完井过程中出现的问题

①高密度钻井液的流变性差；②重晶石的沉降；③钻井液当量循环密度(ECD)高；④抽汲压力和激动压力高；⑤环空压耗高；⑥钻井液马达和钻头水力动力差；⑦密度窗口狭窄，钻井的安全性差；⑧又喷又漏复杂情况频繁；⑨油气层受到损害；⑩机械钻速低；⑪钻井液性能不稳定、维护困难；⑫溴化锌完井液对钻完井管柱造成腐蚀，套管腐蚀严重等。

2. 对莺琼盆地所钻高温高压井钻完井液的要求

为了确保高温高压井钻、完井工程顺利进行，中海石油(中国)有限公司湛江分公司对南海崖城地区的钻完井液提出以下要求：

(1)对钻井液的要求：①钻井液密度 2.3g/cm³；②流变性好，流动压力损耗小，携岩好；③抗温能力达 200 ℃，有良好的热稳定性；④井壁稳定；⑤当量循环密度低；⑥能解决密度窗口狭窄问题，防漏堵漏；⑦保护油气层；⑧对环境安全。

(2)对完井液的要求：①密度高达 2.3g/cm³；②高温稳定性(200℃下长期稳定)；③无固相；④强抑制性；⑤对油气层低损害，渗透率恢复值高于 90%；⑥低腐蚀；⑦对环境安全。

3. 南海高温高压储层保护技术难点

高温高压储层保护技术的难点主要体现在以下几方面：① 高温高密度钻井液体系的抑制性能，耐温达 160℃以上，减少滤液引发的储层敏感性损害；②高温高密度钻井液体系的高温封堵降滤失性能，减少固相和液相的损害；③ 高温高压条件下的井控与储层保护工艺技术；④ 高温高压条件下储层损害的解除技术。

5.2.2　南海高温高密度钻井液储层保护技术

根据南海高温高压储层特征及保护油气层的要求，东方 13-1 气田储层高温高密度钻完井液应满足以下几点：①降低钻完井液滤液大量进入储层孔喉，防止工作液滤液造成储层敏感性矿物发生物理化学反应，损害储层；②防止高温高压条件下工作液中的固相颗粒进入储层堵塞喉道；③提高钻井液高温高压条件下的封堵抑制性能；④防止低孔低渗储层的水锁损害。

目前中海油在东方 13-1 气田高温高压储层应用的保护储层钻井液技术主要

有：Duratherm 高温高密度水基钻井液技术；PDF-THERM 高温高密度水基钻井液保护储层技术；Megadril 高温高密度油基钻井液保护储层技术；高温高压气田低比重无黏土相钻井液保护储层技术。

为确保水平段长时间静置条件下的储层保护，根据技术方案，南海高温高压气田拟在水平段替入低比重的无黏土相钻井液体系，以提高储层保护效果。研究的两种无黏土相钻井液体系均具有较好的流变性能和滤失性能。

WIFLO 无黏土相钻井液体系配方：海水＋0.25%Na_2CO_3＋0.1%NaOH＋0.6%VIS-B＋2.0%STARFLO HT＋5%JQWY＋甲酸钾。

高温 PRD 体系配方：海水＋0.25% NaOH＋0.2% Na_2CO_3＋2.0% PF-FLOTROL＋3% PF-QWY＋1.5% PF-UHIB＋3.0% PF-GJC＋0.7% PF-VIS＋0.7%Dristemp＋甲酸钾。

WIFLO 体系和高温 PRD 体系露头土滚动回收率95%以上，且浸泡现场岩心也没有出现裂缝，说明两个体系都具有良好的抑制性。

常温下 WIFLO 体系和高温 PRD 体系均不会产生沉降；高温下，高温 PRD 体系上层会有清液析出，而 WIFLO 体系在高温下仍然具有很好的沉降稳定性（表 5-2）。

表 5-2　无黏土相钻井液体系沉降稳定性能

体系	方法	上层清液深度 /cm	上层密度 /(g/cm³)	下层密度 /(g/cm³)	上下密度差 /(g/cm³)	相对密度差 /%
WIFLO	常温沉降	0	1.2	1.2	0	0
	高温沉降	0.5	1.19	1.21	0.02	1.7
高温 PRD	常温沉降	0	1.2	1.2	0	0
	高温沉降	2	1.15	1.25	0.1	8.3

5.2.3　南海高温高密度完井液储层保护技术

完井液从钻开油气层直到油气井正式投产过程中一直与储层接触，必须与储层和地层流体具有好的适应性和优良的储层保护效果。

完井液配方及储层保护效果评价实验研究要求与钻井液的配方研究和优选作为一个整体考虑和开展，优选出的完井液体系不仅要对储层特性具有很好的适应性和优良的储层保护效果，对井下工具、器材和油套管的腐蚀小，而且要求与其他的入井流体（地层水、钻井液、水泥浆）的配伍性好，具有改善前面作业中可能产生的污染的能力以及很好地综合保护储层效果，在此基础上推荐配套的完井液（包括工作液、射孔液、封隔夜、清洗液和堵漏液等）配方和主要性能参数并给出完井液成本。

储层孔渗特性及敏感性分析结果表明，东方 13-1 气田黄流组储层存在强水敏性和中等偏弱应力敏感性以及潜在水锁损害。因此,完井过程中应当减少液相侵入,严格控制完井液矿化度,并对储层进行改造,减小固井过程中水泥浆对储层的损害。

南海高温高密度完井液设计包括套管射孔和裸眼完井两种方式,完井液技术要求:抗高温性能≥160℃;密度为 1.80~2.20g/cm³ 可调,无沉淀。推荐的系列流体动态实验岩心渗透率恢复值不得低于 85%。

1. 清洁盐水隐形酸射孔液储层保护技术

基于东方 13-1 气田黄流组储层物性和敏感性类型,并本着减少井下作业时间、减少储层伤害的原则,现场套管射孔完井液采用清洁盐水隐形酸射孔液。

根据东方 13-1 气田储层出砂预测结果,在整个生产过程中不容易出现出砂现象,暂推荐该气田不考虑防砂措施。为了保障高温高压气井的作业安全,简化完井工序,同时减小射孔孔道压实程度,避免射孔液侵入地层,保证射孔后油气流动通道畅通,采用负压射孔生产联作方式。

传统的完井液主要为碱性完井液,在钻井及固井作业中,由于钻井液滤液中含有 COO^- 等有机阴离子,而固井水泥浆滤液中含有 Ca^{2+}、Mg^{2+} 等金属离子以及高浓度的 OH^-,从而导致井下作业中易产生沉淀,堵塞油层孔喉,造成油层损害。因此,HTA 隐形酸完井液能够通过在井下释放 H^+ 来消除前期作业过程中产生的有机物和无机物沉淀,疏通油气孔喉,保护储层。

现场施工和实验研究发现:①隐形酸 HTA 可降低溶液的 pH;②隐形酸 HTA 对无基垢和有机垢具有良好的溶解作用;③以 HTA 为主形成的隐形酸完井液,可以提高岩心渗透率恢复值,提高油井产量。

常用的有机盐主要有甲酸钾和甲酸钠,他们的最大饱和密度分别为 1.581g/cm³ 和 1.350g/cm³。甲酸盐活性低,对完井液性能和地层影响小,用甲酸盐加重不会造成黏度升高、降滤失困难,利于井壁稳定,可降低完井液的腐蚀性。研究表明,甲酸盐还可以提高高分子量聚合物的抗温能力。

甲酸钾和甲酸钠用于完井液的保护储层机理主要有:①固相含量低,可避免固相侵入对储层造成的损害;②低活度,强抑制性,可减少液相对储层造成的损害;③避免两价阳离子沉淀。当两价阳离子盐与地层水中的硫酸根离子或碳酸根离子相接触时就产生沉淀,甲酸盐可避免这种损害;④减少水锁效应。由于甲酸盐具有一定的表面活性,可降低油/水界面张力,减少水锁效应,有利于提高采收率。

研究采用甲酸钾盐水作为加重清洁盐水。东方 13-1 气田储层射孔完井的清洁盐水隐形酸射孔液配方如下:

清洁盐水隐形酸射孔液体系配方:甲酸钾盐水(1.46g/cm³)+2.0% 黏土稳定剂 HCS+2.0% 抗高温隐形酸 HTA-H+1.5% 水溶性咪唑啉缓蚀剂+6%~8%KCl。

清洁盐水清扫液体系配方:溴化锌/溴化钙/氯化钙复合盐水(1.90~

2.20g/cm³)+2.0%黏土稳定剂 HCS+1.5%水溶性咪唑啉缓蚀剂(加入石灰调节pH 至 4.5 左右)。

2. 甲酸铯/钾盐水储层保护技术

高密度甲酸铯盐水用作高温高压钻井液、完井液和修井液,不会对气藏的渗透率造成任何永久性或难以控制的损害。其储层保护机理主要有:

甲酸铯/钾盐水不含可以与地层流体发生不利反应的物质。甲酸铯/钾盐水不含表面活性剂和多价离子,因此不会产生乳化物或不溶性结垢;

甲酸铯/钾盐水中含有黏土膨胀抑制剂(钾和铯离子),且其矿化度一般高于地层水,不会出现水敏性地层损害;

甲酸铯/钾盐水具有钻井液和完井液所要求的各种密度,避免了采用诸如重晶石等难控制的固相加重剂;

与其他高密度盐水($CaCl_2$、$CaBr_2$、$ZnBr_2$)相比,甲酸盐钻井液的优点是高温下与聚合物相容,允许在各种井眼条件下使用这种无固相钻井液打开油层;

甲酸盐盐水不含表面活性剂,因此不会造成储层岩石润湿性的改变;

甲酸铯/钾盐水具有低的水活度,在密度高于 $1.05g/cm^3$ (8.76 lb/gal)时,具有天然的抑制微生物生长和杀灭生物的作用。因此,无论在地面还是在井下,甲酸铯/钾盐水既不发生生物降解,也不促进任何种类微生物的生长。

3. 水平井裸眼完井的油基完井液储层保护技术

东方气田储层采用油基钻开液钻开储层,采用裸眼完井方式完井。油基钻井液的动态污染自然返排后的油基钻井液泥饼的清除效果好。

实验结果可知,经动态污染后,岩心污染端面形成泥饼,当氮气压力为0.5MPa 时,稳定 5min 后,污染端产生个别气泡;当氮气压力为 1.0MPa 时,污染端产生不连续气泡,泥饼不断被清除;当氮气压力为 1.5MPa 时,稳定20min 后,泥饼基本被清除干净(图 5-5)。因此,在现场返排作业过程中,返排压力仅需要 1.5MPa。另外,测试返排后的岩心渗透率,其渗透率恢复值高达93.96%,可以有效地保护储层(表 5-3)。

表 5-3 岩心返排后渗透率恢复值

入井流体	井深/m	$K_{w1}/(10^{-3}\mu m^2)$	$K_{w2}/(10^{-3}\mu m^2)$	R_d/%
优化的油基钻井液	2989.34	0.546	0.513	93.96

注:选用 DF13-1-2 井黄流组 2989.34m 岩心

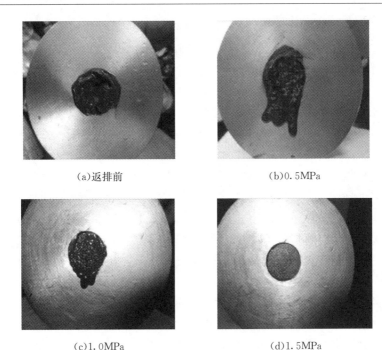

(a)返排前　　　　　　　　　　(b)0.5MPa

(c)1.0MPa　　　　　　　　　　(d)1.5MPa

图 5-5　油基钻井液泥饼清除效果评价实验图片

5.2.4　南海高温高压钻完井液储层保护技术工艺

针对东方 13 区储层损害机理，高温高压储层保护的技术工艺介绍如下。

5.2.4.1　防止液相损害技术工艺

防止液相损害技术工艺可采取以下措施：①在钻井完井液体系(包括钻井完井液、射孔液等)中添加适当的黏土稳定剂/防膨剂，同时降低体系的滤失量；②采用强抑制性完井液体系或者盐水体系；③采用油基或者仿油基完井液体系；④降低体系失水，采用屏蔽暂堵技术；⑤对于东方 13 区储层钻井完井液而言，可采用强抑制性钻井完井液技术、屏蔽暂堵技术、成膜钻井完井液技术或者采用前三者的复合技术，油基钻井完井液技术，尽量降低体系的密度。

1.　高温高压封堵降滤失技术

在钻井过程中，钻井液由于压差作用而形成滤失过程，该滤失过程中，在井壁表面形成滤饼，滤液透过滤饼进入地层微孔。滤失过程是在不同温度与不同压差下进行的，滤失量除了决定于钻井液本身外，还决定于温度与压差。因此，滤失量可分为常温中压滤失量与高温高压滤失量。

滤失力学关系式表明，要想得到小滤失量：①必须使用能尽可能形成较致密的滤饼的降滤失剂，使滤饼渗透率 K 尽量降低；②降滤失剂尽可能形成较黏稠的水溶液，以提高滤液黏度 μ；③降滤失剂能尽可能地吸附更多的吸附水，尽可能地结合更多的化学结合水，从而使得滤饼中固相含量 f_{sc} 低，并且滤饼的可压缩性增强。

常规降滤失剂通常为纤维素类、淀粉类、腐殖酸类、树脂类、丙烯酸盐类。

纤维素类降滤失为羧甲基纤维素碱金属盐、羟烷基纤维素，常用的有聚阴离子纤维素、羟乙基纤维素。其在淡水、盐水钻井液中降滤失性能良好，抗盐能力强。但其抗温能力差，一般在 120℃ 以下使用。

淀粉类也是由于其主分子链为醚键—C—O—C—连接，在高温下易断链降解，虽然其在较低温度下及在高盐浓度下降滤失性能良好，但其抗高温性能差。

腐殖酸类降滤失剂其分子主链为碳－碳—C—C—键连接，在淡水钻井液与低盐钻井液中降滤失性能良好。但由于其分子主链上抗电解质基团少，其抗盐能力较弱。

虽然树脂类降滤失剂的抗温抗盐能力强，但由于其分子量低且分子链上抗盐基团及水化基团含量少，其降滤失效率低，需要加量很大才能降低滤失量。

丙烯酸盐类降滤失剂，由于其分子链上的吸附基团为腈基-CN、酰胺基

$$-\overset{\displaystyle O}{\overset{\|}{C}}-HN_2$$ ，水化基团为羧基 $-\overset{\displaystyle O}{\overset{\|}{C}}-O^-$ 。这些基团皆不抗盐，因此，这类降滤失剂也是抗温能力强、抗盐能力差。

低渗透储层生产过程中的油层保护主要侧重于以下几个方面：各种工作液滤液均可对低渗透储层的渗透率造成严重损害，渗透率下降幅度为 5%～45%。渗透率越低，黏土水化膨胀引起渗透率下降幅度越大。已有研究表明除了在入井液中加入适量高效黏土防膨剂外，利用屏蔽暂堵技术也可收到不错的效果。

2. 高温高压滤液抑制性能控制技术

如下 4 个机理决定了黏土胶结物不膨胀、不分散：①水活度低；②阳离子交换嵌入；③压缩双电层；④有机酸根离子吸附在黏土端面上。

活度因素抑制性机理：井壁、钻屑、黏土颗粒在有机盐钻井液与完井液中浸泡时的水化应力为

$$\tau = 4.61T\ln(a_d/a_r) \tag{5-1}$$

式中，T 为热力学温度；a_d 为钻井液中水的活度；a_r 为岩石(钻屑、井壁、黏土颗粒)中水的活度。

由上式可见 a_d 越小，τ 越小。

用吸附等温曲线法准确测定了有机盐钻、完井液体系的水活度见表 5-4。

表 5-4　不同浓度的有机盐钻、完井液中水的活度

体系	水	钻井液（或完井液）+50%Weigh2	钻井液（或完井液）+100%Weigh3	钻井液或完井液+260%Weigh4
水活度	1.00	0.63	0.40	0.19

注：钻井液配方：海水＋2%膨润土＋0.3%Na_2CO_3＋0.5%～3.0%降滤失剂 1＋2%～15%降滤失剂 2＋2%～15%NFA-25＋5%～15%PGCS-1＋Weigh 系列有机盐；完井液配方：海水＋0～0.5%流型调节剂＋Weigh 系列有机盐

由以上数据可见，有机盐钻井液与完井液中水的活度极低，对易水化泥岩抑制能力极强，使钻井液性能较稳定，完井液保护油气层效果较好。

坂土泥球浸泡实验 1.80g/cm³ 的有机盐完井液浸泡一年不散、不变形。图 5-6 是有机盐溶液浸泡泥球试验示意图。

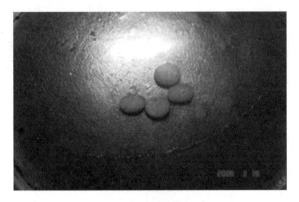

图 5-6　有机盐溶液浸泡泥球实验照片

该示意图直观地反映了有机盐溶液的超强抑制性。

离子交换晶格嵌入因素抑制性机理：测定不同浓度有机盐钻井液和完井液与黏土接触时，黏土晶格的变化。

不同浓度的有机盐钻井液和完井液作用蒙脱石后，蒙脱石晶层层间距数据见表 5-5。用 X 光衍射法准确测定了有机盐钻、完井液体系作用后的黏土层间距。

表 5-5　有机盐钻、完井液作用后，蒙脱石晶层层间距

体系	50%Weigh2 钻井液	50%Weigh2 完井液	100%Weigh3 钻井液	100%Weigh3 完井液	200%Weigh4 钻井液	200%Weigh4 完井液
层间距(Å)	14.8177	14.8177	9.9610	9.9610	10.0631	10.0631

测定的 X 光衍射光谱如图 5-7～图 5-9 所示。

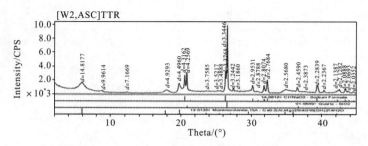

图 5-7   蒙脱石经 50％Weigh2 钻井液与完井液作用后的 X 光衍射光谱

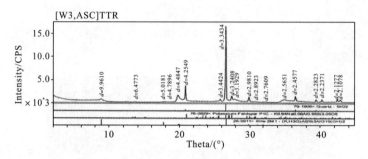

图 5-8   蒙脱石经 100％Weigh3 钻井液与完井液作用后的 X 光衍射光谱

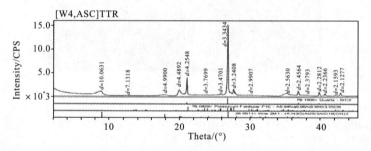

图 5-9   蒙脱石经 200％Weigh4 钻井液与完井液作用后的 X 光衍射光谱

数据表明：原蒙脱石晶层层间距为 15Å，有机盐钻井液和完井液与蒙脱石黏土矿物作用后，蒙脱石黏土矿物层间距都有不同程度地缩小，有机盐钻井液和完井液与蒙脱石接触进行离子交换后嵌入黏土晶格，通过较强的化学键力与静电引力把蒙脱石层间距拉得比常规蒙脱石晶格层间距小得多，使黏土更不易水化。

双电层因素抑制性机理：有机盐钻井液与有机盐完井液中阴、阳离子对黏土颗粒的吸附扩散双电层有较强的压缩作用，压缩后使其变薄，加速聚沉，从而抑制黏土分散。

经有机盐钻井液与完井液压缩作用后，蒙脱石黏土颗粒吸附扩散双电层的厚度见表 5-6。

用电泳法准确定量地测定了有机盐钻、完井液体系作用后的黏土胶体颗粒吸附扩散双电层的厚度。

表 5-6　有机盐钻、完井液中蒙脱石黏土颗粒的吸附扩散双电层厚度

体系	水	5% Weigh2 钻井液	5% Weigh2 完井液	50% Weigh2 钻井液	50% Weigh2 完井液	100% Weigh3 钻井液	100% Weigh3 完井液	50% Weigh2+70% Weigh3 钻井液	50% Weigh2+70% Weigh3 完井液	260% Weigh4 钻井液	260% Weigh4 完井液
双电层厚度/nm	98	1.302	1.253	0.461	0.436	0.182	0.134	0.152	0.102	0.024	0.015

注：双电层厚度的测定方法：①先用电泳仪测出 ζ—电位，再用下列公式计算出双电层厚度；②$\psi = 2K_BT/Z\mathrm{e}\ln\left[(1+\mathrm{e}^{-\kappa x})/(1-\mathrm{e}^{-\kappa x})\right]\mathrm{sign}(\psi_0)$。其中，$\kappa = (n_0Z^2\mathrm{e}^2/\varepsilon K_BT)^{1/2}$。$\psi_0 > 0$ 时，$\mathrm{sign}(\psi_0)=1$；$\psi_0 < 0$ 时，$\mathrm{sign}(\psi_0)=-1$

参数意义：ψ—电位；K_B—玻尔兹曼常量，$K_B = 1.3806 \times 10^{-23}\,\mathrm{J/K}$；$Z$—离子价数；e—自然对数的底，e=2.71828…；ε—液体的介电常数，可以用介电常数测量仪测定；n_0—液体中电解质浓度；T—热力学温度；x—双电层中一点到胶核表面的距离。当 ψ 为 ζ—电位时，$x = \delta$，即双电层滑动厚度。测出 ζ—电位，即可由此公式算出双电层滑动层厚度，也就是通常所说的双电层厚度

有机盐钻井液与完井液抑制性极强，不仅能有效抑制易水化黏土颗粒的分散与膨胀，而且可有效抑制盐颗粒的分散，其抑制性大大高于常规水基钻井液与完井液，与油基钻井液及完井液相当。

3. 水锁损害的预防与解除技术

1）水锁损害机理

表(界)面活性因素储层保护机理：根据水锁的成因将水锁分为热力学水锁和动力学水锁两大类。

（1）热力学水锁效应。

假设储层孔隙可视为毛管束，按 Laplace 公式，当驱动压力 P 与毛细管压力平衡时储层中未被水充满的毛管半径 r_k 应为

$$r_k = \frac{2\sigma\cos\theta}{P} \tag{5-2}$$

式中，σ，θ 分别为水的表面张力和接触角。

按 Purcell 公式，油相渗透率 K 可表示为

$$K = \frac{\varphi}{2}\sum_{r_k}^{r_{max}} r_i S_i \tag{5-3}$$

式中，φ 为孔隙度，%；r_i，S_i 为第 i 组毛管的半径和体积系数；r_{max} 为最大孔隙半径。

由此可见，液体的界面张力（$\sigma\cos\theta$）越大，r_k 越大；因此，油相渗透率 K 式中求和下限越高，油相渗透率越低。排液过程达到平衡时的水锁效应取决于外来流体和地层水表面张力的相对大小，若前者大于后者，则产生水锁效应；若两者相等则无水锁效应；若前者小于后者，不但无水锁效应而且会使油气增产。由于这是以排液过程中达到热力学平衡为前提的，所以就称作热力学水锁效应。

（2）动力学水锁效应。

根据 Paiseuille 定律毛管中排出长为 L 的液柱所需时间为

$$t = \frac{4\mu L}{pr^2 - 2r\sigma\cos\theta} \tag{5-4}$$

由上式可以看出，毛管半径 r 越小，排液时间越长，而且随着 L，μ 及 $(\sigma\cos\theta)$ 的增加而增加，随着 p 及 r 的增加而减小。在低渗、低压的致密储层中，排液过程十分缓慢，即使外来流体在储层中的毛细管压力小于地层水在地层中的毛细管压力时，仍然会产生水锁效应，这就是水锁效应的动力学原因。综上所述，在诸因素中，σ 及 θ 同时影响热力学和动力学水锁效应。而 r，p，L 及 μ 仅影响动力学水锁效应。所以对于致密(r 小)低压(p 小)储层，尤其当外来流体浸入较深(L 大)或其黏度较高(μ 大)时，将产生较强的动力学水锁效应。

2)预防和解除水锁的技术与工艺

(1)降低入井液的表/界面张力。

对于低孔低渗储层，特别是特低孔渗储层，水锁效应极大地影响发现油气和产量(图 5-10)。毛细管压力是多孔介质中不互溶相之间界面张力，如果能使流体间表/界面张力减小，那么毛细管压力就会降低，从而把大部分滞留水排出孔隙，减轻储层的水锁损害。

有机盐溶液的界面张力见表 5-7，数据表明有机盐溶液能大幅降低油水界面张力，有机盐钻完井液可以大幅度降低水锁效应。

表 5-7　有机盐溶液的界面张力

体系	煤油/水	煤油/80%Weigh2 水溶液	煤油/120%Weigh3 水溶液	煤油/200%Weigh4 水溶液
界面张力 σ/(mN/m)	40	6.2	1.7	0.8

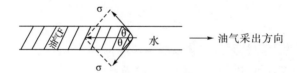

图 5-10　水锁效应

防水锁剂 PF-SATRO 的表面张力见表 5-8。

表 5-8　DFGZ 体系与有机盐体系 PF-SATRO 加量优选

体系	PF-SATRO 加量/%	表面张力/(mN/m)
DFGZ 体系	0.0	38.8
	0.5	34.5
	1.0	30.3
	1.5	27.2

续表

体系	PF-SATRO 加量/%	表面张力/(mN/m)
有机盐体系	0.0	40.5
	0.5	35.6
	1.0	31.7
	1.5	27.9

随着防水锁剂 PF-SATRO 加量增加，钻井液滤液的表面张力不断下降，从而降低了毛细管阻力，增强钻井液滤液返排能力，减轻储层的水锁损害。

对于气藏岩石，若储层岩石孔喉半径 r 为 $0.5463\mu m$。以 DFGZ 体系为例，当防水锁剂 PF-SATRO 加量为 1.0% 时，毛细管阻力由 $0.135MPa$ 降至 $0.105MPa$。

(2)增加生产压差。

物理上增加生产压差，即施加的毛细管压力梯度越高，剩余水饱和度就越低。如果储层压力较高、水相浸入相对较浅，那么可以在储层中施加较高的瞬时毛细管压力梯度，使剩余水饱和度明显降低。增大压降一般可以有效地把含水饱和度降低到束缚水饱和度值，它是解决水相加载问题的有效方法。

黄流组储层压力高、能量足，有助于增强钻井液滤液返排能力，从而缓解储层的水锁损害。

5.2.4.2　防止固相损害技术工艺

固相堵塞损害是东方 13 区储层重要的损害机理，也是储层改造过程中及改造后各种完井作业的重要损害机理。

(1)采用成膜−屏蔽暂堵技术；

(2)油质＋颗粒堵塞或者乳化堵塞也是重要的堵塞机理，防止对策是降低油基体系的滤失量，采用轻质油(柴油等)配制油基钻井液，降低乳化液的侵入深度和侵入量；

(3)提高孔隙的封堵效率和精度，提高屏蔽暂堵的针对性，重视对渗透率贡献率大的孔喉的保护；

(4)采用无固相完井液技术(包括盐水完井液技术、清洁盐水完井液技术)；

(5)采用低密度完井液技术；

(6)对常用钻井完井液而言，尽量降低体系固相含量，降低膨润土用量，采用低固相或者无黏土相钻井完井液技术。

固相因素储层保护机理研究：在常规钻井液基础上改造的屏蔽暂堵技术是保护储层的一项简单易行、效果显著的好方法，近年在国外得到了广泛应用。它利用了变害为利的思维方法及一定尺寸的固相颗粒会堵塞孔道的特点，使钻井液中固相颗粒在打开储层后的较短时间内堵死储层，防止固相、液相向储层深部渗透。待完井后通过负压返排解堵、射孔、酸化等措施解放油气层。其措施由三部分组成：①良性、配伍的钻井液组分与性质设计；②合理的粒度级配及浓度；③合理的完井方法。

5.2.4.3　防止压差损害储层的随钻 ECD 控制技术

在钻井过程中，储集层损害的主要因素有两个。一是当钻开储集层时，存在着井内钻井液有效液柱压力与地层压力差，致使钻井液中的滤液和固相进入地层而损害油气层；另一个原因是钻开储集层需要一定的时间，储集层被钻井液浸泡而遭受损害。要使储集层损害保持在最小限度内，就必须将压差控制在最小安全值范围内，为了减小钻井液对储集层的浸泡时间，就必须以最短的时间钻穿储集层，进行完井电测、下套管、注水泥浆固井。因此，为了保护储集层，减少污染，就要求有一套高速、优质、安全的钻井工艺技术。

东方气田 8-3/8″井段的地层孔隙压力与破裂压力十分接近，安全窗口非常窄，既要防井涌，又要防漏，井段温度也在 160℃左右，钻井液需保持中下限的低固相含量，做好随时加重的准备，并在加重后及时调整处理，以保持高密度和高温下的良好流变性。

漏失压力分析与四压力安全密度窗口分析资料表明：无论是自然漏失还是压裂漏失，漏失压力等于克服地层孔隙压力或井壁应力及岩石强度等产生的压力与漏失工作液在漏失通道中流动时压力损耗之和。在忽略工作液压力损耗的情况下，不同成因下形成的漏失压力具有一个相应的最小值，石林等提出可以引入数学上"极小值"的概念来描述，极小漏失压力指形成漏失现象所具有的最小漏失压力。

当前，漏失压力概念被破裂压力完全替代，导致漏失压力预测失真，井漏事故不能有效预防。漏失压力作为一个相对独立的物理量，应将其加入到安全钻井液密度窗口分析中去，构成四压力安全密度窗口，以便更准确地设计合理的钻井液密度，科学指导现场钻井施工。

钻进过程中通过随钻 ECD 控制技术，在满足井控要求的前提下有效控制目的层井段的钻井液密度，以减小压差，配合钻井液封堵材料的使用，取得了良好的储层保护效果。

利用水力学计算软件 Drillbench 进行了钻井液循环当量密度计算，模拟条件为：井斜角 43.6°，目的层 8-3/8″井段钻进，采用 5in 钻具组合。实验结果见表 5-9。

表 5-9　钻井液循环当量密度(ECD)计算结果

体系	PV/(mPa·s)	YP/Pa	Density/(g/cm³)	ECD/(g/cm³)
DFGZ 体系	32.0	14.0	1.95~2.20	2.049~2.302
有机盐体系	57.0	23.5	1.95~2.20	2.102~2.355
Duratherm-2 体系	36.0	10.0	1.95~2.20	2.019~2.272
优化的油基体系	68.0	13.5	1.95~2.20	2.069~2.321
甲酸铯无固相体系	35.0	21.5	1.95~2.20	2.090~2.343

计算结果表明，8-3/8″井段中拟采用密度为 2.05g/cm³ 钻井液体系钻进，其 ECD 范围均位于孔隙压力和破裂压力之间，能够满足钻井工程安全钻进的需求。

5.3　南海高温高压储层损害原因及对策分析

南海高压储层的损害与其储渗空间特性、敏感性矿物、岩石表面性质和流体性质有关，与南海储层高温高密度钻完井液体系及保护储层技术工艺有关。

目前，南海现用的高温高压水基钻井液体系以聚磺类体系为主，使用最为广泛的体系为：Duratherm 钻井液，其次为 Therm 钻井液，油基钻井液和合成基钻井液也有应用，但主要应用于水平井和超高温高压井段，合成基钻井液有 Rhadiant 体系，油基钻井液有 Megral 体系，完井液主要为甲酸盐隐形酸射孔液。

东方 13 区气田储层损害机理主要包括储层敏感性损害、固相颗粒堵塞损害、钻井完井液滤液损害、处理剂吸附损害、钻完井液液相滞留损害和无机垢损害。

下面讨论分析南海油气层损害的影响因素及现场保护储层措施。

5.3.1　敏感性储层伤害原因分析及现场措施

岩心敏感性评价实验是通过岩心流动实验评价外来因素对储层的损害程度，以便为钻井、完井、采油等各种作业方案设计及其工作液(如钻井液、完井修井液、酸液、压裂液等)的设计、储集层损害机理分析和制定系统的储集层保护技术方案提供科学依据。

岩心敏感性实验通常包括速敏、水敏、盐敏、碱敏、酸敏以及应力敏感性评价实验，其目的在于分析储集层发生敏感的各种条件和由敏感性引起的储集层损害程度(表 5-10)。

表 5-10　储层敏感性实验结果的应用

项目	保护油气层技术方面的应用
速敏实验	1. 确定其他几种敏感性实验(水敏，盐敏，碱敏，酸敏)的实验流速； 2. 确定油井不发生速敏损害的临界流量； 3. 确定注水外不发生速敏损害的临界注入速率
水敏实验	1. 如无水敏，则进入地层的工作液的矿化度可以小于地层水矿化度； 2. 如有水敏，则必须控制工作液的矿化度大于地层水矿化度或采用其他措施； 3. 如果水敏性较强，在工作液中要考虑使用黏土稳定剂
盐敏实验	1. 对于进入地层的各类工作液都必须控制其矿化度在两个临界矿化度之间； 2. 注水开发的油田，当注入水矿化度比临界矿化度要小时，为了避免发生水敏损害，一定要在注入水中加入合适的黏土稳定剂或对注水井进行预处理处理
碱敏实验	1. 对于进入地层的各类工作液都必须控制其 pH 在临界 pH 以下； 2. 对于强碱敏地层，因无法控制 pH 在临界 pH 之下，建议采用其他技术； 3. 存在碱敏性的地层，今后三次采油作业中，要避免使用强碱性的驱油流体
酸敏实验	1. 为基质酸化设计提供科学依据； 2. 为确定合理的解堵方法和增产措施提供依据

5.3.1.1　南海储层敏感性潜在损害因素分析

这里列出了东方 13 区 DF13-1-4、DF13-1-6、DF13-1-10、DF13-2-2、DF13-2-8D 五口井的岩心敏感性实验评价结果见表 5-11 和图 5-11、图 5-12。

表 5-11　东方 13 区储层敏感性评价结果

井号		DF13-1-4		DF13-1-6		DF13-1-10		DF13-2-2		DF13-2-8D	
岩心号		1	2	1	2	1	2	1	2	1	2
层位		H1Ⅱ	H1Ⅱ	H1Ⅱ	H1Ⅱ	H1Ⅳ	H1Ⅳ	H1Ⅱb	H1Ⅱb	H1Ⅰa	H1Ⅰa
水敏	程度	中等偏强	强	强	强	强	强	中等偏强	强	弱	弱
	%	65	73.3	72.1	71.16	71.2	72.2	66	71.4	14.6	16.1
盐敏	程度	强	强	中等偏弱	弱	强	强	强	强	中等偏弱	弱
	%	77.8	81.5	33.6	9.4	74.5	78.1	70.7	74	30	33.3
酸敏	程度	中等偏弱	中等偏强	弱	无	强	无	无	无	无	中等偏弱
	%	32.1	55.8	6.9		74.3	4.3	无	无	无	44.6
碱敏	程度	弱	弱	无	弱	弱	弱	中偏弱	中等偏弱	弱	
	%	14.2	12.9	4.5	10.7	27.4	28.6	25	36.8	37.8	29
速敏	程度	弱	弱	弱	中等偏弱	中等偏弱	弱	无	弱	无	无
	%	17.4	29.4	12.8	46.5	31.4	28.3	4	7	无	无

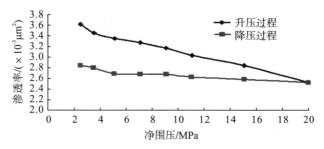

图 5-11　东方 13-1 气田 DF13-1-4 井 2869.67m 岩心应力敏感性评价实验曲线

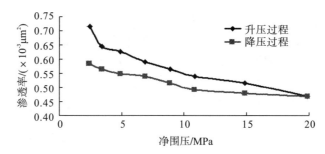

图 5-12　东方 13-1 气田 DF13-1-6 井 2863.17m 岩心应力敏感性评价实验曲线

　　东方 13 区储层敏感性总体程度为弱,主要表现在:东方 13 区气田五口井在多数井储层水/盐敏程度较强,平均损害率 60%～80%,随着液体矿化度降低,渗透率下降;速敏、酸敏、碱敏、应力敏感性程度均呈现弱或者无。

　　东方 13-1 气田储层敏感性评价实验结果汇总见表 5-12。

表 5-12　东方 13-1 气田储层敏感性实验结果

油气田			东方 13-1 气田
速敏	敏感程度		无—中等偏弱
	临界流速		0.120～1.53mL/min
水敏	敏感程度		强水敏
	临界矿化度		15042mg/L
盐敏	敏感程度		弱—中等偏弱
	临界矿化度		25000mg/L
碱敏	敏感程度		弱碱敏
	临界 pH		8.5～11.5
酸敏	敏感程度	盐酸	无—强盐酸敏
		土酸	中等偏强—极强土酸敏
应力敏	敏感程度		中等偏弱应力敏

　　东方 13-1 气田黄流组储层速敏性损害不同井之间存在不均一性,其中储层速敏性损害程度从无速敏损害到中等偏弱速敏损害,临界流量为 0.12～1.53mL/min;具有潜在的强水敏性损害、弱盐敏到中等偏弱盐敏性损害,临界矿化度为 15042～

25000mg/L；碱敏性损害在不同井之间存在不均一性，其中储层碱敏性损害程度为弱碱敏损害，临界 pH 为 8.5～11.5；盐酸敏感性损害在不同井之间存在不均一性，由无盐酸敏感性损害到强盐酸敏感性损害；均存在土酸敏性损害，损害程度由中等偏强到极强；黄流组储层应力敏感性临界应力为 3.5～5.0MPa，渗透率累计损害率为 35.23%～39.11%，属中等偏弱应力敏损害。但在应力恢复过程中，岩心的渗透率恢复值仅为 72.82%～75.13%，这说明储层岩石发生了弹塑性形变，储层的孔喉结构发生了变化，应力敏感性所产生的伤害是一种永久性的、不可逆的伤害。对于中孔中渗和中孔低渗的砂岩储层，滤液造成储层的敏感性损害主要表现在水敏、盐敏损害上，其他敏感性也可能会微弱地存在。

　　水敏损害是东方 13-1 气田钻井完井液滤液损害储层的主要因素之一。水敏性损害的预防措施是维持入井流体的矿化度在较高的矿化度水平，平衡地层水矿化度，防止黏土等易水敏矿物因水化膨胀和分散运移造成储层损害。钻井液体系应具有良好的抑制性，并尽量降低钻井液滤液的活度。防止滤液进入地层，而引发泥岩的水化膨胀。

5.3.1.2　南海储层敏感性潜在损害的预防措施

1. 提高钻完井液滤液的抑制性能

　　南海高温高压储层的钻井过程中，水基钻井液体系主要采用选用 KCl、液体聚胺、甲酸盐等提高钻井液的抑制性，防止可能造成的水敏及盐敏性损害；

　　油基钻井液的抑制水敏性损害性能优异；

　　清洁盐水隐形酸射孔完井液体系，其抑制性能很好。

2. 控制滤液的侵入量

1)提高滤饼质量

采用 EMI-1045（高温聚合物）、Asphasol Supreme（磺化沥青）、XP-20K（含钾磺化褐煤）、Resinex（有机树脂）、Soltex（磺化沥青），控制钻井液高温高压失水<8.0mL/30min。既增强钻井液的稳定性，也提高泥饼质量，减少滤液侵入。

油基钻井液严格控制钻井液的 HTHP 滤失量<3.0mL(滤液全部是油)。

2)减少浸泡时间

提高机械钻速，适当增加排量，增加环空返速，缩短储层浸泡时间，进而减少滤液的水敏性损害。

5.3.2　固相侵入伤害原因分析及现场措施

5.3.2.1　南海储层固相伤害原因分析

东方 13 区储层压汞数据见图 5-13～图 5-15。

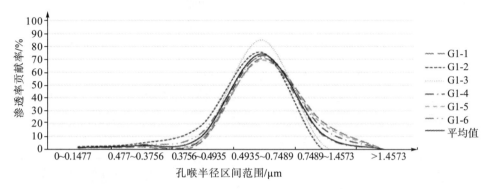

图 5-13　DF13-1-2 井 H1 Ⅱ气组不同孔喉直径区间渗透率贡献率

由图 5-13 可看出对于 DF13-1-2 井 H1 Ⅱ层位岩心渗透率贡献最大的孔喉直径区域为 $0.4935\sim0.7489\mu m$，平均渗透率贡献率为 74.28%。

由图 5-14 可看出对于 DF13-1-2 井 H1 Ⅲ层位岩心渗透率贡献最大的孔喉直径区域为 $0.4997\sim0.7376\mu m$ 与 $0.7376\sim1.4671\mu m$，峰值渗透率贡献率均在 65% 以上。

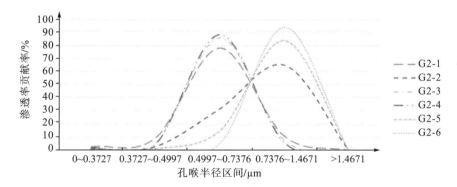

图 5-14　DF13-1-2 井 H1 Ⅲ气组不同孔喉直径区间渗透率贡献率

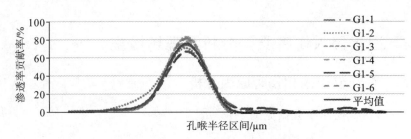

图 5-15　DF13-1-4 井 H1Ⅱ不同孔喉直径区间渗透率贡献率

DF13-1-4 井 H1Ⅱ层位不同孔喉半径区间渗透率贡献率峰值为 $1.46\sim$ $2.4773\mu m$，峰值平均渗透率贡献率为 75.93%。

总结以上数据可见表 5-13。可以看出，从保护储层角度来看，主要需要保护的孔喉直径为 $0.4935\sim2.4773\mu m$。

表 5-13　东方 13 区不同孔喉直径渗透率贡献最大值统计表

井号	层位	最大渗透率贡献区间范围/μm	最大渗透率贡献率/%
	H1Ⅱ	$0.4935\sim0.7489$	74.28
DF13-1-2	H1Ⅲ	$0.4997\sim0.7376$	$78\sim86$
		$0.7376\sim1.4671$	$65\sim94$
DF13-1-4	H1Ⅱ	$1.4600\sim2.4773$	75.93

压汞分析结果表明，黄流组储层排驱压力为 $0.1994\sim0.5613$MPa，最大孔喉半径为 $1.4671\sim3.6882\mu m$，孔喉半径的平均值为 $0.4267\sim0.6835\mu m$，排驱压力较大，最大孔喉半径小，孔喉半径的平均值小，说明岩样的渗透性较差；岩心的饱和度中值压力高，饱和度中值孔喉半径小，岩石物性一般；均质系数较小，非均质性中等偏强。

根据文献调研可知，当固相颗粒尺寸大于储层平均孔喉尺寸的 30% 以上时，将不会产生明显的固相侵入。Bettersize2000 激光粒度分布仪测试钻井液体系中主要固相(如膨润土、重晶石等)的粒度分布的实验结果如图 5-16、图 5-17 所示。

钻井液中的膨润土的粒度中值(d50)为 $7.719\mu m$，重晶石的粒度中值(d50)为 $11.15\mu m$，而东方 13-1 气田黄流组储层属于中孔、低渗储层，孔喉半径为 $0.4267\sim1.7353\mu m$，故钻井液中的固相尺寸远大于储层平均孔喉尺寸的 30%。因此，外来工作液中的重晶石等较大颗粒固相难于侵入储层。

虽然Ⅰ气组低渗储层孔喉细小，较大颗粒的固相不容易进入储层，但水化后黏土多数呈现胶体悬浮状，因此也会侵入储层造成损害。

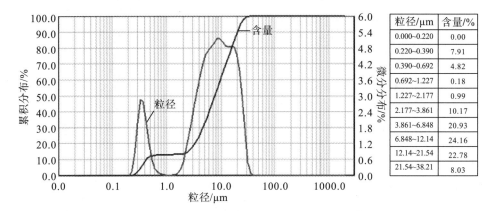

图 5-16　钻井液中膨润土的粒度分布曲线

粒径/μm	含量/%
0.000~0.220	0.00
0.220~0.390	7.91
0.390~0.692	4.82
0.692~1.227	0.18
1.227~2.177	0.99
2.177~3.861	10.17
3.861~6.848	20.93
6.848~12.14	24.16
12.14~21.54	22.78
21.54~38.21	8.03

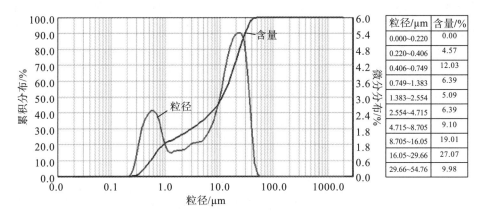

图 5-17　钻井液中重晶石的粒度分布曲线

粒径/μm	含量/%
0.000~0.220	0.00
0.220~0.406	4.57
0.406~0.749	12.03
0.749~1.383	6.39
1.383~2.554	5.09
2.554~4.715	6.39
4.715~8.705	9.10
8.705~16.05	19.01
16.05~29.66	27.07
29.66~54.76	9.98

　　另外，钻井完井液中含有大量的化学处理剂，某些处理剂分子在与地层接触后能在地层与流体接触的表面发生固－液吸附，因含处理剂的吸附膜厚度一般大于无处理剂的水膜厚度，使本就不是特别宽的储层基质孔喉变得更加细窄，流动的阻力更大，这种现象在储层活跃性黏土矿物含量较高时表现较为突出。

　　东方 1-1 气田开发所用水基钻井液中含有 LV-PAC 等水溶性聚合物，所用的钻井液处理剂对低渗储层有明显损害，必须考虑后期完井时的储层污染的解除技术和措施。

　　因此，高温高压条件下，东方 13 气田储层固相颗粒堵塞损害是储层的主要损害机理之一。

5.3.2.2　固相损害的预防和解除措施

1. 合理控制钻井液中的固相含量

(1)结合胶液稀释控制井浆 LGS<5％，以减少劣质固相对储层的污染；

（2）采用可溶性盐加重技术减少钻井液中的固相含量。

2. 提高泥饼质量

控制钻井液的高温聚合物（EMI-1045）浓度在 $3\sim4\text{kg/m}^3$；沥青类 Asphasol Supreme 含量在 10kg/m^3 左右；维持 XP-20K，Resinex（有机树脂）含量 $15\sim20\text{kg/m}^3$；Soltex（磺化沥青）含量 $10\sim15\text{kg/m}^3$。既增强钻井液的稳定性，也提高泥饼质量，减少固相侵入。

3. 提高钻井液封堵能力和地层承压能力

根据地质提供的储层物性（孔隙度、渗透率等）资料，采用暂堵技术优选复配封堵粒子（G-Seal、$CaCO_3$ 等），结合软性可变性粒子（Soltex，Resinex、Asphasol Supreme 等）和对渗透层加以良好地封堵，提高高温高压条件下的钻井液封堵能力和地层承压能力，减少固相颗粒对储层的污染和侵入深度。

具体措施：目的层的钻井液中加入 $1\%CaCO_3$ 以保证钻井液具有良好的封堵性；遇到目的层钻进时的井下渗透性漏失，则再加入总量为 $2\%\sim3\%$ 不同粒径的 $CaCO_3$，采用暂堵技术保护储层。

4. 随钻 ECD 控制的近平衡钻井防漏技术

1）钻井液流变性控制

做好高温高密度下钻井液稳定性和流变性控制，控制钻井液流变性处于低限，为钻井液比重的提高和性能调整留足空间。

图 5-18 为 F1 井定向井钻井液流变性能数据曲线。

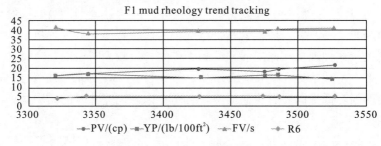

图 5-18　F1 井钻井液流变性曲线

钻进时控制机械钻速、排量在合适的范围；钻井液流变性控制在低限，漏斗黏度 $38\sim45\text{s}$，3 转读数 $4\sim5$。通过以上措施的执行，定向井在钻进时都保持了较低的 ECD 值，从而降低了压差，减小了井漏的风险。

2）钻井液的密度控制

钻井过程中有效控制合理的钻井液密度可减少固相损害。在平衡地层压力的情况下，尽可能地降低钻井液的密度，控制钻井液密度在设计下限，降低钻井液正向液柱压差，降低固相损害。

图 5-19 为 F1 井定向井钻井液密度性能与 ECD 的对应关系。

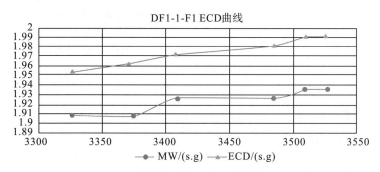

图 5-19　DF1-1-F1 井 ECD 与密度对应关系图

定向井 ECD 数据见表 5-14。

表 5-14　各井钻进时 ECD 统计

Well name	MW/(s. g)	FV/s	ECD/(s. g)	ECD附加值
F1	1.90~1.93	38~41	1.94~1.99	0.04~0.06
F2	1.87~1.94	37~41	1.92~2.0	0.05~0.06
F3	1.90~1.94	41~49	1.95~2.01	0.05~0.07
F4	1.91~1.94	41~45	1.96~2.01	0.05~0.07
F5	1.82~1.95	39~41	1.87~2.01	0.05~0.07
F6	1.92~1.98	45~50	1.98~2.10	0.06~0.12

5. 射孔完井液对固相暂堵的解除

南海高温高压定向井储层采用清洁盐水隐形酸射孔液体系，可有效清除酸溶性固相的暂堵。

6. 射孔液完井液的配伍性

清洁盐水隐形酸射孔液与各工作液配伍性好，确保射孔液浊度 NTU≤30，以减少物理−化学−热动力学作用所产生的有机物、无机物等沉淀和结垢现象；减少各种水、碱、酸、固相、水泥等敏感性反应。

5.3.3　黏土膨胀与分散运移引起的储层伤害原因分析及现场措施

5.3.3.1　黏土膨胀与分散运移引起的储层伤害原因分析

在储层原始状态下，黏土矿物在储层共生水的束缚下，在孔道中处于稳定状态。储层中的水一般都有一定的矿化度，如果外来流体的矿化度很低，那么侵入储层后，造成储层共生水的矿化度降低。于是，原有的稳定状态被打破，黏土矿物发生水化膨胀使储层的孔隙半径缩小，使油层渗透率下降，从而降低油井的生产能力，造成黏土水化膨胀伤害。

黏土矿物水化膨胀主要有三种方式：黏土颗粒遇到不平衡的水后，与水之间存在界面，按能量最低原则，黏土颗粒表面必然要吸附水分子，因此水分子可以受黏土表面静电引力而定向排列、浓集在黏土颗粒表面上；黏土晶格里有氧或氢氧层，可与水分子形成氢氧键而吸附水分子；黏土颗粒表面带有负电，其表面上常吸附着大量交换性阳离子，这些离子对水分子的吸附，也会给黏土颗粒带来水化层。

黏土水化膨胀可分为两个阶段：表面水化膨胀和渗透水化膨胀。

第一阶段，表面水化膨胀阶段：黏土表面特性及交换性阳离子作用的结果，使水分子定向排列于黏土颗粒表面。这个阶段水分子可进入黏土晶层之间并紧贴于颗粒表面，一般可达几个水分子层。膨胀的主要因素是由于水合能的产生。水合能可能来源于水分子与黏土颗粒四面体表面的氧原子形成氧键，或者水分子与阳离子水化膜中的水分子形成的氢键，也可能是二者同时作用。水合能的作用距离小于10Å，约为四个水分子层，引起的黏土膨胀范围小，而且通过提高水的矿化度，其膨胀体积可还原，即具有可逆性。

第二阶段，渗透水化膨胀：当黏土颗粒周围形成水化膜后，水可由渗透效应吸附。当层面间距超过以后，表面吸附的能量已不是主要的，这时的膨胀由渗透压力及双电层压力所支配。其膨胀体积较大，而且提高水的矿化度后，其膨胀体积不可还原，即不可逆性。

储层中一般都有许多细小松散的固体颗粒，随着流体在砂岩油层孔隙中的流动，这些微粒会发生运移，它们可能在孔隙的喉道处堆积起来，造成堵塞，使油层渗透率大大降低。微粒运移一般分为两类：分散运移和颗粒运移。

分散运移就是黏土矿物的分散运移。黏土矿物在储层共生水的束缚下，在孔道中处于稳定状态。外来液体侵入改变了储层流体的矿化度、酸碱度，导致黏土微粒释放，造成微粒运移、堵塞，导致井筒附近渗透率降低。

颗粒运移是指油气层中固有的颗粒(如云母、石英、长石等)发生运移。地层中固有的非黏土矿物颗粒，在地质条件下被胶结物束缚，外来液体侵入促使胶结物溶解，释放出大量的微粒，发生运移形成堵塞，伤害储层。

影响微粒运移的因素主要有：流速、矿化度、润湿性及表面张力、pH 等。微粒运移存在一个临界速度，当速度小于临界速度时，微粒不发生运移；而当速度大于临界速度时，微粒运移便迅速发生。矿化度的突然改变，会使地层岩石的化学环境变化，促使微粒发生分散、运移。在多相流动时，微粒主要受润湿性及界面张力的影响。只有能润湿微粒的液体流动时，微粒才会运移。pH 对黏土分散、堵塞油层有很大影响，特别是外来液体 pH 对黏土分散、堵塞油层有很大影响，当外来液体值升高时，可溶解胶结值升高，可溶解胶结物释放出微粒物质而堵塞油层。值过高的滤液对黏土矿物起裂解和分散作用，破坏油气层中黏土矿物表面化学平衡，这些都容易造成微粒的分散运移而伤害储层。

根据东方 13-1 气田 X-射线衍射和扫描电镜分析结果，主力储层黄流组黏土矿物以伊利石为主，高岭石、绿泥石和伊/蒙混层相对含量低，混层比为 10～15，为弱敏感地层(表 5-15)。

表 5-15　东方 13-1 气田黏土矿物分析

井号	气组	井深 MD /m	岩性	黏土矿物相对含量/%				
				伊利石	高岭石	绿泥石	伊/蒙混层	混层比
DF13-1-2	H1II	2977.5 ～3014.3	粉细砂岩	23～34	39～48	7～9	17～23	15
			泥质粉砂岩	48～50	14～21	6～10	25～26	15
	H1III	3014.3 ～3093.0	粉细砂岩	80～92	2～3	1～2	5～16	5～10
DF13-1-3	H1II	2895.5 ～2958.0	泥质粉砂岩	29～42	7～21	23～39	20～27	15～20
DF13-1-4	H1II	2851.5 ～2906.0	细砂岩	61～68	14～20	1～3	11～19	10
DF13-1-6	H1III	2851.9 ～2907.2	粉细砂岩	60～73	12～20	2～6	10～20	10～15

东方 13-1 气田储层含有水化膨胀和分散运移的黏土矿物，入井液滤液的侵入容易引起损害。东方 13-1 气田已钻井使用的钻井液体系，在抑制性能和封堵性能方面需要进行针对性地优化，并在钻开储层过程中合理维护性能，进而有效抑制黏土矿物水化膨胀和分散运移对储层的损害。

5.3.3.2　防止黏土膨胀与分散运移伤害储层的现场措施

1. 提高滤液的抑制性能

现场选用 KCl、液体聚胺、甲酸盐等提高水基钻井液的抑制性，防止可能造成的水敏及盐敏性损害；

调整油基钻井液水相中 $CaCl_2$ 的浓度（25％左右），使钻井液水相的活度等于或略高于地层水的活度（Aw），使钻井液的渗透压大于或等于地层（页岩）吸附压，从而防止钻井液中的水向岩层运移，防止页岩地层的渗透水化。

采用清洁盐水隐形酸射孔完井液体系，其抑制性能很好。

2. 控制滤液的侵入量

1）提高滤饼质量

采用 EMI-1045（高温聚合物）、Asphasol Supreme（磺化沥青）、XP-20K（含钾磺化褐煤）、Resinex（有机树脂）、Soltex（磺化沥青），控制钻井液高温高压失水＜8.0mL/30min。（如：DF1-1-F1 井，MW 1.95g/cm³，HTHP FL 6.6mL/2.0mm）。既增强钻井液的稳定性，也提高泥饼质量，减少滤液侵入。

油基钻井液严格控制钻井液的 HTHP 滤失量＜3.0mL（滤液全部是油）。

2）减少浸泡时间

提高机械钻速，适当增加排量，增加环空返速，缩短储层浸泡时间，进而减少滤液损害。

5.3.4　微细孔喉渗流特征与残液滞留原因分析及现场措施

5.3.4.1　残液滞留损害储层的原因分析

对于以孔喉为渗流通道的储层，工作液的大量漏失或者大量的作业液没有返排也是造成储层损害尤其是产能降低的重要原因。钻完井液大量漏失进入油气层后，会因其油气井周围油气水分布发生变化，油气井周围含水率上升甚至达到 80％~90％及以上，从而造成生产井油气产量下降或者勘探测试井测试结果不实。

储层孔隙微观结构分析结果表明，东方 13-1 气田黄流组储层属于中孔、低渗储层，孔喉半径为 $0.4267 \sim 1.7353 \mu m$，黄流组储层以粒间孔隙为主，孔隙喉道尺寸较小，属于中孔、低渗—特低渗储层。因此，由于孔喉狭窄，毛细管效应显著，当气、水两相在岩石孔隙中渗流时，水滴在流经孔喉处遇阻，造成储层水锁损害。

含水饱和度对气相渗透率影响很大。I气组储层自吸现象明显，因水相的吸入导致气相渗透率下降的现象比较严重，即"水锁"效应损害比较严重。

5.3.4.2　残液滞留损害储层的现场解决措施

针对东方13-1气田储层渗流特征分析认为，该气田储层勘探开发过程中钻完井液滤液侵入储层，造成液相滞留水锁损害储层是液相损害的主要原因。因此，该气田储层勘探开发过程中防止液相滞留损害，应以减少水锁损害为主，并加强抑制性。

1. 预防水锁损害的措施

1)尽量减少、甚至避免水基工作液侵入低渗储层

对于水敏性地层，就必须尽可能减少水基工作液的滤失。钻完井液中，通过钻井液中的增黏剂、降滤失剂，并加入一定数量和适当级配的固相颗粒来调整钻井液性能，加强钻井液体系的有效封堵能力，形成渗透率为零的泥饼来控制滤液侵入深度，达到减小水锁损害的目的。

2)降低界面张力，促进工作液顺利返排

通过降低气-液界面张力，实现侵入滤液最大程度地返排，减少单位孔隙体积内滤液的滞留量，削弱水锁损害的不利影响。定向井储层钻开液与射孔液中加PF-SATRO防水锁剂等表面活性剂或互溶剂可以起到降低滤液表/界面张力的作用，以降低储层的水锁损害。

3)选择适当的工作基液

作业中正确地选择基液十分重要，借此可以防止水锁损害的发生。例如，当在具有潜在水锁损害的地层进行近平衡钻井时，改用油基钻井液代替水基钻井液，就可以消除水相的逆流自吸作用。

因为对于非润湿相而言，逆流自吸的动力从根本上消除了。即使在近平衡钻井液条件下，水相的侵入和圈闭也不能发生。

地层为水润湿时，非润湿的烃相侵入地层后，一般居于孔隙的中央，在压差作用下易于返排；水相进入地层则不同，水倾向于吸附、滞留在孔隙壁面，返排十分困难。但是，对于凝析气藏，特别是地层压力低于露点压力后，井壁附近存在凝析油积液时，使用烃基工作液会引起烃相圈闭，同样可以损害气层。

水平井油基钻完井液滤失量低，可减轻水相润湿储层的水锁损害。

4)使用近平衡作业

近平衡钻井过程中，当量循环钻井液密度液柱压力接近于地层压力时，可以减缓滤液进入储层，但逆流自吸仍不可避免。这里值得注意的是，近平衡条件下，井壁附近应能形成良好的具有保护性能的泥饼。

2. 解除水锁损害的措施

1）直接穿越损害带

当水锁损害范围较小时，可采用射孔技术解除。

2）清除滞留液相的技术

（1）降低表/界面张力。在射孔液中加入表面活性剂，能降低表/界面张力。

（2）改变孔隙几何形态。酸化可以扩大裂缝和基块的孔喉尺寸，减少毛管压力，促进水的快速返排。采用隐形酸射孔液技术，适当溶蚀扩大储层孔喉，能够提高液相的返排效果。

（3）延长返排时间。

东方 13-1 气田低孔低渗储层普遍存在着水锁损害，而且渗透率越低，水锁伤害越严重。水锁伤害一旦发生，解除相对比较困难。因此，东方 13-1 气田油气生产过程中，需使用合适的工作液，尽量避免或减少水锁伤害。

第6章 南海高温高压钻完井液防腐技术

含酸性气体(CO_2/H_2S)油气田钻探开发(特别是高温高压储层),是石油天然气开发过程中的关键技术难题。在钻完井过程中,酸性气体常常会入侵钻完井液,破坏钻完井液体系的性能,并对钻具、套管产生剧烈的腐蚀破坏,严重影响油气田的正常开发生产。另外,由于地层中酸性气体含量高,容易破坏井壁稳定性,造成井壁坍塌等事故。深井钻井一般裸眼段较长,可钻遇多套地层压力系统,尤其是地层存在高温高压系统时,给钻井液密度的合理确定和控制、钻井液流变性控制和维护带来了很大的难度。同时深井钻遇地层较多,地层中的油、气、水、盐、黏土等的污染可能性增大,且会因高温高压作用对钻井液体系的影响而加剧,从而增加了钻井液抗污的技术难度。

通过对南海高温高压储层流体性质的测试,结果表明气藏 CO_2 含量含量较高,并伴生少量 H_2S。为了确保井筒的长期安全,有必要对钻完井液和封隔液配方进行优化,以防止 CO_2 气体侵入对油管和套管的腐蚀。经过科技攻关,较好地解决了高温高压储层酸性气体腐蚀的技术难题,并取得了一系列的研究成果。

6.1 国内外钻完井过程中的腐蚀及防腐现状

6.1.1 国内外 CO_2 腐蚀与防护现状

1. 国内外 CO_2 腐蚀现状

国内某些油田存在严重的 CO_2 腐蚀现象。如:四川气田的合 100 井自 1988 年测试投产后,至 1992 年发现油管破损,修井作业时发现井内油管已断为四节,断面处有大量蚀坑。经测试,该井天然气中不含 H_2S,但 CO_2 分压高达 0.43MPa,大大超 CO_2 腐蚀的允许分压(0.02MPa),再加之其地层水 pH 为 4.5~6.0,Fe^{2+} 含量较高,穿孔处的最大腐蚀速率达到 3mm/a,且腐蚀特征为坑蚀、环状腐蚀、台面状腐蚀,故可判定其为 CO_2 多相流造成的甜蚀。

华北油田馏 58 断块由于 CO_2 含量高达 42%,自 1984 年 4 月开采至 1985 年 7

月，就有三口高产井油管和套管严重腐蚀而相继报废，直接经济损失上千万元。其中，1985 年 11 月 25 日，馏 58 井发生井喷事故，造成一口高产油气井报废，直接经济损失近 200 万元。花园油田 17 口油水井，其中套管损坏井 11 口。套管损坏井中，腐蚀穿孔井数 9 口，占全油田井数的 52.9%，占套管损坏井数的 81.8%。华北油田 1973 年正式开发以来，从完井到发现套管腐蚀穿孔，最短的 4.6 年，最长的 21.9 年，一般为 10~15 年。

川西、川东有比较丰富的天然气资源，使用输气管线腐蚀严重，从德阳到绵阳的两条输气管线，分别建于 1990 年和 1996 年，2001 年这两条管线共发生腐蚀穿孔 200 余次，2002 年共发生穿孔 300 余次，其中有 10 余次穿孔因管壁太薄，无法补焊而被迫停输换管；中原油田产出水矿化度高、pH 低加重了二氧化碳腐蚀，平均腐蚀速率可达 0.26mm/a，导致油井油管及抽油杆的平均使用寿命不到一年半，集输系统遭到严重腐蚀破坏，集油管线 1993 年累计腐蚀穿孔 3338 次，更换管线 53.7km。最严重的是胡状南一线，这条管线投产后到 1993 年 8 月，共穿孔 1200 多次，更换管线费用 700 多万元，跑油 15000 多吨，污染良田 200 亩；江苏富民油田实施二氧化碳驱一年多，注入井 F167 井套管严重腐蚀；其他如南海崖 13-1 气田天然气中的二氧化碳含量约为 10%，胜利油田的气田气中二氧化碳含量也达 12%，长庆油田、吉林油田也都发生过因二氧化碳腐蚀而造成设备严重损坏，给生产带来严重损失的情况。我国埋地管道 80% 以上是 1978 年以前建成的，目前已进入老龄期，漏油事故增多。

国外由于 CO_2 及残留的 H_2S 因腐蚀而引起的燃烧、爆炸等严重事故也有相关报道。例如挪威的 Ekofisk 油田、德国北部地区的油气田、美国的一些油气田以及中东油田等均存在 CO_2 腐蚀问题。挪威北海 Ekofisk 气田 1# 井，CO_2 分压达到 0.62MPa，水相 pH 为 6.0，温度为 93℃，Fe^{2+} 浓度 120mg/L，流速在 6.4~7.9m/s，在正常生产 309 天后位于井内 1740m 处的油管便因腐蚀而断裂，按此估计其 CO_2 腐蚀速率为 10.2mm/a。

美国 Mississippi 的 Little Greek 油田回注二氧化碳强化采油现场发现，在未采取抑制 CO_2 腐蚀措施时，生产井的油管壁不到 5 个月即穿孔；美国的 Sacroc 油田 CO_2 注入工艺中虽采用了 AISI410 不锈钢材料，井口设备仍遭到严重腐蚀；休斯敦的北 Personville 油气田 CO_2 摩尔比含量高达 2.5%，N80 套管用不到一年即腐蚀穿孔，腐蚀速率为 5.6mm/a。

壳牌加拿大有限公司的 CAROLINE 酸气集输管线尽管采取了内涂防腐层和加注缓蚀剂、经常性清管等防腐措施，但天然气中所含的湿 H_2S 和 CO_2 仍使 1994 年初投产的 5-32S 管线在 6 个月后发生了泄漏事故，后来的测定证实该酸气对钢管的腐蚀速率竟高达 30mm/a；在中东地区合金淬火钢和合金回火钢完井设备也曾受到 CO_2 的严重腐蚀。

由以上诸多实例可以看出，无论在国内还是国外，CO_2 腐蚀都已成为一个不容忽视的问题。因此，研究天然气管道内防腐问题，对于保持管道输送能力、延长管道使用寿命、降低天然气输送成本等具有重要的现实及实际意义。

2. 国内外 CO_2 防腐研究现状

20 世纪 60 年代以来，随着高含 CO_2 油气田的相继开发，各国对油气中 CO_2 产生的严重腐蚀破坏、主要的影响因素及其破坏机理和腐蚀防护措施等进行了广泛研究。这是继对含硫油气的腐蚀防护研究之后，形成的油气开发中腐蚀防护研究的一个新热点，作为这个时期的研究成果，现已可在工程应用上有明显效果的腐蚀防护专项技术（如缓蚀剂、防护涂料和耐蚀材料等）。目前，国内外许多研究机构仍在投入很大的力量从事 CO_2 腐蚀的研究工作，法国 ELF 公司用了 6 年时间对分布在挪威、荷兰、突尼斯、喀麦隆等地区的 40 多个油气田的 CO_2 腐蚀情况及其影响因素进行了详细的调查研究，找出了腐蚀程度与各种因素综合特征的相对关系，建立了预测 CO_2 腐蚀程度的数学模式。挪威能源技术协会（IFE）对影响 CO_2 腐蚀速率的诸多因素进行了系统的研究，日本的钢铁研究公司根据 IFE 的结论，开发生产出了防止 CO_2 腐蚀的专用管材。我国在 60 年代中期开始，由中国科学院金属腐蚀与防护研究所的前身中国科学院应用化学研究所金属腐蚀与防护研究室等单位进行防腐攻关，为含 H_2S（0.8%～1.2%）和 CO_2（3%）的威远震旦系气田的开发，提供了一整套防护技术，保证了这个气田的顺利开发。国内对高含 CO_2 油气腐蚀防护的研究是从 80 年代开始的，由中国科学院金属腐蚀与防护研究所相继与华北油田、中原油田和四川石油设计院合作，研制出了缓蚀剂并对 CO_2 腐蚀的主要影响因素和影响规律有了系统的认识。

腐蚀是长期困扰油气生产的一个主要问题，尤其是高含 CO_2 组分的油气田的防腐更难。酸性凝析气藏的开发过程中，由于油、气、水共存，高含 CO_2 的气藏流体对井下油套管等生产设备有严重的腐蚀性。在集输高含 CO_2 的气体过程中由于管线埋入地下或暴露于大气，而内输送含腐蚀性介质的油、气，使管线产生内外壁腐蚀。当输送含 CO_2 的天然气，同时存在水时，CO_2 气体形成碳酸，迅速加剧钢材的腐蚀。腐蚀使生产成本增加，使企业蒙受巨大的经济损失。

CO_2 通常形成半球形深蚀坑，腐蚀穿透率极高，可达 7mm/a。因此在高含 CO_2 的天然气开采与集输中对金属设备的损害非常大。CO_2 发生腐蚀的情况是：在 60℃以下，CO_2 分压在 0.021～0.21MPa，产生一般腐蚀；温度在 100℃左右，CO_2 分压在 0.21MPa 左右，会产生严重坑蚀或癣状腐蚀；而温度在 150℃以上则形成一种 $FeCO_3$ 保护膜。也就是说温度和 CO_2 分压是引起腐蚀的关键所在。CO_2 腐蚀主要是有水时，与之生成碳酸造成严重的腐蚀，具有高酸性的碳酸增加了金属的溶速，另外未离解的碳酸在阴极反应过程中对氢的释放起了加速作用。

目前国外对于高含 CO_2 气藏流体对油套管等生产设备的腐蚀采取了不同的防腐措施，包括采用特殊材质如不锈钢、合金、玻璃钢、塑料以及特殊措施如碳钢加缓蚀剂、防腐涂层等。高含 CO_2 油气田主要从完井油管及套管的选材、缓蚀剂的选用、缓蚀剂的加注方法和辅以完整的腐蚀监测技术和有规律的腐蚀监测周期等几个方面来控制腐蚀。

1)金属型材料

高含 CO_2 的高温气井采用的油管主要材料有：C75 碳钢、N80 钢、L-80、P105、马氏体 13％Cr 钢、杜氏体不锈钢(22％Cr 和 25％Cr)、双金属钢(4130 钢管内涂 1.25mm 厚 13％Cr 钢)和新型不锈钢。

2)缓蚀剂的选用

各油气田采用的缓蚀剂主要有改性胺的第三代胺、胺基酰胺、咪唑啉等有机成膜缓蚀剂。其中胺基酰胺抗高温降解性能好，在高温环境下得到广泛应用。

3)集输管线涂层

涂层钢管广泛应用于油气田集输管线。现在油田集输管线采用的主要几大类涂料：熔结环氧树脂(FB)，是目前公认性能最好的油气集输管道内外涂料，还用作钻杆的内涂层；聚乙烯和聚丙烯涂料也是管道的主要内外涂料之一。针对 CO_2 腐蚀采用的涂料保护技术有：

(1)北海 Scapa 油田集输管线材质为碳钢管，内涂一种高温环氧涂料 Colturiet HT5435，应用现场涂装工艺。在 60℃、2.7MPa 下输送含 CO_2 7mol％、H_2S<14mg/m³、水、油的流体，流速 1~2m/s。在油、缓蚀剂的作用下，2 年以后涂层性能良好。但是，在 150℃、55MPa，水中含 NaCl 8％和油中含 CO_2 15mol％、CH_4 85％、8％盐水的条件下，涂层效果不理想。

(2)Hawkins 油田注气开采后，CO_2 分压增高，井下油管腐蚀严重。1978 年下半年，采用油管内涂层工艺保护油管内壁，取得了好的保护效果，涂层油管腐蚀事故仅占油管腐蚀事故的 4％。

美国 Russell E. Lewins 和 David Barbin 为用于高含 CO_2 的油气田的油管涂料进行了筛选研究。研究中采用了 7 种涂料，在温度 150℃、气体含 15％ CO_2 和采出水含 8％ NaCl 的模拟条件下，对涂层进行了摆臂、耐酸、钢丝绳擦伤、冲击损坏和外变形实验。只有改性 FBE 在全部实验中表现出良好的性能。

4)玻璃钢、塑料等非金属材料衬管

高密度聚乙烯塑料衬管在油田注水系统的使用寿命为 10 年以上。在 20~50℃温度下，高密度聚乙烯塑料衬管可以用于产油系统。高密度聚乙烯塑料衬管的缺点是变色和膨胀。

加拿大一油田集输管线，长 1.1km，在 65℃、7MPa 下，输水量 190m³/d，输凝析油量 25m³/d，输气量 $2.1×10^4$ m³/d。水中含 Cl^- 128g/L，总矿化度 199.7g/L。天然气中含有 H_2S 17.52％、CO_2 1.85％、C_{16} 2.3％、C_{21} 8.3％。高密度聚乙烯塑料衬管一般使用寿命为 18 个月，但 6 个月后出现一处泄漏，改用尼龙衬管。尼龙衬管 PA-11 使用 3 年后，由于吸收了原油成分，表面颜色发生了变化。在 85℃下，尼龙衬管 PA-11 的使用寿命可达到 10 年以上。

美国 Utah 东南 Aneth 油田 1955 年投入开发，1998 年开始 CO_2 驱油，油产量 715m³/d，水产量 9539m³/d，气产量 110m³/d。由于 CO_2 腐蚀，用玻璃钢管线取代了碳钢管线。美国 Ameron 玻璃钢管材公司生产钢带叠层玻璃钢管材，耐温性能提高到 149℃，耐压提高到 33MPa，管径有 200~1000mm，正常工作寿命在 20 年以上，使玻璃钢管材的应用范围有所扩大，而且应用量也有增加。

3. 影响 CO_2 腐蚀的因素

1) 环境温度影响

高温能加速电化学反应和化学反应速度，Fe^{2+} 的溶蚀速度随温度升高而加大，从而加速腐蚀；$FeCO_3$ 的溶解度具有负的温度系数，则随温度升高而降低，其沉淀速度增大，则有利于保护膜的形成，因此造成了错综复杂的关系。温度对 CO_2 腐蚀的影响主要基于以下几个方面的因素：

(1) 温度影响了介质中 CO_2 的溶解度。介质中 CO_2 浓度随着温度升高而减小。

(2) 温度影响了反应进行的速度。反应速度随着温度的升高而加快。

(3) 温度影响了腐蚀产物成膜的机制。温度的变化，影响了基体表面 $FeCO_3$ 晶核的数量与晶粒长大的速度，从而改变了腐蚀产物膜的结构与附着力，即改变了膜的保护性。

由此可见，温度是通过影响化学反应速度与成膜机制来影响 CO_2 腐蚀的。在较多的研究中发现在 60℃附近 CO_2 腐蚀在动力学上有质的变化。在 60~110℃，钢铁表面可生成具有一定保护性的腐蚀产物膜层，使腐蚀速率出现过渡区，该温度区局部腐蚀比较突出；而低于 60℃时不能形成保护性膜层，钢的腐蚀速率 (CR) 在此区出现第一个极大值（含锰钢在 40℃附近，含铬钢在 60℃附近）；在 110℃或更高的温度范围内，由于发生下列反应：

$$3Fe + 4H_2O \Longrightarrow Fe_3O_4 + 4H_2$$

可出现钢的第二个腐蚀速率极大值（CR_{max}），表面产物膜层也由 $FeCO_3$ 膜变成混杂有 $FeCO_3$ 和 Fe_3O_4 的膜。

Schmitt 认为在 60℃附近 CO_2 腐蚀在动力学上有质的变化，对不同温度下的 CO_2 腐蚀分三种典型的情况：

① 在较低温度（<60℃）下，腐蚀产物膜 $FeCO_3$ 具有负的温度系数，腐蚀产物 $FeCO_3$ 软而无附着力，钢表面主要发生均匀腐蚀；

② 在 100℃左右，钢表面上 $FeCO_3$ 核的数目较少以及核周围结晶生长慢且不均匀，故基材上生成一层粗糙的、多孔的、厚的 $FeCO_3$ 膜，由于膜上的多孔区在腐蚀过程中成为阳极区，此时 $FeCO_3$ 保护膜上出现粗大的结晶并继续增大和剥裂产生坑蚀等严重的局部腐蚀；

③ 在 150℃左右，Fe^{2+} 初始的溶蚀速度加大，在钢铁表面的浓度增大，而

$FeCO_3$ 的溶解度降低，大量的 $FeCO_3$ 结晶核均匀地在金属表面上出现，很快就形成薄而致密的、附着力强的、均质的 $FeCO_3$ 和 Fe_3O_4 保护膜。

综上所述，温度是通过影响化学反应速度与成膜机制来影响 CO_2 腐蚀的。

2)CO_2 分压的影响

CO_2 分压在判断 CO_2 腐蚀中起着重要作用。在油气工业中一般采用如下方法计算 CO_2 的分压：

输油管线中 CO_2 分压=井口回压×CO_2 百分含量

井口 CO_2 分压=井口油压×CO_2 百分含量

井下 CO_2 分压=饱和压力(或流压)×CO_2 百分含量

通常认为，当 CO_2 分压超过 20kPa 时，该烃类流体是具有腐蚀性的，这是一条判别准则。在较低温度下(<60℃)，没有完善的 $FeCO_3$ 保护膜，腐蚀速率随 CO_2 分压的增大而加大。在 100℃ 左右，此时虽然成膜，但膜多孔，附着力差，因而 $FeCO_3$ 膜的保护不完全，出现坑蚀等局部腐蚀，其腐蚀速率也随 CO_2 分压的增大而增大。在 150℃ 左右致密的 $FeCO_3$ 保护膜形成，腐蚀速率大大降低。

3)介质流速的影响

流速对 CO_2 腐蚀的影响主要是因为在流动状态下，将对钢表面产生一个切向的作用力。

流速影响的具体表现如下：

(1)在流速低时，能使缓蚀剂充分达到管壁表面，促进缓蚀作用；

(2)流速较高时，冲刷使部分缓蚀剂未发挥作用；

(3)当流速高于 10m/s 时，缓蚀剂不再起作用。流速增加，腐蚀速率提高。流速较高时，将形成冲刷腐蚀。

Schimtt 和 Waard 认为腐蚀速度在低流速时，部分受扩散控制，在超过一定流速的范围内，腐蚀速度完全是由反应或电荷传递所控制。国外一些专家用循环流动腐蚀试验仪试验得出结论：当腐蚀介质的流速在 0.32m/s 以下时，腐蚀速率随流速增加而加速，此后在 10m/s 范围内腐蚀速率基本不随流速的变化而变化。

4)硫化氢含量

硫化氢、二氧化碳是油气工业中主要的腐蚀性气体。在无硫化氢油气介质中也难免存在少量硫化氢。钢制设备上，硫化氢可形成 FeS 膜，引起局部腐蚀，导致氢鼓泡、硫化物应力腐蚀开裂(SSCC)，并能和二氧化碳共同引起应力腐蚀开裂(SSCC)。硫化氢对二氧化碳腐蚀的影响可分为三类：

(1)环境温度较低(30℃)，少量硫化氢(浓度为 3.3×10^{-6})将使二氧化碳腐蚀成倍增加，而高含量硫化氢(浓度为 330×10^{-6})则使腐蚀速率降低；

(2)温度大于30℃下，当硫化氢浓度含量大于 33×10^{-6} 时，腐蚀速度反而比纯二氧化碳腐蚀低；

（3）温度超过 150℃时，金属表面会形成 $FeCO_3$ 或 FeS 保护膜，腐蚀速率将不受硫化氢含量影响。

5）pH 的影响

CO_2 溶液的 pH 主要由温度、H_2CO_3 的浓度来决定，pH 升高将引起腐蚀速率的降低。值得注意的是 CO_2 水溶液的腐蚀性并不由溶液的 pH 决定，而主要由 CO_2 的浓度来判断。试验表明，在相同的 pH 条件下，CO_2 水溶液的腐蚀性比 HCl 水溶液的高。

6）Cl^- 的影响

介质中的 Cl^- 对 CO_2 腐蚀速率没有特别明显的影响，Schmitt 认为 Cl^- 甚至有一定的缓蚀作用，增加其浓度反而会降低腐蚀速率。原因是在常温下，Cl^- 的加入使得 CO_2 在溶液中的溶解度减小，结果碳钢的腐蚀速度降低。当温度较低时，Cl^- 浓度对碳钢的 CO_2 腐蚀形态、腐蚀速度没有影响，但温度较高时，Cl^- 浓度增加，腐蚀速度加大。有人报道，在 Pco2 为 5.5Mpa，温度为 150℃时，如果 NaCl 的含量低于 10%，碳钢的腐蚀速度随着 Cl^- 含量的增加而轻微减小，但当 NaCl 的含量高于 10% 时，随着 Cl^- 含量的增加碳钢的腐蚀速度急剧增加。X. Mao 等也研究了 Cl^- 对 N80 钢在 CO_2 溶液中的作用，结果表明 Cl^- 的存在，大大降低了钝化膜形成的可能性。Cl^- 的存在不仅会破坏钢表面腐蚀产物膜或阻碍产物膜的形成，而且会进一步促进产物膜下钢的点蚀。Cl^- 含量大于 3×10^4 mg/L 时尤为明显。

含有 Cl^- 的气田水，是导致油管发生局部腐蚀，特别是孔蚀的好环境。因为气田水中的 Cl^- 不仅能首先通过金属表面保护性氧化膜的细孔或缺陷渗入其膜内，使其膜发生显微开裂成为阳极溶解区即孔蚀源，而且 Cl^- 优于其他离子抢先向阳极迁移，并富集在阳极溶解区周围的溶液中，从而促使阳极溶解区铁离子的水合作用，或者生成可溶性的氯化亚铁（$FeCl_2$），$FeCl_2$ 在水中水解。水解的产物氢离子，使阳极溶解区周围的溶液 pH 下降，促使阳极溶解区铁的溶解。铁离子浓度的增加，又促进 Cl^- 向阳极溶解区迁移，形成的 $FeCl_2$ 水解，酸化阳极溶解区周围的溶液。就这样在 Cl^- 的作用下，阳极溶解区无法再钝化，而进行着迅速的活化态铁金属的溶解，则形成孔蚀。一般认为，Cl^- 浓度只有达到一定程度以上点蚀才可以发生，这一临界浓度和材料有本质的联系。HCO_3^- 有利于腐蚀产物膜的形成，容易使钢表面钝化，从而降低腐蚀速率。但 Cl^- 又会明显破坏腐蚀产物膜，降低对基体的保护能力。另外，在判别含 CO_2 油气井腐蚀程度方面，盐水的成分是一个关键的因素，它决定腐蚀的程度，主要影响的离子包括 Ca^{2+}、HCO_3^-、Fe^{2+} 等。溶液中 Ca^{2+}、Mg^{2+} 离子的增加会增加腐蚀速率，同时对局部腐蚀也有促进作用。

Cl^- 对钢铁腐蚀电化学行为的影响本质，一直争议较多。Cl^- 虽然不是一种去极化剂，但是在钢铁的腐蚀过程中是极其重要的因素。关于 Cl^- 对钢铁腐蚀的阳极反应影响，目前主要存在三种机制，即 Lorenz 的卤素抑制机制、Chin 等提出的卤素促进机制和不参与阳极的溶解机制；对阴极的影响，主要有促进机制和不参与阴极过程两种机制。

7）HCO_3^- 含量的影响

HCO_3^- 的存在会抑制 $FeCO_3$ 的溶解，促进钝化膜的形成，从而降低碳钢的腐蚀速度。钢铁在高浓度的 HCO_3^- 的溶液中，钝化电位区间较大，击穿电位也较高，点蚀的敏感性降低。溶液中 Cl^-、HCO_3^-、Ca^{2+}、Mg^{2+} 及其他离子可影响到钢铁表面腐蚀产物膜的形成和性质，从而影响腐蚀特征。HCO_3^- 或 Ca^{2+} 等共存时，钢铁表面易形成有保护性能的表面膜，降低腐蚀速度。

8）Ca^{2+}、Mg^{2+} 含量的影响

若不考虑保护性垢层的形成，水的矿化度越大，电化学反应越活跃，二氧化碳腐蚀性增强，若 Ca^{2+}、Mg^{2+} 形成了保护性垢层，二氧化碳腐蚀产物的平均速度会减小，而局部腐蚀倾向可能会加大。

9）氧含量的影响

氧对 CO_2 腐蚀的影响主要是基于两方面，一是氧起到了去极化剂的作用，去极化还原电极电位高于氢离子去极化的还原电极电位，因而它比氢离子更易发生去极化反应；二是亚铁离子(Fe^{2+})与由 O_2 去极化生成的 OH^- 反应生成 $Fe(OH)_3$ 沉淀，若亚铁离子(Fe^{2+})迅速氧化成铁离子(Fe^{3+})的速度超过铁离子(Fe^{3+})的消耗速度，腐蚀过程就会加速进行。

10）含水量的影响

造成油气管道腐蚀的直接原因是原油/气中含有一定矿化物的水，这部分水在原油/气输送过程中逐渐沉积在线路低洼处的管道底部或浸湿在管道内部表面，从而使腐蚀反应成为可能。因此水在介质中的含量是影响 CO_2 腐蚀的一个重要因素。一般来说，当水的含量小于 30%（质量）时，会形成油包水（水/油）乳液，水包含在油中，这是水相对钢铁表面发生浸湿而引发 CO_2 腐蚀，所以 30%（质量）的含水量是判断是否发生 CO_2 腐蚀的一个经验判据。相对来说这是一个不十分严格的标准，只有油水两相能形成乳液时方可采用。很明显，随着含水量的增大，CO_2 的腐蚀速度增大。在含水率为 45%（质量）左右，CO_2 的腐蚀速度会出现一个突跃，这可能是介质从油包水乳液向水包油乳液转变。

11）载荷

在管道内部，随着载荷的增加，管道内表面的材料表面微凸体塑性变形加快，实际接触面积减少，导致摩擦系数减小，根据 $F = \mu \cdot f$，摩擦力将大大增加，从而使材料的磨损速率和磨蚀速率都增加。也就是说，载荷和 CO_2 对钢铁的腐蚀起协同作用。载荷将大大增加碳钢在 CO_2 溶液中的腐蚀失重，并且连续载荷比间断载荷引起的腐蚀更为严重。

12) 时间的影响

据报道，如果用失重法来测量 CO_2 的腐蚀速率，在前 50h 的时间内，随时间的增加，碳钢的腐蚀速度增加。当测量时间大于 50h 后，碳钢的腐蚀速率随测量时间的增加而减小。这主要是由于保护性膜的形成。在 150℃时，一般说来保护性的腐蚀产物膜在 24h 内可以形成，在 336h 内膜将缓慢增厚。

13) 腐蚀产物膜的影响

在含 CO_2 介质中，钢表面腐蚀产物膜组成、结构、形态及特征受介质组成、CO_2 分压、温度、流速、pH 和钢的组成的影响，膜中曾发现有合金元素富集，膜的稳定性和渗透性等会影响钢的腐蚀特性，视钢种和介质环境状态参数的不同，膜组成为 $FeCO_3$、Fe_3O_4、FeS 及合金元素氧化物等不同的物质，或单一或混合，比例也不同。可以从 pH 和温度两方面来看：

(1) 从 pH 角度来看，含 CO_2 的溶液 pH 为 6～10 时 HCO_3^- 以较大优势存在，pH 大于 10 时 CO_2 占优势；pH 在 10 左右时腐蚀产物主要是 $Fe(HCO_3)_2$ 和 $FeCO_3$，pH 在 4～6 时生成的腐蚀产物是 $FeCO_3$，没有生成 $Fe(HCO_3)_2$ 的迹象。$Fe(HCO_3)_2$ 膜是致密的，而 $FeCO_3$ 产物呈疏松状，无附着力，不能起到保护作用。

(2) 从温度角度来看，在一定的温度、压力、流态和 pH 条件下，在低温（<60℃）下生成的腐蚀产物膜为低温膜；在高温下（>60℃）CO_2 与金属接触时，由于 H^+ 和 Fe^{2+} 的作用，生成 $FeCO_3$ 和 Fe_3O_4，这些生成膜为致密的、附着性好的高温膜。它对参与腐蚀反应的物质传输起屏障作用，基材表面基本上不受腐蚀。因此这两类膜都能对管道起到保护作用，降低腐蚀。

所以说，完整、致密、附着力强的稳定性膜可减少均匀腐蚀速度，而膜的缺陷、膜脱落可诱发严重局部腐蚀，在其他因素的配合下可生成孔蚀、台地状侵蚀、涡状腐蚀、冲刷剥蚀及应力腐蚀开裂（stress corrosion cracking，SCC）等。

14) 合金元素的影响

合金元素对 CO_2 腐蚀有很大影响，例如，Cr 是提高合金耐 CO_2 腐蚀最常用的元素之一，主要是钢中加入 Cr，提高电极电位，从而提高钢的耐腐蚀性能。在 90℃以下的饱和 CO_2 水溶液中，很少量的 Cr 就能明显的提高合金材料的耐腐蚀效果，而且 Cr 在碳酸亚铁膜的富集，会使膜更加稳定；但在高温时，Cr 对 CO_2 腐蚀的影响不是很明确。总之现场试验也的确证明，少量的 Cr 就可提高钢的耐蚀性。近来一些公司规定要求管线钢的 Cr 含量为 0.5%～1%，但在 CO_2 可能发生严重腐蚀的井段，通常使管线的含 Cr 量为 9%～13%，甚至为 22%～25%。例如，在 Cr 含量为 2%（质量分数，下同）的钢中，腐蚀产物膜中的 Cr 浓度高达 15%～17%。在潮湿的环境下，Cr 钢的腐蚀产物膜层致密并且粘附性和韧性都好，而且 Cr 含量越高，腐蚀产物膜层越薄。

15）其他影响因素

除了上述影响 CO_2 腐蚀的主要因素外，还存在着金相、砂粒、细菌的腐蚀、有机酸、原油中油气组分（碳氢化合物）、局部腐蚀和应力腐蚀以及液膜的影响。另外，在油气田开发过程中，不可避免地要遇到多相流和湿酸性气体环境的问题，除了单相流中的诸多因素外，还必须考虑水湿性及水合物等对管材的影响等。

6.1.2　国内外 CO_2/H_2S 共存腐蚀现状

CO_2 和 H_2S 作为石油与天然气的伴生组分存在于油气中，溶于水后对金属材料（尤其是低碳钢和不锈钢）具有极强的腐蚀性，CO_2 和 H_2S 引起金属材料的腐蚀，在国内外油气开采过程中时有发生。不仅造成巨大的经济损失，还会威胁生命财产安全，甚至带来不可估量的社会后果。因此二氧化碳（CO_2）和硫化氢（H_2S）腐蚀与防护是石油天然气开发中需要解决好的一个关键性的技术难题。CO_2、H_2S 单独存在时，由于腐蚀性气体成分的单一性，其腐蚀行为及规律相对简单。近二十年来，国内外学者对 CO_2、H_2S 单独存在条件下的腐蚀与防护开展了大量的研究工作，取得了一些研究成果，形成了一套较为成熟的理论和技术。特别是控制 CO_2 腐蚀和控制 H_2S 腐蚀的专用缓蚀剂的研究与应用，分别解决了含 CO_2 和 H_2S 油气田的腐蚀问题。

随着石油天然气工业的快速发展，同时含 CO_2、H_2S 等多种腐蚀介质共存的油气田相继出现，油气田开发遇到的 CO_2/H_2S 共存腐蚀体系中，少量的 H_2S 也会对 CO_2 腐蚀产生明显的影响，使其腐蚀规律变得尤其复杂和难于把握。因此，CO_2/H_2S 共存条件下的腐蚀与缓蚀技术及机理研究显得十分迫切和极为重要。但由于 CO_2/H_2S 共存腐蚀的复杂性和腐蚀控制的难度，目前国内外对 CO_2/H_2S 共存条件下腐蚀规律、腐蚀机理、缓蚀剂应用和缓蚀机理等方面的研究工作开展地不多，以下是对 CO_2/H_2S 共存腐蚀与缓蚀研究的国内外进展的综述。

1. 国内外 CO_2/H_2S 共存腐蚀现状

目前，国内外对 CO_2/H_2S 共存条件下腐蚀规律方面的研究工作开展不多。国外早期的研究从 20 世纪 80 年代末开始，Masamura 等和 Srinivasan 等研究了 CO_2/H_2S 共存条件下的腐蚀规律，结果表明，在 CO_2/H_2S 共存环境中，H_2S 的作用表现为三种形式：①在 H_2S 含量小于 6.9×10^{-5} MPa 时，CO_2 是主要的腐蚀介质，温度高于 60℃时，腐蚀速率取决于 $FeCO_3$ 膜的保护性能，基本与 H_2S 无关；②当 H_2S 含量增至 $P_{CO_2}/P_{H_2S}>200$ 时，材料表面形成一层与系统温度和 pH 有关的较致密的 FeS 膜，导致腐蚀速率降低；③$P_{CO_2}/P_{H_2S}<200$ 时，系统中 H_2S 为主导，其存在一般会使材料表面优先生成一层 FeS 膜，此膜的形成阻碍具有良

好保护性的 $FeCO_3$ 膜的生成。体系最终的腐蚀性取决于 FeS 和 $FeCO_3$ 膜的稳定性及其保护情况。李鹤林等关于 APIN80 钢的腐蚀实验结果表明，在 $P_{CO_2}/P_{H_2S}=888>200$ 时，H_2S 的存在有助于减缓腐蚀 N80 钢表面有一层厚而均匀附着力比较高的产物膜，钢的腐蚀倾向较低；在 $P_{CO_2}/P_{H_2S}=7<200$ 时，钢表面生成致密性好，附着力高的由 FeS 组成的产物膜，使得 N80 钢的均匀腐蚀速率显著下降。Pots 等研究表明 CO_2/H_2S 共存体系中气体浓度对腐蚀有重要的影响，当 $P_{CO_2}/P_{H_2S}>500$ 时，主要为 CO_2 腐蚀，当 $P_{CO_2}/P_{H_2S}<500$ 时，主要为 H_2S 腐蚀。两种气体浓度对腐蚀的影响如图 6-1 所示。

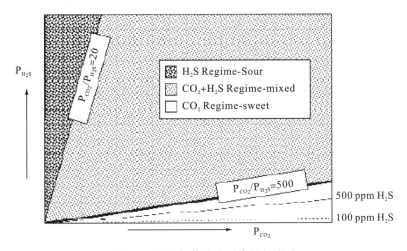

图 6-1　两种气体浓度对腐蚀的影响

Fierro 等的研究表明，在 CO_2-H_2S-Cl^- 共存环境中，在 CO_2、H_2S 不同分压下，形成的含少量硫铁化合物的铬氧化物保护膜使 13Cr-马氏体不锈钢有很强的耐 CO_2 全面腐蚀和碳致应力腐蚀破裂性能，形成的硫化铁和氧化铁使 13Cr-马氏体不锈钢易产生严重的硫化物应力腐蚀破裂；Vedage 等的研究表明，在 CO_2 和 H_2S 共存的条件下，腐蚀产物膜具有相当的复杂性，除反应生成 $FeCO_3$ 外，铁易于与硫反应生成不同种类的硫铁化合物，不同的温度、不同的 H_2S 浓度都会引起腐蚀产物(特别是硫铁化合物)的相互转化，提出了 CO_2/H_2S 共存条件下稳定腐蚀产物膜存在的边界条件，具体如图 6-2 所示。

彭建雄等研究了碳钢在弱酸条件下的 NaCl 溶液中，通入 CO_2 以及加入微量 H_2S 的腐蚀过程和渗氢量之间的关系，CO_2 以及 H_2S 的浓度在不同 pH 对这个过程的影响，结果表明 pH 为 4~6.5 时，CO_2 以及 H_2S 对腐蚀过程和渗氢过程有着明显的加速作用，并且随着 pH 的降低，CO_2 和 H_2S 对渗氢量的增加有明显的促进作用。

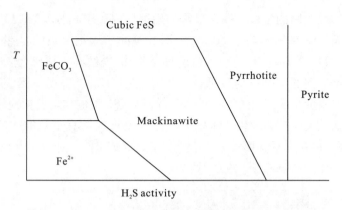

图 6-2　稳定腐蚀产物膜存在的边界条件

　　姜放等采用模拟高温高压 CO_2/H_2S 共存时的腐蚀试验及腐蚀产物膜的分析方法，研究了井下高温高压 CO_2/H_2S 共存时 NT80SS 油管腐蚀膜的特征及其对电化学腐蚀的影响。结果表明：在 CO_2/H_2S 共存和 Cl^- 共存条件下，气相区高温静态腐蚀表现为垢下腐蚀；在液相区则以均匀腐蚀为主，且局部腐蚀速度大于液相区的腐蚀速度。腐蚀的发生是 CO_2 和 H_2S 共同作用的结果，其机理可能是 CO_2 在液相中与钢先发生作用生成 $FeCO_3$，H_2S 在液相中与 $FeCO_3$ 反应生成了更为稳定的 Fe_xS_x，在液相中，Fe_xS_x 吸附层对离子的迁移起到了部分的阻拦作用。白真权等研究了 CO_2 和 H_2S 对 N80 油管钢的联合腐蚀作用，结果表明，在 $1.18MPaCO_2$ 和 $0.01MPaH_2S$ 混合气体腐蚀环境中，N80 钢以 H_2S 腐蚀为主，与 CO_2 腐蚀相比较，加入 H_2S 后腐蚀的阴、阳极反应加快，腐蚀产物膜具有较强的保护性，阻碍了反应物质的传输，使均匀腐蚀速率下降；硫化物的缺陷会导致局部腐蚀的发生，但 $FeCO_3$ 和 $CaCO_3$ 等二次产物的紧密填充使得局部腐蚀受到一定程度的抑制。

2. 国内外 CO_2/H_2S 共存防腐研究现状

　　在控制 CO_2/H_2S 共存腐蚀的缓蚀剂及缓蚀机理的研究方面，国内外的文献报道不多，有报道认为咪唑啉缓蚀剂对 CO_2/H_2S 共存腐蚀体系的缓蚀作用，结果表明，咪唑啉缓蚀剂加入后使腐蚀阻力增加，腐蚀的类型或机制发生了变化，缓蚀剂属阳极型缓蚀剂，在加量大于 200ppm 时具有良好的缓蚀效果，但产生缓蚀作用并非简单几何覆盖引起。任呈强等采用电化学方法模拟某含 CO_2/H_2S 的高温(100℃)高压(1.18MPa/0.01MPa)气井腐蚀环境，在加量为 300ppm 时研究了咪唑啉衍生物对 N80 油管钢的缓蚀机理和缓蚀行为。结果表明，该咪唑啉衍生物能与介质中的硫化物共同与铁原子配位，产生稳定的吸附膜，属于阳极型缓蚀剂，其缓蚀机理为"负催化效应"，在较强的阳极极化条件下的脱附行为服从金属基底原子离子化溶解对缓蚀剂的冲击脱附模型，对裸钢或已经发生了腐蚀的油管钢都能起到较好的防护作用，能抑制 H_2S 导致的局部腐蚀。

综上所述，CO_2/H_2S 共存的条件下的腐蚀的影响因素很多，目前国内外对 CO_2/H_2S 共存条件下的腐蚀与缓蚀技术及机理研究还未开展太多的工作。尤其是对 CO_2/H_2S 共存条件下的腐蚀机理特别是腐蚀的协同效应、抑制作用等还不十分清楚，对控制 CO_2/H_2S 共存条件下腐蚀的缓蚀技术特别是缓蚀剂合成及缓蚀机理研究等还有待进一步开展。因此，对 H_2S/CO_2 共存的环境中的金属腐蚀行为及规律，H_2S/CO_2 对钢材腐蚀的协同作用和交互影响，金属表面腐蚀产物膜对金属基体的保护性能，CO_2/H_2S 腐蚀影响因素的主要方面以及控制 CO_2/H_2S 共存条件下腐蚀的缓蚀技术特别是缓蚀剂合成及缓蚀机理研究等进行先导性的研究是十分必要的，它将为油气田控制 H_2S/CO_2 共存腐蚀提供可靠的实验基础和经验积累，丰富和发展金属腐蚀与防护学科的理论，推动石油工业的可持续发展。

3. 影响 CO_2/H_2S 共存腐蚀的因素

1) H_2S 分压

张清等研究了 H_2S 分压与油管 CO_2/H_2S 腐蚀速率的关系，结果表明，在采用的模拟油田采出液介质中(Cl^- 质量浓度为 50g/L，Ca^{2+} 质量浓度为 18g/L，Mg^{2+} 质量浓度为 2g/L)，CO_2 分压为 1200 kPa，H_2S 分压分别为 1.4 kPa、20 kPa、60kPa、120kPa 时，N80 钢和 P110 钢都发生了极严重的 CO_2/H_2S 腐蚀，并随着 H_2S 分压的增加，两种材料的腐蚀速率先增后降，在 H_2S 分压 1.4~20kPa 时单调上升，在 H_2S 分压 20~120kPa 时单调下降，都在 H_2S 分压为 20kPa 时腐蚀速率最大；H_2S 分压极低(1.4kPa)和极高时(120kPa)两种钢腐蚀速率相近，其它分压下 P110 钢的腐蚀速率总是低于 N80 钢。白真权等的研究表明，N80 钢在 H_2S 含量为 70-3000-6000mg/m^3 时，腐蚀速率为 7.5-13.9-4.9mm/a。

2) CO_2 分压

张清等研究了 CO_2 分压与油管 CO_2/H_2S 腐蚀速率的关系，结果表明，在采用的模拟油田采出液介质中(Cl^- 质量浓度为 50g/L，Ca^{2+} 质量浓度为 18g/L，Mg^{2+} 质量浓度为 2g/L)，H_2S 分压为 13.7895kPa，CO_2 分压分别为 310.2642kPa、930.7926kPa、1551.3210kPa、2171.8494kPa 时，在所试验的 CO_2 分压范围内，N80 钢和 P110 钢都发生了极严重的 CO_2/H_2S 腐蚀，并随着 CO_2 分压的提高，两种钢的 CO_2/H_2S 腐蚀速率均单调增加，CO_2 分压极低(310.2642kPa)时两种钢的腐蚀速率相近，在其余较高的 CO_2 分压下 P110 钢的腐蚀速率高于 N80 钢。周计明发现，碳钢的 CO_2/H_2S 腐蚀速率对 CO_2 分压的依赖关系受 CO_2 分压范围的影响很大。当 CO_2 的体积分数为 1%~3% 和 3%~7% 时，腐蚀速率按不同的规律变化，CO_2 分压越高，腐蚀介质的 pH 越低，H^+ 的去极化作用越强。因此，CO_2 分压越高，腐蚀反应速率越大。但另一方面，反应速率越大，金属表面越易形成 Fe^{2+} 过饱和的溶液层，从而促进 $FeCO_3$、FeS 等保护性腐蚀产物膜的形成，并有可能抵消 CO_2 分压本身对腐蚀的推动力，使得腐蚀速率下降。当 CO_2 分压继续增加致使腐蚀产物膜因内应力过大而发生破坏时，腐蚀速率必将再次增大。

3) 介质温度

张清等研究了温度与油管 CO_2/H_2S 腐蚀速率的关系，结果表明，在采用的模拟油田采出液介质中（Cl^- 质量浓度为 50g/L，Ca^{2+} 质量浓度为 18g/L，Mg^{2+} 质量浓度为 2g/L），CO_2 分压为 1.2MPa，H_2S 分压为 0.01MPa 时，在试验温度 80～110℃范围内，N80 钢和 P110 钢都发生了极严重的 CO_2/H_2S 腐蚀；并随着温度的增加，两种材料的腐蚀速率均先增后降，在 90℃时达到最大；在各个温度下，P110 钢的腐蚀速率总是高于 N80 钢。因此认为温度对 CO_2/H_2S 腐蚀的影响作用主要体现在三个方面：温度升高，各个腐蚀反应进行的速度加快，促进腐蚀；温度升高，腐蚀性气体（CO_2/H_2S）在介质中的溶解度降低，抑制腐蚀；温度升高，腐蚀产物的成膜机制以及在介质中的溶解度发生变化，可能促进腐蚀，也可能抑制腐蚀。正是温度在这三个方面所起的综合作用，使得两种材料的腐蚀速率呈现出大体相似的先增加后降低的变化规律，并在一定温度下（90℃）取得最大值。

4) 介质中 Cl^-、Ca^{2+}、Mg^{2+} 影响

Masamura 研究认为介质中的 Cl^- 能促进 CO_2/H_2S 共存体系的碳钢和马氏体不锈钢的腐蚀失效，Ca^{2+}、Mg^{2+} 对试样的腐蚀行为由下述原因决定：一方面，Ca^{2+}、Mg^{2+} 的存在增大了水溶液的硬度，使离子强度增大，导致 CO_2 溶解在水中的亨利常数增大，在其它条件保持不变的情况下，Ca^{2+}、Mg^{2+} 含量增加使得溶液中的 CO_2 含量减少；另一方面，Ca^{2+}、Mg^{2+} 含量的增加会使溶液中结垢倾向增大，由此会加速垢下腐蚀，以及产物膜与缺陷处暴露基体金属间的电偶腐蚀。上述两方面的影响因素作用使得全面腐蚀速率降低而局部腐蚀增强。Fierro 等的研究表明：在 CO_2-H_2S-Cl^- 共处环境中，介质 NaCl 含量为 50g/L，pH = 2.7～4.8，$T=80℃$ 时，介质中的 Cl^- 的对 CO_2/H_2S 共存腐蚀影响表现在两个方面：一方面降低试样表面钝化膜形成的可能性或加速钝化膜的破坏从而促进局部腐蚀损伤；另一方面使得 CO_2 在水溶液中的溶解度降低，有缓解碳钢腐蚀的作用。白真权等研究表明，当 Cl^- 含量较低（5g/L）时，N80 钢表面腐蚀产物膜较致密，附着力也较高，因此抗蚀性好；当 Cl^- 含量增加 1 倍后，试样表面腐蚀产物膜致密性降低，其保护作用下降，由此导致钢的腐蚀速率增大；进一步提高介质中的 Cl^- 的含量，溶液中 CO_2 含量降低，pH 增大，$CaCO_3$ 的沉积倾向增加，由此抑制了全面腐蚀的发生，因此，均匀腐蚀速率反而呈下降趋势。当 Cl^- 含量增加到 100g/L 时，N80 钢表面沉积厚而均匀的产物膜，其硬度大，附着力高，由此提高了 N80 钢的抗冲蚀能力。而当 Ca^{2+}、Mg^{2+} 含量增加时，腐蚀速率呈单调

增大趋势。

5）材质影响

Tsai 等进行了在 CO_2/H_2S 共存腐蚀环境中高强低合金钢的腐蚀失效与寿命评价，结果表明，氢致应力腐蚀和硫化物应力腐蚀是导致不锈钢腐蚀失效的根本原因，并建立了腐蚀失效时间预测模型。Kaishu Guang 等对 304 不锈钢波纹管膨胀节进行失效分析表明，湿 H_2S 是导致 SCC 的主要原因，金相结构显示裂缝呈穿晶应力腐蚀开裂（TGSCC），SEM 分析表明裂缝呈扇型带分支裂开和半裂开，裂缝属氢致开裂（HIC），金相结构和 SEM 分析表明在寒冷工作过程中拉应力导致奥氏体相变成马氏体，从而易发生硫化物应力开裂（SSCC），经 XRD 定量分析表明此时不锈钢中的马氏体含量达到 44%。周计明等研究了普通钢 N80 和抗硫钢 N80S 在含 CO_2/H_2S 高温高压水介质中的腐蚀行为，结果表明，两种钢在相同条件下表现出不同的腐蚀规律，这与它们之间的成分差异有关，N80 钢中 Mn、C 含量约为 N80S 钢的 2 倍，而 N80S 钢的 Cr 含量约为 N80 钢的 20 倍，S 含量约为 CrN80 钢的 2 倍，Cr 既可提高钢的抗 CO_2 腐蚀性能，也可改善钢的抗 H_2S 腐蚀性能，因此 N80S 钢表现出优异的抗 CO_2/H_2S 腐蚀性能。但在一定的腐蚀介质条件下，含 Cr 钢可能存在点蚀的危险，故在相同条件下，N80 钢的耐蚀性有时也可能优于 N80S 钢。Mn 与 S 结合可形成 MnS 夹杂，成为钢中的微阴极，促进局部腐蚀的发生，从而降低钢的抗 CO_2/H_2S 腐蚀性能。MnS 夹杂的形成既与钢中的 Mn、S 含量有关，也与钢的热处理有关。普通碳钢的抗 CO_2/H_2S 腐蚀性能较低，但在表面镀（渗）一层金属（Zn、Al 等）或合金（如稀土铝合金）后，其耐蚀性将会大大增强。Carneiro 等研究了油管钢化学组成及其微观结构对 CO_2/H_2S 腐蚀的影响，结果表明，在湿 H_2S 环境中，结构钢的化学成分和微观结构对其抗氢致开裂（HIC）和硫化物应力开裂（SSCC）有显著影响，通过研究经过不同热机处理改性的低 C-/Mn-Nb-Mo API 管线钢微观结构对 HIC 和 SSCC 行为的影响，结果表明，HIC 和 SSCC 的发生与均匀淬火和回火处理的贝氏体/奥氏体的微观结构密切相关。植田昌克研究表明，因为层状渗碳体帮助稳固表面生成的腐蚀产物膜，因此含有铁素体-珠光体显微结构的 J55 钢能耐 CO_2 腐蚀，Cr 钢在 CO_2 环境中能形成黏附性的非晶氧化物腐蚀产物膜，故具有耐蚀性。周琦等利用高压釜研究了 X60 和 X70 钢在饱和 H_2S 及 CO_2 分压为 2MPa 的 NACE 溶液中高温高压腐蚀环境的腐蚀行为。结果表明，随着温度的升高，武钢 X60 的腐蚀速率呈上升-下降-上升的趋势，宝钢 X70 的腐蚀速率呈下降-上升-下降的趋势。

6）液相介质状态影响

介质流动状态是影响腐蚀的一个重要因素，它不仅可以破坏钢表面腐蚀产物膜的形成，而且可以加速腐蚀介质向钢表面的扩散。此外介质流动使试样表面附着力低的腐蚀产物膜容易被冲掉，使金属表面腐蚀产物膜较静态腐蚀试样的薄。

周计明等研究表明静态腐蚀试样的腐蚀速率低于动态腐蚀试样，且腐蚀较均匀，而动态腐蚀试样存在严重的局部腐蚀。

6.2　高温高压下耐CO_2腐蚀的封隔液配方优选及其应用

6.2.1　高温高压CO_2腐蚀试验方法

腐蚀试验参照石油天然气行业标准《油田采出水用缓蚀剂性能评价方法》(SY/T5273—2000)旋转挂片失重法进行的。

1. 试验装置

腐蚀试验装置由反应釜、调速测速系统、增压系统、反应釜压力测量、安全泄压系统、面板支架组成，其工作流程图如图 6-3 所示，实物图如图 6-4 所示。

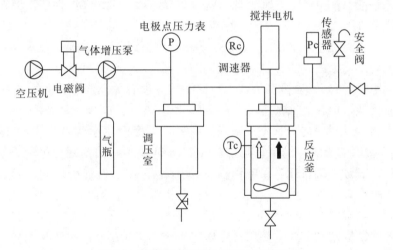

图 6-3　高温高压腐蚀试验装置流程图

图 6-4　高温高压腐蚀试验装置图

主要技术指标：①旋转速度：0～1400r/min；②工作压力：30MPa，精度：0.25%F·S；③工作温度：200℃±1℃；④反应釜材质：HC276；⑤加热功率：3.0kW。

2. 试验程序

1）试验前试件处理

(1)打磨：用 400# 金相砂纸将试件进行打磨，除去表面氧化膜。

(2)测量：用游标卡尺测量试件的长、宽、厚及小孔直径，并计算表面积。

(3)脱脂：将试件放入装有石油醚的瓷器中，用尖端缠有脱脂棉的镊子擦洗两遍，脱脂除污物。

(4)脱水：将试件用无水乙醇浸泡 5～10min 脱水。

(5)干燥：取出试件，用清洁的绸子擦拭，用冷风吹干。

(6)将已擦拭吹干的试件，依次用滤纸包装，置入干燥器中，30min 后用分析天平称重，准确至 0.1mg。

(7)经处理后的试件，不可用手直接触摸或受机械损伤及污染。

2）腐蚀试验

(1)配制腐蚀液(地层水或封隔液)；按仪器设备操作规程，检查电源、压力控制、釜体阀门及连接管路密封等处于正常。

(2)用量筒准确量取 840mL 的溶液加入到反应釜中，向釜中连续 3h 通入纯度为 99.8% CO_2，使溶液中 CO_2 达到饱和。

(3)把已称重编号的试片安装在高压釜中的旋转试片架上，关闭高压釜；通入 CO_2 至压力达 3MPa，然后放空，重复操作 3 次，以除去试验介质的溶解氧。

(4)通入 CO_2 至所需压力，接通电源，连接好冷凝水，设定试验温度和转速，待温度、压力和转速基本稳定后开始记录反应时间。

(5)试验结束后，停止加热，待温度降到 50℃ 以下后，关闭冷凝水，关闭电源开关，释放釜内压力，取出试片。

3）试验后试件处理

(1)从腐蚀液中取出试件后，立即用清水冲洗，去除腐蚀液和疏松的腐蚀产物。

(2)酸去膜：将试件放入配制好的酸液中浸泡 5min，同时用毛刷和纱布擦拭试件表面腐蚀产物。

酸液配制：在浓度 5% HCl 溶液中加入 1.2% 六次甲基四胺，摇匀待用。(新配制的酸液应做空白试验，即洁净的试片用同样条件处理时失重不超过 0.2mg)。

(3)清洗：从缓蚀酸液中取出试件，立即用自来水冲去试件表面残酸，或用 5%～10%NaOH 液中和；试件表面有印痕的，还要用去污粉擦洗，然后用自来水冲洗干净，用医用纱布擦干放入无水乙醇中；取出试件用绸子擦拭，或用滤纸吸干无水乙醇，用冷风吹干，放于干燥器中干燥 30min，待称重；在分析天平上准确称重至 0.1mg，并记录。

4)试验结果记录及处理

处理后的试片经干燥后称量，根据试片的表面积和质量损失计算出平均腐蚀速率，同时，观察并记录腐蚀产物形貌及结构特征。

腐蚀速率 r_{corr} 计算公式如下：

$$r_{corr} = \frac{8.76 \times 10^4 \times (m_1 - m_2)}{S \times t \times \rho} \tag{6-1}$$

式中，r_{corr} 为腐蚀速率，mm/a；m_1 为试验前的试片质量，g；m_2 为试验后的试片质量，g；S 为试片的总面积，cm^2；t 为腐蚀试验时间，h；ρ 为试片材料的密度，g/cm^3。

6.2.2 油管、套管钢材材质合金元素分析

东方 1-1 气田完井作业，油管、套管及井下工具使用钢材材质分别有 13CrS、13CrM 及 13Cr 三种不锈钢材质。通过合金元素分析，可以定性分析出 13CrS、13CrM 及 13Cr 三种不锈钢材质的耐蚀性。

1. 影响不锈钢防腐性能的主要合金元素及作用

(1)铬：铬属于稳定 α 铁和缩小 γ 区的元素，铬的腐蚀电位比铁低(负)，但钝化能力则比铁强。在铁基固溶体中添加铬，按 n/8 定律的规律，其电极电位呈跳跃式地增高。铬能将耐蚀性的特点赋予合金，因此它是不锈钢和耐蚀合金的基本合金元素。

(2)镍：镍属于热力学不够稳定的金属，镍的电极电位比铁正，但较铜负，其钝化倾向比铁大些，但不如铬。镍在铁的基体中的耐蚀作用往往不是钝化作用，而是使合金的热力学稳定性有所增加，所以无论是对于氧化性介质，或是还原性介质，添加镍都是有效的。镍除有优良的耐蚀性外，它还属于奥氏体相稳定元素，扩大奥氏体稳定区，并具有良好的热加工性、冷变形能力可焊性和低温韧性等。在合金中添加一定含量的镍，能改变合金的性质，并将这些特点赋予合金。

(3)钼：钼是不锈钢和耐蚀合金中常用的重要合金元素，钼和铬、硅一样是稳定铁素体的元素，在合金中添加钼能促使合金钝化，其特点是增加合金的耐还原性介质和耐点蚀等的腐蚀，如在钛合金中添加钼，可以提高合金在还原性介质中的耐蚀性，但在氧化性介质(如硝酸和双氧水等)中其腐蚀速度反而比钝钛高得多。在 Fe-Cr 合金中添加钼可以提高合金的钝态稳定性，增加耐蚀性的能力。在

Fe-Cr-Ni 合金中添加钼,可以促使钢在还原性介质中的钝化能力以及改善其耐点蚀性能。关于添加钼能增加合金耐点蚀性作用的说法很多:钢中的钼溶解为 MoO_4^{2-} 离子而起缓蚀作用;钼合金化增加钢对氧的亲和力而阻碍 Cl^- 离子竞争吸附;生成非晶态氧化膜等。用俄歇能谱仪分析不锈钢的钝化膜,发现含钼不锈钢钝化膜中的铬比不含钼的更多富集。

(4)硅:硅是形成铁素体相的元素,也是耐蚀合金元素之一,它在一定的合金中分别具有耐氯化物应力腐蚀断裂、耐点蚀、耐热浓硝酸、抗氧化和耐海水腐蚀等作用。硅与钼一同加入 Cr-Ni 不锈钢中既耐应力腐蚀断裂,又耐点蚀。在低合金高强度钢中添加硅,可以提高环境断裂寿命,在低合金钢中添加硅(0.7%~2.0%),能明显地提高钢在海水飞溅带的耐蚀性。高硅的 Cr-Ni 不锈钢可以耐浓热硝酸腐蚀,其耐蚀性是由钢表面形成 Cr、Si 富集的氧化膜来实现的。硅还能提高钢的抗氧化性及钢水的流动性。

(5)铜:铜是低合金钢、不锈钢和耐蚀合金中常用的合金元素之一,铜电极的标准电位对 $Cu \rightarrow Cu^+$ 为 $+0.52V$(SHE)而对 $Cu \rightarrow Cu^{2+}$ 则为 $+0.35V$(SHE),故在大部分情况下,热力学上较容易的过程是形成二价 Cu 离子,而不是一价 Cu 离子。一般 Cu 不能进行氢的阴极去极化腐蚀。在低合金钢中添加铜,可以提高耐大气腐蚀和海水腐蚀的性能,如与其他元素(As、P、Si、Mo、Cr 等)相配合,对提高钢在海水或海水飞溅带的耐蚀性也是有益的。不锈钢中加入 Cu 能提高钢对硫酸的耐蚀性,在钼的配合下,Cr-Ni 不锈钢加入 2%~3%Cu 能提高钢对中等浓度(40%~60%)热硫酸的耐蚀性。铜可以不同程度地降低不锈钢在海水中的缝隙腐蚀,在 1Cr18Ni9Ti 钢中加 Cu 效果最大,缝隙腐蚀量约减一半。

(6)锰:锰对于奥氏体的作用与镍相似,它能降低钢的临界淬火速度,在冷却时增加奥氏体的稳定性。在提高钢的耐蚀性方面,锰的作用不大,这是因为对提高铁基固溶体的电极电位不大,形成氧化膜的防护作用也差。

2. 合金元素分析

分别对 13CrS、13CrM 及 13Cr 三种不锈钢材质,采用国家标准《不锈钢多元素含量的测定火花放电原子发射光谱法(常规法)》(GB/T11170—2008)中的检测方法,使用 SPECTROMAXx-LMM15 固定式金属分析光谱仪测定其主要化学成分,其结果见表 6-1。

表 6-1　三种不锈钢主要化学成分测定结果

钢级	Fe/%	C/%	Cr/%	Ni/%	Mo/%	Mn/%	Cu/%
13Cr	85.7	0.23	12.5	0.07	<0.002	0.57	0.013
13CrM	80.2	0.012	12.6	4.88	0.64	0.71	0.20
13CrS	78.8	0.015	12.0	5.56	2.08	0.51	0.21

由表 6-1 可以看出，2 种材料中 Cr 含量基本相近，因此 Ni、Mo 和 Cu 等合金元素的加入显著提高了 13CrS 不锈钢耐 CO_2 腐蚀的能力。Ni 是强奥氏体形成元素，其加入可以弥补 C 含量降低带来的奥氏体相区缩小，有利于马氏体的形成；同时 Ni 能增加马氏体中残留奥氏体的量，有助于 Mo、Cu 等元素的溶解。Mo 是一种对 CO_2 腐蚀有益的元素，不仅具有稳定膜层的作用，使腐蚀产物膜更加致密，还能有效地抑制点蚀，从而降低腐蚀速率。Cu 能有效的抑制阳极溶解，促进抗腐蚀产物膜的形成。C 对 CO_2 腐蚀是一种有害元素，C 可以与 Fe、Cr 形成 $(Fe，Cr)_{23}C_6$ 碳化物弥散分布在基体中，不仅会降低基体中的 Cr 含量，而且在腐蚀过程中，还能作为微阴极，加速 CO_2 腐蚀。因此，在 13CrS、13CrM 不锈钢材料中，Ni、Mo、Cu 含量高，C 含量最低，其腐蚀产物膜也比较致密，可以有效地阻碍腐蚀介质对基体的侵蚀，所以耐蚀性好。3 种材料耐蚀性顺序为 13CrS＞13CrM＞13Cr。

6.2.3　ODP 阶段推荐封隔液腐蚀实验评估

通常封隔液为无固相盐水，如 NaCl、KCl、$CaCl_2$、$CaBr_2$、$ZnBr_2$ 以及 HCOONa 和 HCOOK，依据不同密度需要，调节盐的种类和盐的浓度，高压条件需要使用高密度封隔液。用于配制高密度盐水通常为溴盐和甲酸盐，由于 $CaBr_2$/$ZnBr_2$ 其自身具有很强腐蚀性，在高温高压井中使用受到限制。而 KCOOH 盐水密度最大为 $1.60g/cm^3$，高温稳定性好，不易发生分解，并且与地层水配伍性好。尽管 HCOOK 盐水本身腐蚀性不大，但是仍需要评价甲酸盐封隔液在有 CO_2 气体进入后高温下的腐蚀性。

根据 ODP（总体开发方案）阶段开展的相关科研的研究结论，推荐的封隔液方案为：淡水＋0.2％烧碱＋0.3％ PF-OSY（除氧剂）＋2％PF-JCI-1（缓蚀剂）＋HCOOK（加重至 $1.46g/cm^3$）。

按照封隔液基本配方（淡水＋0.2％ NaOH＋0.3％ PF-OSY 除氧剂＋缓蚀剂＋HCOOK），分别配制密度为 $1.25g/cm^3$、$1.35g/cm^3$、$1.46g/cm^3$ 封隔液，在温度 150℃、CO_2 分压 12.36MPa 条件下评价封隔液对 13Cr 的腐蚀程度，实验结果见表 6-2～表 6-5 和图 6-5～图 6-9。

1. 密度为 $1.46g/cm^3$ 甲酸钾封隔液

封隔液配方：淡水＋0.2％烧碱＋0.3％PF-OSY＋2％JCI-1＋HCOOK（加重至 $1.46g/cm^3$）。

封隔液体积840mL，试件材质：13Cr，试片表面积 $13.9cm^2$。

实验条件：CO_2 分压 12.36MPa，温度 150℃，搅拌速度 200r/min，实验周期 90h。

表 6-2　密度为 1.46g/cm³ 甲酸钾封隔液对 13Cr 腐蚀试验结果

编号	钢片初始重量/g	钢片腐蚀后重量/g	腐蚀速率/(mm/a)	腐蚀形貌描述
①	12.0962	10.9554	10.176	腐蚀严重，有坑蚀
②	12.0781	10.8707	10.770	腐蚀严重，有坑蚀
③	11.9655	10.8528	9.926	腐蚀严重，有坑蚀
平均腐蚀速率(mm/a)：10.291				

图 6-5　试片腐蚀前后形貌对比图(从左至右：未腐蚀 13Cr、①、②、③)

2. 密度为 1.35g/cm³ 甲酸钾封隔液

封隔液配方：淡水+0.2%烧碱+0.3%PF-OSY+3%JLB(缓蚀剂)+HCOOK(加重至 1.35g/cm³)。

封隔液体积 840mL，试件材质：13Cr，试片表面积 13.9cm²。

实验条件：CO_2 分压 12.36MPa，温度 150℃，搅拌速度 200r/min，实验周期 90h。

表 6-3　密度为 1.35g/cm³ 甲酸钾封隔液对 13Cr 腐蚀试验结果

编号	钢片初始重量/g	钢片腐蚀后重量/g	腐蚀速率/(mm/a)	腐蚀形貌描述
①	11.9342	11.6924	2.157	坑蚀严重
②	11.9580	11.7015	2.288	坑蚀严重
③	12.1302	11.8778	2.251	坑蚀严重
平均腐蚀速率(mm/a)：2.232				

图 6-6　试片腐蚀前后形貌对比图（从左至右：未腐蚀 13Cr、①、②、③）

3. 密度为 $1.35g/cm^3$ 甲酸钾封隔液（未连续通 CO_2）

封隔液配方：淡水＋0.2％烧碱＋0.3％PF-OSY＋3％JLB（缓蚀剂）＋HCOOK（加重至 $1.35g/cm^3$）。

封隔液体积 840mL，试件材质：13Cr，试片表面积 $13.9cm^2$。

实验条件：CO_2 分压 12.36MPa（前期通 CO_2，达到压力后不再通 CO_2），温度 150℃，搅拌速度 200r/min，实验周期 90h。

表 6-4　密度为 $1.35g/cm^3$ 甲酸钾封隔液（未连续通 CO_2）对 13Cr 腐蚀试验结果

编号	钢片初始重量/g	钢片腐蚀后重量/g	腐蚀速率/(mm/a)	腐蚀形貌描述
①	11.9372	11.755	1.625	有点蚀、坑蚀
②	12.0796	11.9938	0.765	有点蚀、坑蚀
③	11.9499	11.7438	1.838	坑蚀严重
平均腐蚀速率(mm/a)：1.732(舍去 2 号)				

图 6-7　试片腐蚀前后形貌对比图（从左至右：未腐蚀 13Cr、①、②、③）

4. 密度为 1.25g/cm³ 甲酸钾封隔液

封隔液配方：淡水＋0.2％烧碱＋0.3％PF-OSY＋2％JCI-1＋HCOOK(加重至 1.25g/cm³)。

封隔液体积 840mL，试件材质：13Cr，试片表面积 13.9cm²。

实验条件：CO_2 分压 12.36MPa，温度 150℃，搅拌速度 200r/min(注：实验过程中搅拌装置出现过故障)，实验周期 90h。

表 6-5　密度为 1.25g/cm³ 甲酸钾封隔液对 13Cr 腐蚀试验结果

编号	钢片初始重量/g	钢片腐蚀后重量/g	腐蚀速率/(mm/a)	腐蚀形貌描述
①	11.9682	11.9537	0.129	有点蚀
②	11.9732	11.9580	0.136	有点蚀
③	12.1109	12.0944	0.147	有点蚀
平均腐蚀速率(mm/a)：0.137				

图 6-8　试片腐蚀前后形貌对比图(从左至右：未腐蚀 13Cr、①、②、③)

5. 不同密度甲酸钾封隔液腐蚀对比

由表 6-2～表 6-5 和图 6-5～图 6-9 可以看出，采用 ODP 阶段推荐的甲酸钾盐水加重封隔液体系，密度越大，对 13Cr 的腐蚀越严重。当封隔液密度为 1.46g/cm³ 时，腐蚀速率高达 10.291mm/a。以东方 1-1 气田完井采用 2-7/8″油管为例，其壁厚为 7mm，按照该腐蚀速率计算，只要不到 1 年就会出现腐蚀穿孔的情况，导致油套环空长期带高压情况发生，不能确保油管、套管及井下工具能够安全工作。

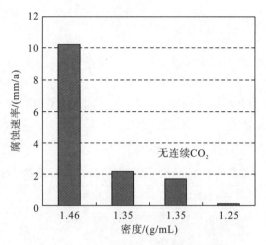

图 6-9 不同密度甲酸钾封隔液腐蚀对比

6.2.4 高温高压抗 CO_2 腐蚀封隔液配方优化

1. 东方 1-1 气田封隔液技术要求

通过分析，东方 1-1 气田封隔液要达到以下技术要求：

(1) 无固相，密度可达 $1.45g/cm^3$；

(2) 热稳定性好，抗 141℃以上；

(3) 腐蚀性小，在 CO_2 分压值达 12.36MPa、温度达 141℃以上，腐蚀速率小于 0.076mm/a；

(4) 配伍性好，与产出水、射孔液、清洗液配伍；

(5) 生物毒性小，可以满足海洋作业环境保护要求。

前面封隔液腐蚀实验评估结果表明，ODP 阶段推荐的甲酸钾盐水加重封隔液体系，在高温高 CO_2 分压下，密度为 $1.35g/cm^3$ 和 $1.46g/cm^3$ 封隔液对 13Cr 的腐蚀非常严重，不能满足完井工程要求。为此，需要在 OPD 阶段推荐的封隔液配方基础上对盐水加重基液和缓蚀剂进行优选。

2. 盐水加重基液对封隔液腐蚀性影响评价

将 ODP 阶段推荐的封隔液配方中的甲酸钾换成焦磷酸钾，其配方为：淡水＋0.2％烧碱＋0.3％PF-OSY(除氧剂)＋2％PF-JCI-1(缓蚀剂)＋焦磷酸钾(加重至 $1.46g/cm^3$)。

封隔液体积 840mL，试件材质：13Cr，试片表面积 $13.9cm^2$。

实验条件：CO_2 分压 12.36MPa，温度 150℃，搅拌速度 200r/min，实验周期 90h。

　　同样腐蚀条件下，考察其对 13Cr 钢的腐蚀情况，其结果见表 6-6，腐蚀效果如图 6-10 所示。

表 6-6　密度为 1.46g/cm³ 焦磷酸钾封隔液对 13Cr 腐蚀试验结果

编号	钢片初始重量/g	钢片腐蚀后重量/g	腐蚀速率/(mm/a)	腐蚀形貌描述
①	12.0828	11.8409	2.158	均匀腐蚀、表面光滑
②	12.0597	11.7797	2.498	均匀腐蚀、表面光滑
③	11.9523	11.6833	2.400	均匀腐蚀、表面光滑
平均腐蚀速率(mm/a)：2.352				

图 6-10　焦磷酸钾封隔液对 13Cr 试片腐蚀前后形貌对比图

（从左至右：未腐蚀 13Cr、①、②、③）

　　焦磷酸钾封隔液与甲酸钾封隔液腐蚀效果对比如图 6-11 和图 6-12 所示。

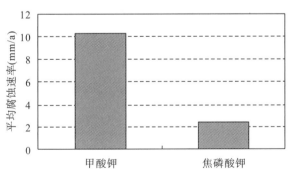

图 6-11　焦磷酸钾封隔液与甲酸钾封隔液腐蚀对比

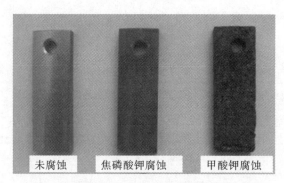

未腐蚀   焦磷酸钾腐蚀   甲酸钾腐蚀

图 6-12 焦磷酸钾封隔液与甲酸钾封隔液腐蚀前后试片形貌对比图

从图 6-12 可以看出，相对甲酸钾作为封隔液体系的加重基液，使用焦磷酸钾作为封隔液体系的加重基液可以大大降低封隔液对钢片的腐蚀，腐蚀速率相对减小了 4 倍多。其原因分析如下：高温下要阻止 CO_2 腐蚀，关键是要在钢材上形成致密 $FeCO_3$ 膜；高浓度甲酸盐具有螯合作用，可溶解 $FeCO_3$ 腐蚀产物，破坏了保护膜的形成；由于焦磷酸铁不溶于水，焦磷酸盐不但不会破坏 $FeCO_3$ 膜，还可提高 $FeCO_3$ 膜的致密性。因此，焦磷酸钾作为加重基液的封隔液对 13Cr 的腐蚀速度明显小于甲酸钾作为加重基液的封隔液。

3. 封隔液缓蚀剂筛选评价

1) 焦磷酸钾封隔液的缓蚀剂对比

采用焦磷酸钾作为加重基液配制封隔液，选用 JLB 缓蚀剂，在高温高压下评价其腐蚀程度(结果见表 6-7 和图 6-13)，并与 JCI-1 缓蚀剂对比(表 6-8 和图 6-14)。

封隔液配方：淡水 $+0.2\%$ 烧碱 $+0.3\%$ PF-OSY $+3\%$ JLB 缓蚀剂 $+K_4P_2O_7$ (加重至 1.46g/mL)。

封隔液体积 840mL，试件材质：13Cr，试片表面积 13.9cm^2。

实验条件：CO_2 分压 12.36MPa，温度 150℃，搅拌速度 200r/min，实验周期 72h。

表 6-7 含缓蚀剂 JLB 焦磷酸钾封隔液对 13Cr 腐蚀试验结果

编号	钢片初始重量/g	钢片腐蚀后重量/g	腐蚀速率/(mm/a)	均匀腐蚀、表面光滑
①	12.3290	12.2894	0.446	均匀腐蚀、表面光滑
②	12.1156	12.0789	0.409	均匀腐蚀、表面光滑
③	12.1154	12.0856	0.332	均匀腐蚀、表面光滑

平均腐蚀速率(mm/a)：0.396

图 6-13　含缓蚀剂 JLB 焦磷酸钾封隔液对 13Cr 试片腐蚀前后形貌对比图
（从左至右：未腐蚀 13Cr、①、②、③）

缓蚀剂 JLB 与 JCI-1 缓蚀效果对比见表 6-8 和图 6-14。

表 6-8　缓蚀剂 JLB 与 JCI-1 缓蚀效果对比

编号	封隔液密度/(g/cm^3)	缓蚀剂及加量	腐蚀速率/(mm/a)
①	1.46	2% JCI-1	2.352
②	1.46	3% JLB	0.396

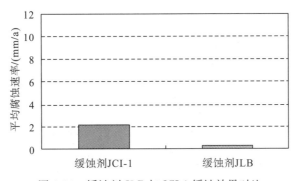

图 6-14　缓蚀剂 JLB 与 JCI-1 缓蚀效果对比

从表 6-8 和图 6-14 可以看出，与 JCI-1 缓蚀剂对比，选用 JLB 缓蚀剂，其腐蚀速率大大减小，表明 JLB 缓蚀剂的缓蚀效果好于 JCI-1 缓蚀剂。

2）对甲酸钾封隔液的缓蚀作用

采用甲酸钾作为加重基液配制封隔液，选用 JLB 缓蚀剂和 HLN 缓蚀剂，在高温高压下评价其腐蚀程度（结果见表 6-9 和图 6-15），并与 JCI-1 缓蚀剂对比（图 6-16）。

封隔液配方：淡水＋0.2%烧碱＋0.3%PF-OSY＋3%JLB 缓蚀剂＋0.5%HLN 缓蚀剂＋HCOOK（加重至 1.46g/mL）。

封隔液体积 840mL，试件材质：13Cr，试片表面积 13.9cm^2。

实验条件：CO_2 分压 12.36MPa，温度 150℃，搅拌速度 200r/min，实验周期 90h。

表 6-9 含缓蚀剂 JLB 和 HLN 甲酸钾封隔液对 13Cr 腐蚀试验结果

编号	钢片初始重量/g	钢片腐蚀后重量/g	腐蚀速率/(mm/a)	腐蚀形貌描述
①	11.9759	11.3688	5.415	坑蚀严重
②	11.9471	11.4098	4.793	坑蚀严重
③	11.9275	11.3650	5.018	坑蚀严重

平均腐蚀速率(mm/a)：5.075

图 6-15 含缓蚀剂 JLB 和 HLN 甲酸钾封隔液对 13Cr 试片腐蚀前后形貌对比图
（从左至右：未腐蚀 13Cr、①、②、③）

缓蚀剂 JLB 和 HLN 与 JCI-1 缓蚀效果对比如图 6-16 所示。

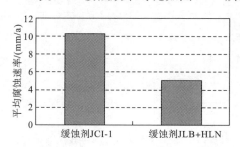

图 6-16 缓蚀剂 JLB 和 HLN 与 JCI-1 缓蚀效果对比

从图 6-16 可以看出，与 JCI-1 缓蚀剂对比，选用 JLB 和 HLN 缓蚀剂，其腐蚀速率大大减小。

4. 封隔液与海水和地层采出水的配伍性

封隔液不但要求在高温高 CO_2 分压下对井下管柱的腐蚀小，同时要求与海水及地层采出水配伍性好，即不会产生沉淀。

1) 焦磷酸钾盐水与海水、采出水的配伍性

通常海水、采出水含大量 Ca^{2+}、Mg^{2+}，由于焦磷酸钙的溶度积 K_{SP} 仅为 3×10^{-18}，大大小于碳酸钙的 $K_{SP}=2.8\times10^{-9}$，极易形成焦磷酸盐沉淀，因此需

要考虑焦磷酸盐盐水与海水、采出水的配伍性。

焦磷酸盐盐水与海水以体积比 1：1 混合，其结果见表 6-10 和图 6-17。

表 6-10　焦磷酸钾封隔液与海水的配伍性

序号	焦磷酸钾盐水/(g/cm^3)	与海水 1：1 混合
①	1.25	白色絮状沉淀
②	1.35	白色絮状沉淀
③	1.46	白色絮状沉淀

图 6-17　焦磷酸钾盐水与海水 1：1混合生成沉淀情况（从左至右：①、②、③）

密度为 1.46g/cm^{3}焦磷酸钾盐水与模拟采出水（Ca^{2+} 为 1000mg/L）按不同比例混合，在 150℃加热 8h 后，再测其浊度值，实验结果及实验现象见表 6-11 和图 6-18。

表 6-11　焦磷酸钾盐水与模拟采出水混合的配伍性

混合比例	3：7	5：5
NTU	1090	610

图 6-18　焦磷酸钾盐水与模拟采出水混合加热后生成沉淀情况

上述结果表明：用焦磷酸钾盐水作为封隔液加重基液，与 Ca^{2+}、Mg^{2+} 的海水、采出水极易形成焦磷酸盐沉淀，也就是与海水、采出水的配伍性差。

2)复合盐盐水与海水、采出水的配伍性

采用单一焦磷酸钾盐水作为封隔液加重基液，与钙、镁离子含量高的海水或地层采出水会形成沉淀。为此选用有机磷酸盐与无机磷酸盐进行复配，以抑制沉淀形成。室内经过大量实验研究，研制出一种复合盐盐水 HLTC，能够解决封隔液与海水、采出水的配伍性差的问题。

由复合盐 HLTC 配制密度为 $1.46g/cm^3$ 盐水分别与海水、模拟采出水（Ca^{2+} 为1000mg/L）按不同比例混合，其中与模拟采出水混合在150℃加热 8h 后，再测其浊度值，实验结果及实验现象见表 6-12 和图 6-19。

表 6-12　复合盐水与海水、产出水的配伍性

复合盐水：水	1∶9	3∶7	5∶5	7∶3	9∶1
NTU(海水，室温)	2.6	4.3	4.1	4.2	3.5
NTU(含钙产出水 150℃后)	9.8	23.5	26	27.2	12.8

图 6-19　复合盐水与海水、产出水的混合后混合生成沉淀情况HT
（左：室温；右：150℃后）

含有机磷酸盐的复合盐盐水 HLTC 与海水、模拟采出水，不会形成沉淀，配伍性好。

5. 缓蚀剂加量及封隔液配方确定

由表 6-13 可以看出，采用 JLB 缓蚀剂，其腐蚀速度还高达 0.396mm/a，为了进一步降低腐蚀速度，选择 HLN 缓蚀剂与 JLB 缓蚀剂复配使用，发挥协同作用。

1)5％JLB 缓蚀剂

封隔液配方：淡水＋0.2％烧碱＋0.3％PF-OSY＋5％JLB 缓蚀剂＋$K_4P_2O_7$（加重至 1.46g/mL）。

封隔液体积840mL，试件材质：13CrS，试片表面积13.0cm²。

实验条件：CO_2 分压 12.36MPa，温度 150℃，搅拌速度 200r/min(1 天后停止搅拌)，实验周期 144h。实验结果及前后形貌对比见表 6-13 和图 6-20。

表 6-13　含 5%JLB 缓蚀剂焦磷酸钾封隔液对 13CrS 腐蚀试验结果

编号	钢片初始重量/g	钢片腐蚀后重量/g	腐蚀速率/(mm/a)	腐蚀形貌描述
①	8.5196	8.4895	0.179	均匀腐蚀、表面光滑
②	8.2281	8.2033	0.148	均匀腐蚀、表面光滑
③	8.4515	8.4250	0.158	均匀腐蚀、表面光滑
	平均腐蚀速率(mm/a)：0.162			

图 6-20　含 5%JLB 缓蚀剂焦磷酸钾封隔液对 13CrS 试片腐蚀前后形貌对比图

(从左至右：未腐蚀 13CrS、①、②、③)

2)5%JLB 缓蚀剂＋1%HLN 缓蚀剂

封隔液配方：淡水＋0.2%烧碱＋0.3%PF-OSY＋5%JLB 缓蚀剂＋1%HLN 缓蚀剂＋HLTC 复合盐水(加重至 1.46g/mL)。

封隔液体积 840mL，试件材质：13CrS，试片表面积 $13.0cm^2$。

实验条件：CO_2 分压 12.36MPa，温度 150℃，搅拌速度 200r/min(1 天后停止搅拌)，实验周期 144h。实验结果及前后形貌对比见表 6-14 和图 6-21。

表 6-14　含 5%JLB＋1%HLN 缓蚀剂复合盐水封隔液对 13CrS 腐蚀试验结果

编号	钢片初始重量/g	钢片腐蚀后重量/g	腐蚀速率/(mm/a)	腐蚀形貌描述
①	9.4362	9.4280	0.059	均匀腐蚀、表面光滑
②	9.5085	9.4984	0.072	均匀腐蚀、表面光滑
③	8.5712	8.5627	0.061	均匀腐蚀、表面光滑
	平均腐蚀速率(mm/a)：0.064			

图 6-21　含 5％JLB+1％HLN 缓蚀剂复合盐水封隔液对 13CrS 试片腐蚀前后形貌对比图
（从左至右：未腐蚀 13CrS、①、②、③）

3)2％JLB 缓蚀剂+0.5％HLN 缓蚀剂

封隔液配方：淡水+0.2％烧碱+0.3％PF-OSY+2％JLB 缓蚀剂+0.5％HLN 缓蚀剂+HLTC 复合盐水（加重至 1.46g/mL）。

封隔液体积 840mL，试件材质：13CrS，试片表面积 13.0cm²。

实验条件：CO_2 分压 12.36MPa，温度 150℃，搅拌速度 200r/min(1 天后停止搅拌)，实验周期 90h。实验结果及前后形貌对比见表 6-15 和图 6-22。

表 6-15　含 2％JLB+0.5％HLN 缓蚀剂复合盐水封隔液对 13CrS 腐蚀试验结果

编号	钢片初始重量/g	钢片腐蚀后重量/g	腐蚀速率/(mm/a)	腐蚀形貌描述
①	8.8132	8.7894	0.227	均匀腐蚀，无点蚀
②	8.5538	8.5169	0.352	均匀腐蚀，无点蚀
③	8.7407	8.7043	0.347	均匀腐蚀，无点蚀

平均腐蚀速率(mm/a)：0.309

图 6-22　含 2％JLB+0.5％HLN 缓蚀剂复合盐水封隔液对 13CrS 试片腐蚀前后
形貌对比图(从左至右：未腐蚀 13CrS、①、②、③)

4）缓蚀剂加量对比

以 HLTC 复合盐水为加重基液，HLN 缓蚀剂与 JLB 缓蚀剂复配使用，对 13CrS 腐蚀实验结果对比见表 6-16。

表 6-16　缓蚀剂加量对缓蚀效果的影响

缓蚀剂加量/%		腐蚀周期 /h	腐蚀速率 /(mm/a)	腐蚀形貌描述
JLB	HLN			
2	0.5	94	0.309	均匀腐蚀，无点蚀，表面保护膜稀松
5	1	120	0.064	均匀腐蚀，无点蚀，表面有致密膜形成

由表 6-16 可以看出，缓蚀剂加量增大，腐蚀速度明显减小。当缓蚀剂加量为 5% JLB 和 1%HLN 时，腐蚀速率为 0.064mm/a，可以达到小于 0.076mm/a 的要求。

5）封隔液配方

通过上述系列实验，经过加重基液和缓蚀剂优化，最后确定封隔液配方为：淡水+0.2%烧碱+0.3%PF-OSY(除氧剂)+5%JLB 缓蚀剂+1%HLN 缓蚀剂+HLTC 复合盐(加重至 1.46g/cm³)。

6.2.5　复合盐封隔液腐蚀性影响研究

1. 温度对封隔液腐蚀性影响

1）缓蚀剂热稳定性评价

将 JLB 缓蚀剂与 HLN 缓蚀剂进行热失重分析，结果如图 6-23 和图 6-24 所示。

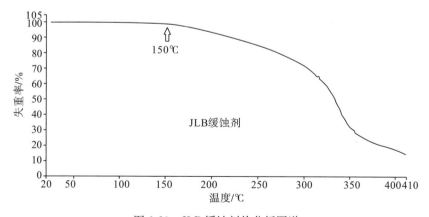

图 6-23　JLB 缓蚀剂热分析图谱

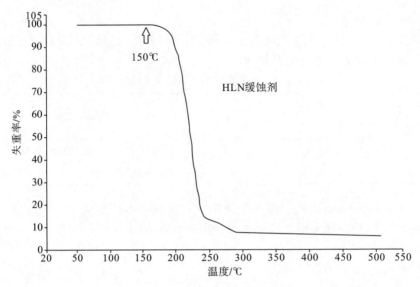

图 6-24　HLN 缓蚀剂热分析图谱

从图 6-23 和图 6-24 热分析图谱可看出，JLB 缓蚀剂与 HLN 缓蚀剂在 150℃的失重率不到 5%，具有较好的抗高温能力，表明 JLB 缓蚀剂与 HLN 缓蚀剂热稳定性好，可抗 150℃以上温度。

2)不同温度下封隔液的腐蚀速度

一般来说，温度升高加速电化学反应和化学反应速率，从而加速腐蚀。为此，分别评价了复合盐封隔液在 60℃、90℃、120℃与 150℃下对 13CrS 钢片的腐蚀程度，结果见表 6-17 与图 6-25。

封隔液配方：淡水+0.2%烧碱+0.3%PF-OSY+5%JLB 缓蚀剂+1%HLN缓蚀剂+HLTC 复合盐水(加重至 1.45g/mL)。

封隔液体积 840mL，试件材质：13CrS，试片表面积 13.0cm²。

实验条件：CO_2 分压 12.36MPa，搅拌速度 200r/min(1 天后停止搅拌)，实验周期 96h。

表 6-17　复合盐封隔液在不同温度下的腐蚀速度

温度/℃	腐蚀速率/(mm/a)	腐蚀形貌描述
60	0.005	均匀腐蚀，无点蚀，表面光滑
90	0.009	均匀腐蚀，无点蚀，表面光滑
120	0.054	均匀腐蚀，无点蚀
150	0.065	均匀腐蚀，无点蚀

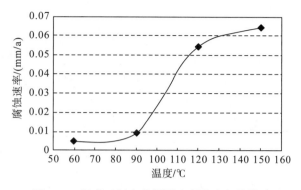

图 6-25 温度对复合盐封隔液腐蚀速度的影响

由图 6-25 可以看出，随着温度降低，封隔液腐蚀速率也随着降低，在 60～150℃，其值腐蚀速率小于 0.076mm/a。

2. 不同 CO_2 分压下封隔液的腐蚀速度

CO_2 分压对封隔液的腐蚀速度具有影响，为此分别评价了复合盐封隔液在 6.20MPa、8.20MPa、10.20MPa 与 12.36MPa 下对 13CrS 钢片的腐蚀程度，结果见表 6-18 与图 6-26。

表 6-18 复合盐封隔液在不同 CO_2 分压下的腐蚀速度

CO_2分压/MPa	腐蚀速率/(mm/a)	腐蚀形貌描述
6.20	0.023	均匀腐蚀，无点蚀，表面光滑
8.20	0.035	均匀腐蚀，无点蚀，表面光滑
10.20	0.058	均匀腐蚀，无点蚀
12.36	0.065	均匀腐蚀，无点蚀

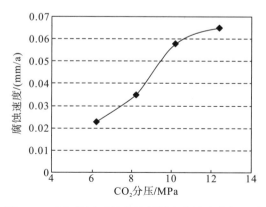

图 6-26 CO_2 分压对复合盐封隔液腐蚀速度的影响

封隔液配方：淡水＋0.2％烧碱＋0.3％PF-OSY＋5％JLB 缓蚀剂＋1％HLN

缓蚀剂+HLTC 复合盐水(加重至 1.45g/mL)。

封隔液体积 840mL,试件材质:13CrS,试片表面积 13.0cm²。

实验条件:温度 150℃,搅拌速度 200r/min(1 天后停止搅拌),实验周期 96h。

从图 6-26 可以看出,随着 CO_2 分压的增加,对钢材的腐蚀程度也就越大,在 6.20~12.36MPa,其值腐蚀速率小于 0.076mm/a。

CO_2 分压腐蚀影响较大,CO_2 分压小,腐蚀速度也小,因此,所需要缓蚀剂的加量也应该小。在不同 CO_2 分压下,评价复合盐封隔液对 13CrS 和 13CrM 钢片的腐蚀程度,结果见表 6-19。

封隔液配方:淡水+0.2%烧碱+0.3%PF-OSY+缓蚀剂+HLTC 复合盐水(加重至 1.45g/mL)。

封隔液体积 840mL,试件材质:13CrS、13CrM,试片表面积 13.0cm²。

实验条件:温度 150℃,搅拌速度 200r/min(1 天后停止搅拌),实验周期 96h。

表 6-19　不同 CO_2 分压和缓蚀剂加量下封隔液的腐蚀速度

CO_2 分压 /MPa	缓蚀剂加量	钢材	腐蚀速率 /(mm/a)	腐蚀形貌描述
12.36	5%JLB+1%HLN	13CrS	0.065	均匀腐蚀,无点蚀
		13CrM	0.073	均匀腐蚀,无点蚀
10.2	3.5%JLB+0.5%HLN	13CrS	0.070	均匀腐蚀,无点蚀
		13CrM	0.097	均匀腐蚀,无点蚀
8.2	2.5%JLB+0.5%HLN	13CrS	0.053	均匀腐蚀,无点蚀
		13CrM	0.072	均匀腐蚀,无点蚀
6.2	1.5%JLB+0.5%HLN	13CrS	0.056	均匀腐蚀,无点蚀
		13CrM	0.064	均匀腐蚀,无点蚀

由表 6-19 可以看出,当 CO_2 分压降低,其缓蚀剂加量可以适当减少,复合盐封隔液在 150℃下对 13CrS 和 13CrM 钢片的腐蚀速度仍较小,可以满足要求。

3. 不同密度封隔液的腐蚀速度

封隔液密度不同,表示盐水浓度不同,对封隔液的腐蚀速度具有影响,为此分别评价了密度为 1.46g/cm³、1.35g/cm³、1.25g/cm³ 复合盐封隔液对 13CrS 钢片的腐蚀程度,结果见表 6-20 与图 6-27。

封隔液配方:淡水+0.2%烧碱+0.3%PF-OSY+5%JLB 缓蚀剂+1%HLN 缓蚀剂+HLTC 复合盐水。

封隔液体积 840mL,试件材质:13CrS,试片表面积 13.0cm²。

实验条件:CO_2 分压 12.36MPa,温度 150℃,搅拌速度 200r/min(1 天后停止搅拌)。

表 6-20　复合盐封隔液在不同密度下的腐蚀速度

密度/(g/cm³)	平均腐蚀速率/(mm/a)	腐蚀形貌描述
1.46	0.065	均匀腐蚀，无点蚀
1.35	0.059	均匀腐蚀，无点蚀
1.25	0.026	均匀腐蚀，无点蚀

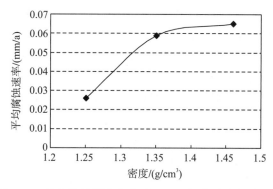

图 6-27　复合盐封隔液密度对 13CrS 钢腐蚀速度的影响

由图 6-27 可以看出，密度越大，其对试片的腐蚀也越大，是由于密度增大会增强溶液的电导，腐蚀速率增加，在 $1.25 \sim 1.45 g/cm^3$，其值腐蚀速率小于 $0.076 mm/a$。

封隔液配方：淡水＋0.2％烧碱＋0.3％PF-OSY＋缓蚀剂＋HLTC 复合盐水。

封隔液体积 840mL，试件材质：13CrS，试片表面积 13.0cm²。

实验条件：CO_2分压 12.36MPa，温度 150℃，搅拌速度 200r/min（1 天后停止搅拌）。

表 6-21　不同密度和缓蚀剂加量下封隔液的腐蚀速度

密度/(g/cm³)	缓蚀剂加量	钢材	腐蚀速率/(mm/a)	腐蚀形貌描述
1.45	5％JLB＋1％HLN	13CrS	0.062	均匀腐蚀，无点蚀
		13CrM	0.070	均匀腐蚀，无点蚀
1.35	2.5％JLB＋0.5％HLN	13CrS	0.069	均匀腐蚀，无点蚀
		13CrM	0.075	均匀腐蚀，无点蚀
1.20	2.5％JLB	13CrS	0.068	均匀腐蚀，无点蚀
		13CrM	0.072	均匀腐蚀，无点蚀

由表 6-21 可以看出，当封隔液密度降低，其缓蚀剂加量可以适当减少，复合盐封隔液在 150℃下对 13CrS 和 13CrM 钢片的腐蚀速度仍较小，可以满足要求。

6.2.6　高温高压下封隔液 U-bend 试验研究

应力腐蚀是指由应力和腐蚀联合作用所产生的材料破坏过程。应力腐蚀破坏发生之前没有大的塑性变形，是一种滞后的低应力脆性破坏，在裂纹扩展阶段，其扩展速率比均匀腐蚀要快得多。因此，应力腐蚀极易导致无先兆的灾难性事故。许多调查也表明，在各种事故中，应力腐蚀引发的事故占有很高的比例。因此，研究应力腐蚀开裂对确保安全生产具有重要意义。

应力腐蚀开裂实验参照 NACE TM0177-96 标准，采用 U 形环弯曲实验方法。试验取 80mm×12mm×2mm 板状，用 600♯砂纸磨光，弯成 U 形试件，弯曲部分内半径为 5mm，用螺丝、螺栓固定，实验试样与螺丝、螺栓之间用云母片和硅胶管隔离。

将配制好的 1600mL 封隔液溶液（配方为：淡水＋0.2％烧碱＋0.3％PF-OSY＋5％JLB 缓蚀剂＋1％HLN 缓蚀剂＋HLTC 复合盐水加重至 1.45g/mL）倒入高压釜中，连续 3 小时通入纯度为 99.8％CO_2使溶液中 CO_2 达到饱和后，安装好 U 型环试片（13Cr 和 13CrS 钢试片各 2 个），关闭高压釜；通入 CO_2 至压力达 3MPa，然后放空，重复操作 3 次，以除去试验介质的溶解氧。最后加压升温，保持温度为 150℃，CO_2分压 12.36MPa，持续试验 336 小时后，开高压釜取样。用目测和光学显微镜观察试验表面有无裂纹产生。试验结果见表 6-22 和图 6-28。

表 6-22　13Cr 和 13CrS 钢试片 U-bend 试验结果

材料	13Cr		13CrS	
样号	1	2	1	2
结果	No cracking	No cracking	No cracking	No cracking

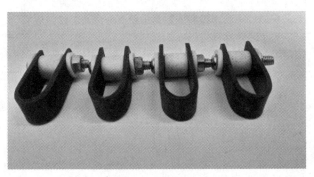

图 6-28　13Cr 和 13CrS 钢试片 U-bend 试验后形貌图
（从左至右：未腐蚀 13Cr，腐蚀 13Cr；未腐蚀 13CrS，腐蚀 13CrS）

上述实验结果表明，13Cr 和 13CrS 钢试片在所试验的条件下具有优良的耐应力腐蚀开裂的能力。

6.3　高温高压下钻完井液中 H_2S/CO_2 防腐技术

针对南海地层温度及酸性气体含量的特点，实验研究了缓蚀剂的抗温性能、与钻完井液的配伍性等，并在 H_2S/CO_2 共存的条件下对钻井液与完井液中钻具及套管钢的腐蚀与缓蚀剂的缓蚀效果进行了评价研究。

6.3.1　缓蚀剂在碱性盐水溶液中的热稳定性能

由于钻完井液均采用碱性条件，因此缓蚀剂必须在高温碱环境中保持较好的稳定性。实验采用盐水溶液（海水 $+5\%KCl+0.37\%Na_2SO_4+0.23\%NaHCO_3+0.03\%CaCl_2+0.01\%MgCl_2$ 用 NaOH 将 pH 调至 11），并将溶液加热至实验温度，评价了缓蚀剂 JCI-H_2S 在碱性盐水溶液中的热稳定性能、抗温性能及其与盐水溶液的配伍性能。所得结果见表 6-23。

表 6-23　不同温度下缓蚀剂在碱性盐水溶液中的稳定性（pH=11）

缓蚀剂	30℃	70℃	90℃	110℃	130℃	150℃
空白	均一液体	均一液体	均一液体	均一液体	均一液体	均一液体
JCI-H_2S	均一液体	均一液体	均一液体	均一液体	均一液体	均一液体
2#	底部有沉淀及油状物	底部有沉淀及油状物	底部有沉淀及油状物	底部有沉淀及油状物	底部有沉淀及油状物	底部有沉淀及油状物
3#	底部有沉淀及油状物	底部有沉淀及油状物	底部有沉淀及油状物	底部有沉淀及油状物	底部有沉淀及油状物	底部有沉淀及油状物
4#	底部少量沉淀，液面有油状物	底部少量沉淀，液面有油状物	底部少量沉淀，液面有油状物	底部少量沉淀，液面有油状物	底部少量沉淀，液面有油状物	底部少量沉淀，液面有油状物
5#	底部少量沉淀，液面有油状物	底部少量沉淀，液面有油状物	底部少量沉淀，液面有油状物	底部少量沉淀，液面有油状物	底部少量沉淀，液面有油状物	底部少量沉淀，液面有油状物
6#	底部少量沉淀，液面有油状物	底部少量沉淀，液面有油状物	底部少量沉淀，液面有油状物	底部少量沉淀，液面有油状物	底部少量沉淀，液面有油状物	底部少量沉淀，液面有油状物
7#	溶液中有絮状漂浮物	溶液中有絮状漂浮物	溶液中有絮状漂浮物	溶液中有絮状漂浮物	溶液中有絮状漂浮物	溶液中有絮状漂浮物
8#	底部少量沉淀，液面有油状物	底部少量沉淀，液面有油状物	底部少量沉淀，液面有油状物	底部少量沉淀，液面有油状物	底部少量沉淀，液面有油状物	底部少量沉淀，液面有油状物
9#	溶液中有絮状漂浮物	溶液中有絮状漂浮物	溶液中有絮状漂浮物	溶液中有絮状漂浮物	溶液中有絮状漂浮物	溶液中有絮状漂浮物
10#	底部少量沉淀，液面有油状物	底部少量沉淀，液面有油状物	底部少量沉淀，液面有油状物	底部少量沉淀，液面有油状物	底部少量沉淀，液面有油状物	底部少量沉淀，液面有油状物

表 6-23 的结果表明，除缓蚀剂 JCI-H$_2$S 外，其他 9 种国内外缓蚀剂在碱性盐水溶液中的热稳定性能、抗温性能及其与盐水溶液的配伍性能均较差。

6.3.2　缓蚀剂 JCI-H$_2$S 对钻井液性能影响

在低密度与高密度两种钻井液体系（钻井液体系由汉科研究院提供）中加入缓蚀剂，在 150℃下热滚 16h 后，测量滚前与滚后的钻井液流变性能，所得结果见表 6-24。

表 6-24　缓蚀剂 JCI-H$_2$S 对钻井液性能的影响

体系	JCI-H$_2$S 浓度		AV/ (mPa·s)	PV/ (mPa·s)	YP /Pa	Φ6/Φ3	API /mL	滤液 pH
低密度 钻井液	空白	滚前	38.5	35	3.5	4/3		11
		滚后	31	26	5	3/3	6.5	11
	2%	滚前	38.5	35	3.5	4/3		11
		滚后	33	29	4	3/2	5.5	11
高密度 钻井液	空白	滚前	66	52	14	11/10		11
		滚后	56	52	4	4/3	2.6	11
	2%	滚前	68.5	55	13.5	11/10		11
		滚后	53	49	4	3/2	2.5	11

表 6-24 所示结果表明，通过对比滚前滚后加与不加缓蚀剂时的流变性能，缓蚀剂对钻井液的流变性能未产生消极影响，缓蚀剂与钻井液配伍性较好。

6.3.3　缓蚀剂对 G105 钻具钢在钻井液中的缓蚀性能评价

分别测定了不同温度下缓蚀剂 JCI-H$_2$S 对 G105 钻具钢在钻井液中的腐蚀与缓蚀性能，钻井液由汉科研究院提供，pH 为 11。低温下采用低密度钻井液，温度大于 80℃采用高密度钻井液体系。所得实验结果见表 6-25，腐蚀钢片的外观如图 6-29～图 6-33 所示。

表 6-25　不同温度下缓蚀剂对 G105 钻具钢在钻井液中的缓蚀性能

温度/℃	缓蚀剂 浓度	腐蚀速率/ (mm/a)	缓蚀率 /%	钢片外观
70	空白	0.0154	—	表面光亮
	2%	0.0103	33.0	表面光亮
90	空白	0.0617	—	表面光亮
	2%	0.0448	37.8	表面光亮

续表

温度/℃	缓蚀剂浓度	腐蚀速率/(mm/a)	缓蚀率/%	钢片外观
110	空白	0.1148	—	表面光亮
	2%	0.0943	17.9	表面略带灰色
130	空白	0.0824	—	表面光亮
	2%	0.0325	60.5	表面略带灰色
150	空白	0.0319	—	表面光亮
	2%	0.0222	30.4	表面略带灰色

　　由表 6-25 和图 6-29～图 6-33 可知，随着温度升高，钻具钢 G105 在钻井液中的腐蚀速率稍有增大，但仍在较小水平上，加入缓蚀剂 JCI-H$_2$S 后，腐蚀速率变得更小(小于 0.1mm/a)，这表明缓蚀剂 JCI-H$_2$S 对 G105 钢在钻井液中的腐蚀起到了较好的保护作用。除 G105 钢在温度高于 110℃时加入缓蚀剂的钻井液中的表面有一层明显的缓蚀剂膜外，钻具钢在腐蚀前后的外观未发生大的改变，无点腐蚀发生。

未加缓蚀剂　　　　　　　　　　　　　　加 2%缓蚀剂

图 6-29　70℃时 G105 钢在介质中的腐蚀外观

未加缓蚀剂　　　　　　　　　　　　　　加 2%缓蚀剂

图 6-30　90℃时 G105 钢在介质中的腐蚀外观

未加缓蚀剂   加2%缓蚀剂

图 6-31   110℃时 G105 钢在介质中的腐蚀外观

未加缓蚀剂   加2%缓蚀剂

图 6-32   130℃时 G105 钢在介质中的腐蚀外观

未加缓蚀剂   加2%缓蚀剂

图 6-33   150℃时 G105 钢在介质中的腐蚀外观

6.3.4 缓蚀剂对磨损后的 G105 钻具钢在钻井液中的缓蚀性能评价

将 G105 钻具钢进行人为损伤，伤口为规则和不规则两类，然后分别在侵入了硫化氢/二氧化碳的钻井液中进行腐蚀与缓蚀实验。实验结果见表 6-26，钢片的外观如图 6-34～图 6-38 所示。

表 6-26　不同温度下缓蚀剂对损伤后的 G105 钻具钢在钻井液中的缓蚀性能

温度/℃	缓蚀剂浓度	腐蚀速率/(mm/a)	缓蚀率/%	腐蚀前损伤深/mm	腐蚀后损伤深/mm	钢片外观
70	空白	0.0103	—	0.52	0.58	表面光亮
	2%	0.0084	44.9516	0.34	0.34	表面光亮
90	空白	0.0462	—	0.70	0.74	表面光亮
	2%	0.0309	49.6768	0.38	0.39	表面光亮
110	空白	0.1742	—	0.84	0.88	表面光亮
	2%	0.0992	43.0535	0.98	0.98	表面略带灰色
130	空白	0.1935	—	0.94	0.98	表面光亮
	2%	0.1866	3.5659	1.04	1.06	表面略带灰色
150	空白	0.2324	—	0.92	0.99	表面光亮
	2%	0.1600	—	1.16	1.19	表面略带灰色

由表 6-26 和图 6-34～图 6-38 可知，随着温度升高，受损后的钻具钢 G105 在侵入了硫化氢、二氧化碳的钻井液中的腐蚀速率增大，加入缓蚀剂 JCI-H_2S 后，腐蚀速率明显下降(小于 0.2mm/a)，这表明缓蚀剂 JCI-H_2S 对 G105 钢在钻井液中的腐蚀起到了较好的保护作用。G105 钢在温度高于 110℃时，在加有缓蚀剂的钻井液中浸泡后的表面有一层明显的缓蚀剂膜外，钻具钢在腐蚀前后的外观未发生大的改变，无点腐蚀发生。对比表 6-25 与表 6-26 中的数据可知，钻具受损后在一定的程度上增大了其腐蚀速率，但加入缓蚀剂后腐蚀都能得到较好抑制。

未加缓蚀剂　　　　　　　　　　加 2%缓蚀剂

图 6-34　70℃时 G105 钢在介质中的腐蚀外观

未加缓蚀剂　　　　　　　　　　　加 2%缓蚀剂

图 6-35　90℃时 G105 钢在介质中的腐蚀外观

未加缓蚀剂　　　　　　　　　　　加 2%缓蚀剂

图 6-36　110℃时 G105 钢在介质中的腐蚀外观

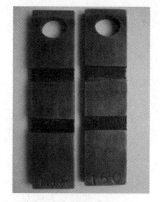

未加缓蚀剂　　　　　　　　　　　加 2%缓蚀剂

图 6-37　130℃时 G105 钢在介质中的腐蚀外观

　　　　未加缓蚀剂　　　　　　　　　　　　　　　加 2% 缓蚀剂

图 6-38　150℃时 G105 钢在介质中的腐蚀外观

6.3.5　缓蚀剂抑制氢脆效果的评价

　　在油气田，尤其是富含酸性气体的油气田，以析氢反应为腐蚀特征，特别是在较低的温度环境，产生的氢原子可能从金属表面进入金属基体内部(尤其有硫离子存在时，进入金属基体内部的氢原子数量更多)，结果引起材料的脆裂——即氢脆(或称氢损伤)。氢原子的渗入，可能使管线发生早期破裂失效，造成巨大的经济损失和严重的社会后果。二氧化碳、硫化氢溶于水产生碳酸和氢硫酸，酸性溶液对钢铁的腐蚀不仅表现在严重的全面腐蚀，还潜在着氢脆等局部腐蚀发生的危险。因此，评价缓蚀剂抑制氢渗透的能力是十分必要的。

　　在实验介质(pH＝2 的 HCl 溶液)中进行氢损伤测试，结果见图 6-39 和表 6-27。

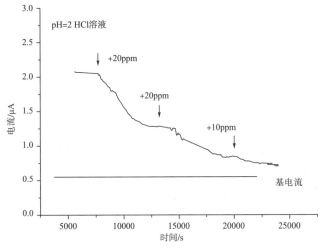

图 6-39　pH＝2 的 HCl 溶液中加入 JCI-H$_2$S 缓蚀剂后的氢扩散电流

图 6-39 表明，JCI-H$_2$S 缓蚀剂能较好地抑制氢向金属内部扩散电流，当其浓度为 50ppm 时，氢扩散电流就可降低至基电流附近。这也表明该缓蚀剂是一种较优良的抑制氢损伤的缓蚀剂。表 6-27 表明，与国内外硫化氢二氧化碳腐蚀缓蚀剂对比可知，缓蚀剂 JCI-H$_2$S 对氢损伤抑制效率较高。

表 6-27   不同浓度缓蚀剂溶液中氢扩散电流相对未加缓蚀剂的降低率

缓蚀剂/(50ppm)	氢渗透抑制效率/%
缓蚀剂 B	−83
缓蚀剂 A	47
缓蚀剂 C	37
JCI-H$_2$S	81

注：氢扩散电流的降低率 = $\dfrac{\text{未加缓蚀剂的电流} - \text{加缓蚀剂后的电流}}{\text{未加缓蚀剂的电流} - \text{基电流}} \times 100\%$

6.3.6   应力条件下缓蚀剂抗脆性断裂评价

将 G105 钢加工成 0.5mm 的薄片，然后再将其弯曲成 U 形，将其放入加或不加缓蚀剂的高密度钻井液体系中，在 $P_{CO_2} = 3.0\text{MPa}$，$P_{H_2S} = 0.4\text{MPa}$ 时，在 100℃条件下浸泡 72h，取出后在 U 形环底部反复弯曲直至折断，记录弯曲的次数并拍下图片，所得结果如图 6-40～图 6-41 所示。

无应力

有应力

图 6-40   腐蚀前 G105 薄片的外观

未加缓蚀剂

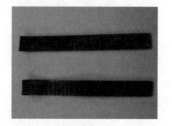
加 2%缓蚀剂

图 6-41   150℃时 G105 钢在介质中的腐蚀外观

　　未加入缓蚀剂时，取出后 90℃反复弯曲 20 次后折断；加入缓蚀剂后，取出后，表面呈黑色，90℃反复弯曲 28 次后折断。表明缓蚀剂 JCI-H₂S 有利于提高 G105 钻具钢在钻井液中的抗脆性断裂能力。

6.3.7　缓蚀剂对应力腐蚀的抑制评价

　　采用经典应力腐蚀法评价了 G105 钻具钢在有硫化氢及二氧化碳气体的高密度钻井液中浸泡 10 天后的应力腐蚀行为。气体分压：$P_{CO_2}=3.0\text{MPa}$，$P_{H_2S}=0.4\text{MPa}$，实验周期：10d，实验温度 100℃。腐蚀试样如图 6-42 所示。

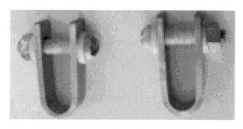

图 6-42　应力腐蚀试样

　　将试样放入腐蚀介质中浸泡后取出，用电子显微镜观察试样弯曲紧顶端处的形貌。所得结果如图 6-43～图 6-44 所示。

 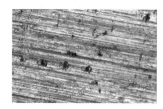 

浸泡前　　　　　　　　　　　未加缓蚀剂　　　　　　　　　　加缓蚀剂

图 6-43　无应力条件下加与不加缓蚀剂时的形貌

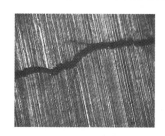 

未加缓蚀剂　　　　　　　　　　　　　加缓蚀剂

图 6-44　有应力条件下加与不加缓蚀剂时的形貌

　　从图中可以看到，在没有应力的作用下，G105 钻具钢在有硫化氢及二氧化碳气体的钻井液中点腐蚀比较严重，加入缓蚀剂后点腐蚀得到抑制。在有应力作

用的条件下，浸泡在未加缓蚀剂的钻井液中的钢片已产生明显的裂纹；在加有缓
蚀剂的钻井液中浸泡的钢片也已产生微小裂纹。由于钻井工程作业的复杂性，如
大量硫化氢气体侵入钻井液中，长时间浸泡在钻井液中的钻具很可能受到硫化物
应力腐蚀。因此，长时间使用 G105 钻具是不安全的。

6.3.8 完井液中缓蚀剂对钻具及套管钢的缓蚀评价

1. G105 钻具钢在完井液中的腐蚀与缓蚀评价

分别测定了不同温度下缓蚀剂 JCI-H_2S 对 G105 钻具钢在完井液中的腐蚀与
缓蚀性能，完井液配方：过滤海水 ＋ 2.0％ HCS ＋ 2.0％ JCI-H_2S ＋ 0.5％
SATRO-1，用烧碱调 pH 至 10，并用甲酸钾加重到密度至 1.5g/cm³；气体分
压：P_{CO_2}＝3.0MPa，P_{H_2S}＝0.4MPa，实验周期：24h。所得实验结果见表 6-28。

表 6-28　不同温度下缓蚀剂对 G105 钻具钢在完井液中的缓蚀性能

温度/℃	缓蚀剂浓度	腐蚀速率/(mm/a)	缓蚀率/%	钢片外观
70	空白	0.0255	—	表面光亮
	2%	0.0176	30.9	表面光亮
90	空白	0.0712	—	表面光亮
	2%	0.0476	33.1	表面光亮
110	空白	0.1341	—	表面光亮
	2%	0.0994	25.8	表面略带灰色
130	空白	0.0926	—	表面光亮
	2%	0.0423	54.3	表面略带灰色
150	空白	0.0419	—	表面光亮
	2%	0.0265	36.7	表面略带灰色

随着温度升高，钻具钢 G105 在钻井液中的腐蚀速率稍有增大，但仍在较小
水平上，加入缓蚀剂 JCI-H_2S 后，腐蚀速率变得更小(小于 0.1mm/a)，这表明
缓蚀剂 JCI-H_2S 对 G105 钢在钻井液中的腐蚀起到了较好的保护作用。除 G105
钢在温度高于 110℃时加入缓蚀剂的钻井液中的表面有一层明显的缓蚀剂膜外，
钻具钢在腐蚀前后的外观未发生大的改变，无点腐蚀发生。

2. 几种套管钢在完井液中的腐蚀与缓蚀评价

根据北帕斯地区套管设计，上部采用 X52、K55 及 L80 三种材质，井温不超
过 70℃。下部采用防硫套管 S95 和 High Ni CRA110，井温超过 70℃。

根据南海储层条件，如果在完井过程出现了气体侵入，套管浸泡在完井液中

时间较长，下部侵入的气体可能饱和完井液，因此，室内模拟了北帕斯油田最苛刻的工矿条件，采用上述甲酸盐完井液；气体分压：$P_{CO_2} = 3.0MPa$，$P_{H_2S} = 0.4MPa$，实验周期：24h。所得结果见表 6-29～表 6-30。上部采用 X52、K55 及 L80 三种材质，井温不超过 70℃，因此选择 50℃、70℃ 两个腐蚀较敏感的温度点进行了腐蚀与缓蚀评价。

表 6-29　JCI-H$_2$S 缓蚀剂对套管的缓蚀效果

温度/℃	材料	缓蚀剂浓度	腐蚀速率/(mm/a)	缓蚀率/%
50	X52	空白	1.2157	
		2%JCI-H$_2$S 缓蚀剂	0.0480	96.0
	L80	空白	1.325	
		2%JCI-H$_2$S 缓蚀剂	0.0523	96.1
	K55	空白	1.0234	
		2%JCI-H$_2$S 缓蚀剂	0.0689	93.2

结果表明：50℃ 时，三种现场应用的钢腐蚀都非常严重，缓蚀剂 JCI-H$_2$S 对完井液中 3 种钢 X52、L80、K55 有良好的缓蚀效果，能控制腐蚀在较低水平。

表 6-30　JCI-H$_2$S 缓蚀剂对套管的缓蚀效果

温度/℃	材料	缓蚀剂浓度	腐蚀速率/(mm/a)	缓蚀率/%
70	X52	空白	0.3452	
		2%JCI-H$_2$S	0.0873	74.7
	L80	空白	0.2563	
		2%JCI-H$_2$S	0.095	62.9
	K55	空白	0.3493	
		2%JCI-H$_2$S	0.0845	75.8

模拟现场实验介质结果表明：70℃ 时，三种现场应用的钢腐蚀较 50℃ 时轻，但试片外观有明显腐蚀痕迹。JCI-H$_2$S 缓蚀剂对 3 种钢有良好的缓蚀效果，结果均能控制腐蚀在较低水平。

由设计可知，下部井段温度高于 70℃，且二氧化碳、硫化氢含量高，采用防硫套管 S95 和 High Ni CRA110。实验室选用用 CRA110 不锈钢材料，在不同温度下评价了缓蚀剂在完井液中对 CRA110 钢的缓蚀效果。完井液配方同上；气体分压为 $P_{CO_2} = 3.0MPa$，$P_{H_2S} = 0.4MPa$，实验周期为 24h。实验结果见表 6-31。

表 6-31   不同温度下缓蚀剂对 CRA110 套管钢在完井液中的缓蚀性能

温度/℃	缓蚀剂浓度	腐蚀速率/(mm/a)	缓蚀率/%	钢片外观
70	空白	0.0051		表面光亮
	2%	0.0031	39.2	表面光亮
90	空白	0.0046		表面光亮
	2%	0.0024	47.8	表面光亮
110	空白	0.0058		表面光亮
	2%	0.0033	43.1	表面光亮
130	空白	0.0062		表面光亮
	2%	0.0045	27.4	表面光亮
150	空白	0.0072		表面光亮
	2%	0.0055	23.6	表面光亮

从表 6-31 所示结果可见，硫化氢、二氧化碳对 High Ni CRA110 套管钢腐蚀不明显。其在完井液中的腐蚀速率均不高于 0.1mm/a，加入缓蚀剂后，腐蚀速率降至较低水平。

6.3.9   橡胶耐腐蚀性评价

采用丁腈橡胶(取自江汉油田)。将丁腈橡胶在不同温度下老化一定时间后，在橡胶拉力仪上进行拉伸实验，记录拉断时受力，评价橡胶性能。实验在 70℃、110℃、150℃等温度条件下评价了丁基橡胶的性能。所得结果见表 6-32。

表 6-32   温度对丁腈橡胶试样的性能的影响

温度/℃	时间/d	扯断强度/MPa	扯断伸长率
25	0	13.2	21.1
70	5	13.0	21.0
110	5	12.9	18.6
150	5	11.5	16.8

由表 6-32 可知，在常温下，该丁腈橡胶的弹性较好，扯断伸长率也很高。该橡胶在不同温度下在钻井液中老化 5 天后，其扯断强度变化不大，扯断伸长率也降低较小，表明其性能未发生大的变化。

6.4　耐 CO_2 腐蚀的封隔液在东方 1-1 气田现场应用

6.4.1　封隔液工程施工设计

1. 作业方案概述

根据该井油藏地质和流体特点、油藏方案、防护要求及钻井工艺，制定东方 1-1 构造井套管防腐施工方式：

(1)作业平台：采用钻井平台 NH4 进行测试作业；

(2)洗井液：刮管后采用套管清洗液复合高黏洗井液洗井；

(3)射孔液：采用隐形酸完井液为射孔液；

(4)射孔方案：采取 TCP 射孔方式，管柱内正加压双液压延时点火射孔；

(5)封隔液：采用复合盐加重防腐液；

(6)防沙：定向井和水平井均不防砂，水平井在裸眼段下入打孔管支撑井壁。打孔管采用 4-1/2″12.6 lb/ft 13CrS-P110 油管打孔。

2. 封隔液性能要求

1)封隔液选择原则

封隔液在高温且存在 CO_2 的环境下要求满足套管防腐，保证后期该井转为生产井的井筒完整性，同时保证与射孔液、清洗液的配伍性，且具备后期返排完全防水合物性能。

2)性能指标

封隔液性能参数见表 6-33。

表 6-33　封隔液性能参数表

项目	指标
外观	浅色液体
溶液密度/(g/cm³)	1.45~1.65 可调
结晶点/℃	≤-5
固体杂质含量/%	≤0.5
与产出水、海水配伍性	无沉淀

为了使整个套管环空在 CO_2 分压 12.36MPa，温度达到 141℃的环境下，保证套管及生产管柱的完整性，选择复合盐封隔液，其腐蚀速率为 0.076mm/a。

3. 封隔液作业程序

(1)下入组合刮管洗井管柱，上下活动清刮封隔器坐封位置及射孔段，正循环，替入 $10m^3$ $1.03g/cm^3$ 清洗液+$10m^3$ $1.03g/cm^3$ 清洁液+$10m^3$ $1.03g/cm^3$ 高黏携砂液，用海水正循环至井口环空，循环洗井至符合测试作业要求后；

(2)正循环替入 $1.45g/cm^3$ 射孔液至射孔段，起钻至封隔器位置，开泵正循环替入 $3m^3$ 稠塞+$1.45g/cm^3$ 防腐液至套管进出口一致后停泵观察井口，井口正常后起钻；

(3)下射孔管柱至设计深度，使射孔枪底端处于射孔段底界以下不多于一个单根位置，测量并记录管柱上提下放悬重及自由行程量，留够井口方余，保持管柱在上提状态坐卡瓦；

(4)电测校深、下入测试管柱，地面及水下准备等做好后，保持上提状态坐卡瓦；

(5)坐封 $7''$ 射孔枪悬挂封隔器，投球后缓慢起压，迅速停泵，坐封结束后缓慢卸压，验封，保证封隔器卡瓦坐挂；

(6)下生产管柱，下去前检查各部件完好，按顺序缓慢下入，保证井口安全；

(7)拆甩防喷器，安装采油树，检查各部件密封完好，阀门活动自如；

(8)坐封 $7''$ 油管携带封隔器，将预先准备好的钢丝投堵工具串装入防喷管，打压至 4000psi，坐封结束后缓慢泄掉油管内压力；

(9)射孔放喷，根据放喷设计，提前就位放喷设备并试压至 4000psi。加压点火后，观察油嘴管汇处压力，放喷初期完井液回计量罐进行计量。稳压后求产，转入交井作业。

4. 推荐的封隔液体系配方

封隔液体系配方：淡水+0.2%烧碱+0.3%除氧剂 PF-OSY+5%缓蚀剂 JLB+1%缓蚀剂 HLN+复合盐 HLTC。

稠塞：淡水+0.6%XC。

封隔液的配制程序：①因现场需要，配制成密度 $1.60g/cm^3$ 的浓缩液运至现场使用，现场用淡水稀释至 $1.45g/cm^3$（浓缩液：淡水=3：1）即可；②密度调整好后补充 0.3%除氧剂 PF-OSY。

用于配制封隔液材料复合盐 HLTC、缓蚀剂 JLB 和缓蚀剂 HLN 编制了说明书、标准和 MSDS。

5. 封隔液体积和材料消耗预算

1)井筒容积数据

井筒及管柱容积数据见表 6-34。

表 6-34　井筒及管柱容积数据

井号	套管尺寸/mm	内容积/(L/m)	井深/m	井筒容积/m³
DF1-1-F1	177.8	18.2	3398.15	62
DF1-1-F2	177.8	18.2	3015.95	55
DF1-1-F3	177.8	18.2	2889.41	53
DF1-1-F4	177.8	18.2	3150.55	58
DF1-1-F5	177.8	18.2	2851.70	52
DF1-1-F6	177.8	18.2	3089.40	57
DF1-1-F7H	177.8	18.2	3078.33	57
常规液	—	—	—	394
浓缩液	—	—	—	296

2) 封隔液用量设计

封隔液按照整个批钻井井筒容积考虑为 394m³，参与循环池最低量 20m³（常规液），顶替污染每口井 2m³（常规液），同时由于车辆、船运损耗计 10m³（浓缩液），因而浓缩封隔液用量计为 331m³（常规液 442m³）。

3) 材料消耗预算

根据封隔液设计用量，计算所需物料的量，结果见表 6-35。

表 6-35　材料消耗预算表

消耗量工作液	封隔液	稠塞	共计
浓缩液理论用量/m³	331	—	331
淡水/m³	111	21	132
除氧剂 PF-OSY/t	1.325	—	1.325
XC/t	—	0.125	0.125

6.4.2　封隔液现场应用情况

1. 施工作业程序

F6 井：下射孔管柱－刮管洗井替封隔液－下生产管柱－拆防喷器，安装采气树－坐封 7″油管携带封隔器。

F3\F1\F5\F4：井口及防喷器组试压－刮管洗井替入封隔液－下射孔管柱，坐封 7″射孔枪悬挂封隔器－下生产管柱－拆防喷器，安装采气树－坐封 7″油管携带封隔器－射孔放喷。

F7：井口及防喷器组试压－坐封 7″尾管封隔器－下生产管柱－拆防喷器，安装采气树-替入封隔液-坐封 7″油管携带封隔器-放喷。

2. 封隔液作业情况

大排量正循环清洗套管，至进出口基本一致后停泵。开泵满井筒内替入
1.0g/cm³ 稠塞+封隔液+射孔液+封隔液，至进出口一致后停泵。作业液基本性
能见表 6-36。

表 6-36　作业液基本性能

井号	封隔液进口比重/(g/cm³)	封隔液出口比重/(g/cm³)	pH	稠塞量/m³	稠塞比重/(g/cm³)	稠塞替入量/m³	射孔液/m³
DF1-1-F6	1.45	1.45	10	3	1.0	2	
DF1-1-F3	1.45	1.45	10	3	1.0	2	1
DF1-1-F1	1.37	1.37	10	3	1.0	2	1
DF1-1-F5	1.37	1.37	10	3	1.0	2	1
DF1-1-F4	1.37	1.37	10	3	1.0	2	1
DF1-1-F7H	1.60	1.60	10	4	1.6	3	

3. 现场效果及分析

优化后的复合盐封隔液在现场成功应用了 6 口井，应用结果表明：封隔液为
无固相，密度可调；采用密度 1.60g/cm³ 的浓缩液，现场稀释调节，施工简单快
捷；封隔液生物毒性小，对现场操作人员及环境无伤害；特别是采用复合盐封隔
液体系，F6 井在下入油管一个多月后起出，表面光滑无腐蚀，因此复合盐封隔
液可有效控制生产管柱腐蚀。存在不足及建议：陆上配好封隔液浓缩液采用船运
到平台上，损耗量比较大，建议以后使用可采用把原料运至平台上现场配制，以
减少运输过程的损失；封隔液用海水稀释会有白色沉淀；F6 井油管起出后，发
现在距油管底部 100m 以上约 200m 油管段附有少量水垢。

4. 白色沉淀产生的原因

1）配制过程放置时间对浑浊的影响

复合盐水采用淡水、海水配制实验步骤：①分别取 50mL 淡水、海水，加入
复合盐使其密度达到 1.45g/cm³；②室温搅拌，每隔 20min 观察其溶解现象，并
拍照。

实验结果如下：复合盐的溶解过程较慢，溶解过程中伴随着浑浊现象。刚开
始溶液浑浊，伴随未溶解颗粒(图 6-45)；20min 后，烧杯中已无未溶解颗粒，但
溶液还呈浑浊状态(图 6-46)；40min 后，两烧杯溶液澄清(图 6-47)，溶解过程
完成。

图 6-45　复合盐加入烧杯时现象

图 6-46　20min 后，复合盐溶解现象

图 6-47　40min 后，复合盐溶解现象

2）复合盐水稀释过程密度对浑浊的影响

复合盐水稀释实验步骤：①用淡水配制密度为 $1.45g/cm^3$ 的复合盐水；②分别量取 50mL 海水装入烧杯中，依次加入上述复合盐水 1mL、2mL、3mL、4mL、5mL，观察现象，并拍照；③待溶液体系稳定后，测其密度和浊度值。

实验结果如下：刚往海水中加入密度为 $1.45g/cm^3$ 的复合盐水，溶液均有絮状物出现（图 6-48）；稍作搅拌，发现 4 号和 5 号烧杯浑浊消失（图 6-49），测其浊度，其结果见表 6-37。

表 6-37　复合盐水稀释后密度、浊度数据

烧杯编号	盐水体积/mL	密度/(g/cm³)	NTU	状态描述
1	1	1.038	895	白色絮状
2	2	1.046	510	白色絮状
3	3	1.054	230	白色絮状
4	4	1.061	1.0	澄清溶液
5	5	1.068	0.7	澄清溶液

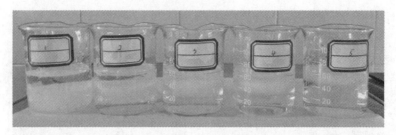

图 6-48　复合盐水加入海水中效果图

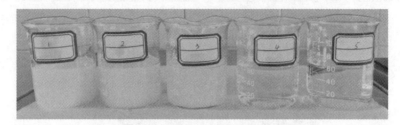

图 6-49　复合盐水稀释稳定后效果图

从表 6-37 可以看出，当复合盐水稀释密度至 $1.054g/cm^3$ 时，溶液呈浑浊状态；而当密度大于 $1.061g/cm^3$ 时，溶液澄清；当密度为 $1.061g/cm^3$，其浊度仅为 1.0。复合盐水有这种性质，可能原因是：当密度低时，复合盐中螯合离子少，对海水中的 Ca^{2+}、Mg^{2+} 作用有限，导致出现絮状沉淀物；而当密度达到一定值后，就能完全螯合住海水中的 Ca^{2+}、Mg^{2+}，致使溶液澄清。

3)油管底部有少量水垢

对现场所取得的垢样(图 6-50)采用 X-射线衍射方法(XRD)进行矿物组成分析，仪器为荷兰 X'pert MPD ProX 射线衍射仪，测试环境为温度 22℃ 和湿度 65%，测试依据为 JCPDS 卡片(国际粉末衍射标准联合委员会)，结果见表 6-38。

图 6-50　现场取得垢样

表 6-38　现场油管表面垢样分析结果

分析方法	分析项目	主要矿物成分
X-射线衍射法	结构分析	$Ca_3(PO_4)_2$、$NaFePO_4$

由表 6-38 可知，现场油管表面垢样主要矿物成分主要为磷酸钙和磷酸铁钠。其形成原因是：复合盐中生产过程中含有少量正磷酸盐副产物，正磷酸盐与运输储存罐清洗后剩余的海水中的钙离子，在高温作用下形成磷酸钙沉淀；另外正磷酸与腐蚀的铁也会形成磷酸铁沉淀，这些沉淀附积在油管壁上。但是，磷酸钙和磷酸铁钠垢沉淀很容易被 10％的盐酸溶解，酸溶率达 99.6％。

6.4.3　封隔液现场配制操作规范及要求

1. 采用固体复合盐配制操作

(1)在 1000 份淡水中加入 2～5 份 NaOH，搅拌充分溶解；
(2)再加入 100～2000 份复合盐加重剂调节密度，搅拌充分溶解；
(3)再加入 1～3 份除氧剂以及 10～50 份缓蚀剂，搅拌均匀；
(4)用密度计测量封隔液密度，加固体复合盐或淡水调节密度达到所需要求；
(5)过滤。

2. 采用浓缩复合盐封隔液配制操作

(1)先用密度计测量浓缩复合盐封隔液的密度；
(2)根据公式计算由浓缩复合盐封隔液稀释到所需密度，所要加淡水的体积；
(3)在浓缩复合盐封隔液中，加入所需淡水，搅拌均匀；
(4)用密度计测量封隔液密度，加浓缩复合盐封隔液或淡水调节密度达到所需要求；
(5)补充 0.3％除氧剂 PF-OSY；
(6)过滤。

3. 封隔液现场配制要求

(1)封隔液配制罐要清洗干净，不能留有大量海水；
(2)封隔液需使用淡水配制；
(3)配制好的封隔液长期存放后再次使用需要补充除氧剂。

第7章 南海高温高压钻井液技术实践

南海已钻多口高温高压探井和开发井，井型包括直井、定向井和水平井，不同的井型对钻井液有不同的要求，包括钻井液体系的选择以及维护处理工艺。本章根据现场实践情况，介绍了不同井型情况下使用的钻井液体系及相应的维护处理措施。

7.1　在直井 DF13-2-6 井中的实践

7.1.1　井身结构及钻井液体系

DF13-2-6 井的井身结构及钻井液体系见表 7-1。

表 7-1　DF13-2-6 井井身结构及钻井液体系

开钻次序	钻头直径/mm	钻达井深/m	套管外径/mm	下入深度/m	钻井液体系
第一次开钻	914.400	176.41	762.000	176.41	海水/膨润土浆
第二次开钻	660.400	518.60	508.000	515.40	海水/膨润土浆
第三次开钻	444.500	2055.60	339.729	2049.37	PDF-PLUS/KCl，PDF-THERM
第四次开钻	311.100	3003.00	244.475	2998.55	PDF-PLUS/KCl，PDF-THERM
第五次开钻	212.725	3245.00	—	—	PDF-THERM

7.1.2　PDF-THERM 体系在高温高压井段使用情况

DF13-2-6 井 8-3/8″井眼井段处于 3003～3245m，使用的钻井液体系为 PDF-THERM。

7.1.2.1　钻进作业钻井液施工

下钻探水泥塞面 2925.74m，钻进新地层至 3008m，循环，地层承压试验，8-3/8″井眼钻进至 3124.80m，循环，继续钻 8-3/8″井眼至 3144m，顶驱风机故障，起钻三柱，循环修理，下钻至底，继续钻 8-3/8″井眼至 3245m，循环，静止观察液面稳定，循环调整钻井液性能，补测数据，倒划眼短起钻至 9-5/8″ 套管鞋内，循环，下钻通井到底，循环，井底垫封闭液，静止观察井口，液面稳定，直接起钻完。拆甩随钻工具，电测声波、核磁，测压取样，电测中途通井，起钻完，继续电测测压取样，井壁取心，成像，弃井作业。

7.1.2.2　钻井液处理措施

根据小型试验结果，旧浆和新浆比例按 2∶1 配制开钻钻井液。本井段回收上井段剩余的 PDF-THERM 旧浆 240m³，其中 80m³ 用来配制 1.90g/cm³ 的重浆，剩余 160m³ 与新配制的 80m³ 新浆混匀，加重至 1.75g/cm³ 作为开钻钻井液。

1. 前准备

(1)下 9-5/8″套管及固井期间回收老浆至泥浆池备用；

(2)清洗沉砂池及回流槽，更换振动筛筛布为 150 目；

(3)新浆配方：钻井水＋6kg/m³烧碱＋3kg/m³纯碱＋30kg/m³ PF-SMP＋30kg/m³ PF-SPNH＋15kg/m³ PF-LSF＋15kg/m³ PF-DYFT＋30kg/m³ PF-QWY(1500 目∶800 目∶400 目＝4∶3∶3)

2. 维护措施

(1)钻水泥塞及套管附件期间，向循环系统中补充 1.5kg/m³ 小苏打，以消除水泥的污染，同时加入 17.5t 甲酸钾，使其浓度至 58 kg/m³，提高钻井液的抑制性；

(2)钻进期间，使用比重与井浆相同的钻井液维护活动池液面；

(3)钻井液出口温度较高后，钻井液表面会产生大量雾气，失去大量自由水，因此采用 0.5～0.6m³/h 的速度均匀向循环系统中补充淡水；

(4)钻进至 3040m，鉴于黏度、动静切力、低转速都上涨，钻井液静置后感觉变稠，测得 pH11、钙离子浓度 160，排除水泥浆污染，用 50m³ 新浆置换井浆 50m³；

(5)钻进至 3092m 之前，提钻井液比重至 1.77g/cm³，准备揭开黄流组一段Ⅰ气组；

(6)钻进至 3144.21m，鉴于黏度、动静切力、低转速都非常明显地持续上涨，钻井液静置后感觉明显冻化，用 80m³ 新浆置换井浆 80m³；

(7)钻进期间，根据井浆的变化情况，针对性地调整封闭液的侧重点，并在化验室做小样，检验结果，优化封闭液的方案；

(8)完钻后，充分循环干净，倒划眼短起至管鞋内，循环干净；

(9)通井到底后，循环调整钻井液，在循环系统中均匀加入 10kg/m³ PF-LUBE，然后将配好的封闭液垫 15m³ 至裸眼。

3. PDF-THERM 钻井液在高温高压井段的体系稳定性分析

1）流变稳定性

（1）循环时流变性的稳定性。

替入开钻钻井液钻水泥塞期间，加入 1.5kg/m³ 小苏打，以消除水泥的污染，钻进至 3040m，钻完水泥塞后，钻井液黏度、动静切力、低转速有所上涨，观察钻井液静置后有变稠的现象，测 pH 为 11，无明显变化、测钙离子浓度 160mg/L，排除水泥浆污染，初步分析主要是因为替浆过程中收老浆过多，低固相的大量进入造成的。

因此，决定用准备的多余的 50m³ 开钻钻井液置换循环系统的钻井液，做到降低 LGS 的目的，以拉低黏切、尤其是终切。

置换 50m³ 钻井液后，钻井液黏度、动静切力、低转速都明显下降，降到最低值后，随着继续钻进，循环钻井液温度持续上升，出口温度达到 77℃，发现流变性又开始反弹，认真分析高温高压钻井液体系作用机理，由于只有磺化类材料护胶，而缺少聚合物类材料更有力的护胶作用，导致进入钻井液体系的 LGS 进一步分散，最终出现这种现象。

因此决定再次置换，重点一是要提高循环系统中 PF-PAC LV 至 3kg/m³，补充抗温聚合物 PF-HTFL 浓度至 1～2kg/m³，二是置换要彻底。

在 1♯ 池准备 80m³ 置换钻井液，配方为：2.5kg/m³ 烧碱＋1.25kg/m³ 纯碱＋38kg/m³ PF-SMP＋25kg/m³ PF-SPNH＋12.5kg/m³ PF-LSF＋12.5kg/m³ PF-DYFT＋6.5kg/m³ PF-PAC LV。

置换 80m³ 钻井液后，钻井液黏度、动静切力、低转速都明显下降，降到最低值后，随着继续钻进，钻井液黏度、动静切力、低转速都控制得较好，上涨缓慢，到完钻钻井液流变性：FV 48S、MW 1.77、6 转 5、3 转 4、初切 2、终切 15、MBT 15，调整后，钻井液流变性总体趋于平稳，说明在提高循环系统中聚合物类材料 PF-PAC LV 至 3kg/m³ 和 PF-HTFL 后，护胶效果更好，抑制、减缓了进入钻井液体系的 LGS 进一步分散，从而达到了控制黏度、动静切力、低转速上涨的速度。

（2）静止时流变性的稳定性。

电测中途通井，钻井液静止 60h 后，井筒内钻井液流变性变化不大，在高温高压的环境下长时间静置，钻井液仍然能保持流变性的稳定。

垫入井底前封闭液钻井液性能：1.77g/cm³，Gel 1.5/5，HTHP：6.2mL，PV：42，YP：5，6 转/3 转：3/2。

出井后封闭液性能：1.77g/cm³，Gel 1.5/13，HTHP：6.4mL，PV：34，YP：12.5，6 转/3 转：6/5。

通过对比可以看出封闭液动静切力有所增大，通过封闭液和井浆性能的对比，通井后的电测则没有垫封闭液。

　　电测结束，钻井液静止 50h 后，井筒内包括井底钻井液流变性变化不大，钻井液在高温高压的环境下长时间静置，仍然能保持流变性的稳定。

　　2）沉降稳定性

　　电测中途通井，裸眼钻井液（封闭液）静止 60h 后，井底 3180～3190m 钻井液比重从 1.77g/cm³ 上涨至 1.80g/cm³，说明在较长时间内钻井液还是具有相对较好的沉降稳定性。

　　通井后，通过封闭液与井浆的性能对比，发现井浆的性能更好，因此通井后决定不垫封闭液，直接用井浆。

　　电测结束，裸眼钻井液（井浆）静止 50h 后，流变性变化趋势，如图 7-1 所示。

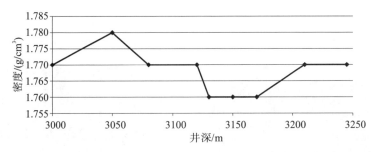

图 7-1　钻井液密度与井深关系图

　　从图中比可以明显看出，井底钻井液比重均匀，未发生重晶石沉降现象，钻井液悬浮能力好，钻井液具有良好的沉降稳定性。

　　3）高温高压滤失及泥饼质量稳定性

　　(1)钻进期间高温高压滤失及泥饼质量稳定性。

　　替入开钻钻井液，向循环系统中补充 1.5kg/m³ 小苏打，以消除水泥的污染，同时加入 17.5t 甲酸钾，使其浓度至 58kg/m³，提高钻井液的抑制性，钻井液性能及泥饼质量见表 7-2 和图 7-2。

表 7-2　替入开钻钻井液后钻井液性能

密度/(g/cm³)	1.77	API FL/(mL/30min)	2.0
黏度/(sec/qt)	47	HTHP FL/(mL/30min)	7.0
PV/(mPa·s)	30	pH	11
YP/Pa	7.5	MBT/(kg/m³)	15
Gel 10″/10′/Pa	2/12	K⁺/(mg/L)	35000

图 7-2　替入开钻钻井液后泥饼质量

钻进至 3144m，用在 1♯ 池准备的 80m³ 钻井液置换井浆，新浆配方如下：2.5kg/m³ 烧碱 + 1.25kg/m³ 纯碱 + 38kg/m³PF-SMP + 25kg/m³ PF-SPNH + 12.5kg/m³PF-LSF + 12.5kg/m³PF-DYFT + 6.5kg/m³PF-PAC LV，循环均匀后钻井液性能及泥饼质量见表 7-3 和图 7-3。

表 7-3 钻井液性能

密度/(g/cm³)	1.78	API FL/(mL/30min)	2.0
黏度/(sec/qt)	45	HTHP FL/(mL/30min)	6.4
PV/(mPa·s)	31	pH	11
YP/Pa	8.5	MBT/(kg/m³)	15
Gel 10″/10′/Pa	2/13.5	K⁺/(mg/L)	33000

图 7-3 泥饼质量

完钻循环时钻井液性能及泥饼质量见表 7-4 和图 7-4。

表 7-4 完钻循环时钻井液性能

密度/(g/cm³)	1.77	API FL/(mL/30min)	2.0
黏度/(sec/qt)	48	HTHP FL/(mL/30min)	7.2
PV/(mPa·s)	30	pH	11
YP/Pa	10	MBT/(kg/m³)	15
Gel 10″/10′/Pa	2/15	K⁺/(mg/L)	33000

图 7-4 泥饼质量

(2)电测中途通井及弃井前循环高温高压滤失及泥饼质量稳定性。

电测中途通井，钻井液静止 60h 后，高温高压滤失(500psi×150℃)及泥饼质量如图 7-5 所示。

井深：600m，HTHP：6mL

井深：900m，HTHP：6.4mL

井深：1500m，HTHP：8.4mL

井深：2100m，HTHP：5.6mL

井深：2400m，HTHP：6.4mL

井深：2945m，HTHP：6.4mL

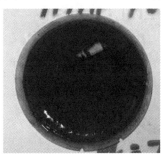
井深：3245m，HTHP：6.2mL

图 7-5　泥饼质量图

从整体上看，高温高压失水情况没有大幅度的变化，基本维持在 6～9mL，泥饼较薄，表面未黏附重晶石，可以说明 PDF-THERM 钻井液高温高压滤失及泥饼质量稳定性良好。

7.1.2.3　总结及建议

(1)老浆尽量少收，减少开钻钻井液中的劣质固相，尤其是 LGS。

(2)配制开钻钻井液时，坚持使用聚合物护胶，其加量需综合考虑开钻钻井液黏度。

（3）钻水泥塞的时候，向循环系统中加入 $3\sim5kg/m^3$ 的小苏打，防止水泥污染。

（4）中途配制新浆时，仍然要补充循环系统中抗高温聚合物的消耗，不能因考虑到井浆黏度高，而不加聚合物，只能减少加量。

（5）每次配制置换钻井液时，要充分考虑护胶、碱度、高温高压失水及泥饼质量。

（6）通过室内实验数据，建议在动静切力，尤其是终切高时，使用稀释剂 Drill-thin，降低切力非常明显。

（7）本井般土含量基本控制在 $15\sim19kg/m^3$，虽然本井没出现问题，但在高温高压井段仍然需要密切观察般土含量及固相含量的变化。

（8）要维持合适浓度的 HCOOK，使钻井液有较强的抑制性。

（9）PF-QWY 的使用按推荐比较搭配进行复配。

（10）封闭液在现场需反复做小样，确定新浆和老浆的比例，调好切力、般土含量、高温高压失水、泥饼质量以及悬浮能力。

7.2　在定向井 F1 井中的实践

7.2.1　定向井井身结构

定向井的井身结构及钻井液体使用情况见表 7-5。

表 7-5　定向井井身结构

定向井	井斜/(°)	TD/TVD/(m/m)	8-1/2″井段长度/m	密度/(g/cm³)
F1	38.4	3526/2956	206	1.96
F2	25.78	3138/2947	178	1.94
F3	20.48	3013/2829	178	1.94
F4	30.44	3255/2897	164	1.93
F5	12.48	2972/2912	175	1.95
F6	27.42	3239/2908	205	1.95

7.2.2　高密度井段钻井液体系使用情况

8-1/2″井段的重难点主要有：储层保护、高温高比重下的钻井液稳定性和流变性控制、井控和防漏、降低摩阻和扭矩。

1. 钻进作业钻井液施工

(1)开钻前，利用上口井剩余老浆＋新配胶液进行复配 240m³ 钻井液并加重至 1.70g/cm³；

(2)进入目的层前边钻进边加重钻井液，补充 1％浓度不同粒径的碳酸钙到循环系统，保持钻井液良好的储层保护能力；

(3)控制钻井液整体上处于较低的流变性，为后期的加重及钻进留足空间；

(4)保持 KCl 含量在 3％～4％，ULTRAHIB 含量不低于 1％，使钻井液具有较强的抑制性；

(5)维持 XP-20K，Resinex(有机树脂)含量 15～20kg/m³，Soltex(磺化沥青) 10～15kg/m³，既增强钻井液的稳定性也提高泥饼质量；

(6)边钻进边向循环系统钻井液加入 G-Seal(石墨)，维持钻井液 LUBE167 (液体润滑剂)含量>1％，保持钻井液良好的润滑性能；

(7)维持 pH>10 并保持钻井液含一定量的过量石灰，消除 CO_2 酸性气体对钻井液性能的影响；

(8)钻进过程及循环时，采取细水长流的方式向钻井液中加入钻井水，补充钻井液因高温蒸发和滤失损失的水分，减少钻井液因失/脱水效应对流变性的影响。

2. 套管回接及钻塞作业钻井液施工措施

(1)刮管作业开始前，地面准备好 160m³ 左右的 1.70g/cm³ 钻井液。磨铣刮管时，先泵入 5m³ 高黏钻井液清扫井眼。接着用 1.70g/cm³ 的钻井液替入井内，循环均匀，起钻。

(2)考虑到 1.70g/cm³ 钻井液需要在井内静止较长时间，因此在处理上，还需要用 FLOWZAN 适当提高钻井液切力，保持钻井液的 10min 切力>18lb/100ft²，MBT 在 28kg/m³ 左右。

(3)套管回接作业结束后，钻水泥塞时，用小苏打对井浆进行处理，减少水泥污染对钻井液的影响，保持好钻井液的流变性能。

3. 钻井液 ECD 控制

(1)控制好 ECD，减小压差也就降低了井漏的风险；钻进时控制机械钻速、排量在合适的范围；钻井液流变性控制在低限，漏斗黏度 38～45s，3 转读数 4～5。

(2)通过以上措施的执行，定向井在钻进时都保持了较低的 ECD 值，从而降低了压差，减小了井漏的风险。

4. 钻井液流变性控制

控制钻井液流变性处于低限，为钻井液比重的提高和性能调整留足空间；减少压差，降低井漏的风险；钻井液性能控制整体较平稳。

5. 井径控制和井壁稳定措施

(1)根据地层压力逐步调整钻井液比重以保持井壁的稳定；控制钻井液失水为中压失水<5mL/30min，高温高压<8.0mL/30min；

(2)通过加入软性可变性粒子Soltex(磺化沥青)、Asphasol Supreme(磺化沥青)、Resinex(有机树脂)等和G-Seal(石墨)、碳酸钙等桥堵粒子相结合形成坚韧致密的泥饼，对渗透层加以良好的封堵；

(3)保持适度的抑制性(1%~2%ULTRAHIB，3%~4% KCl)；

(4)工程上在目的层段通过控制排量，不在砂岩井段长时间定点循环等，减小对井壁的冲刷。

6. 泥饼质量控制措施

(1)选用优质土(M-I Gel)配浆，通过胶液稀释与固控清除相结合降低钻井液中劣质土(即钻屑污染)含量，控制低固相含量<4%；

(2)提高抗高温材料(XP-20K，Resinex)的浓度，控制钻井液高温高压失水<8.0mL/30min；

(3)根据地质提供的储层物性(孔隙度、渗透率等)资料，优选复配封堵材料，提高泥饼的致密性和韧滑性；

(4)控制钻井液的高温聚合物(EMI-1045)浓度在 $3\sim4kg/m^3$，沥青类 Asphasol Supreme 含量在 $10kg/m^3$ 左右。

7. 储层保护措施

(1)钻井液比重在满足井控的前提下尽量低控，流变性控制下限以获得低ECD值，减小压差；

(2)发挥固控设备的作用，结合胶液稀释控制井浆 LGS <4%以减少劣质固相对储层的污染；

(3)加入 1%~2%的 ULTRAHIB，提高钻井液的抑制性并降低滤液的表面张力和界面张力以减小对储层的水锁损害；

(4)控制 API 滤失<4mL、高温高压滤失<8.0mL，结合软性可变性粒子(Soltex，Resinex、Asphasol Supreme 等)和封堵粒子(G-Seal、$CaCO_3$等)对渗透层加以良好的封堵，形成坚韧致密的泥饼，减少滤液对储层的污染和侵入深度；

(5)钻入产层前，加入 1% $CaCO_3$ 以保证钻井液具有良好的封堵性；在目的层钻进时，井下遇到渗透性漏失，则再加入总量为 2%～3% 不同粒径的碳酸钙，采用屏蔽暂堵技术保护储层。

8. 降低摩阻措施

(1)在钻 9-5/8″套管水泥塞时，先向井浆中加入 1% G-Seal(进口石墨)，然后再根据实钻的扭矩情况，以 0.5%～1% 的梯度逐渐补充加入；

(2)根据 8-1/2″井眼的实钻扭矩情况，适当地提高沥青类(Soltex/Asphasol Supreme/DYFT-II)和 Lube 167(液体润滑剂，1%～3%)的浓度，以加强钻井液的润滑性，降低摩阻；

(3)在保证井控安全的前提下，钻井液比重尽可能低，减小压差造成的黏性摩阻；

(4)加强井眼净化，减小环空钻屑摩阻；

(5)工程上优化钻井参数、钻井工具等，通过机械减阻方式来帮助降低摩阻。

9. 随钻防漏措施

(1)开钻前，向井浆加入 1%～2%$CaCO_3$(Carb40∶Carb10=1.25∶1)，保证钻井液具有较好的随钻封堵的能力；

(2)钻进过程中，保持以每小时 100～150kg 的速度边钻边加入粗颗粒封堵材料(Carb250、G-Seal)，加强钻井液的随钻封堵性；

(3)钻进中密切观察井眼状况，在漏失<$3m^3$/h 之内，则提高井浆中的封堵材料浓度至 3% 以上以提高钻井液的封堵性，边钻边观察封堵效果，然后再决定下步措施；

(4)保持钻井液中沥青类材料 DYFT-II/Soltex 在 $15kg/m^3$ 左右；

(5)降低压差，保持钻井液低流变性，控制 ECD 钻进；

(6)控制钻速和排量，减少环空钻屑浓度。

10. 其他措施

(1)上口井剩余的 Duratherm 旧浆作为基浆，和新胶液复配后继续用于下口井的 8-1/2″井段，旧浆和新胶液的复配比根据旧浆的般土含量而定，要求混配后的钻井液的 MBT<$22kg/m^3$，LGS<4%。

(2)抑制性。本井段的新浆 KCl 浓度控制<4%，同时通过加入 1% ULTRAHIB(液体聚胺)以增强钻井液的抑制性。如井段的泥岩段较长，可将 ULTRAHIB(液体聚胺)的浓度提高到 2% 以保持钻井液对泥岩地层的强抑制性。

(3)防 CO_2 措施。东方区块地层普遍存在 CO_2，保持较高的钻井液碱度(pH>10)，钻井液中有适量的多余石灰(PM>1.5)以降低 CO_2 对钻井液性能的影响；钻遇含高 CO_2 气体时，加入石灰处理 CO_2 对钻井液的污染。

7.3　在水平井 F7H 井中的实践

7.3.1　F7H 井井身结构

水平井 F7H 井的井身结构见表 7-6。

表 7-6　F7H 井井身结构

井眼直径 /(in)	井斜 / (°)	TD/m	TVD/m	套管直径/mm	下入深度/m
26	4.74	501.5	528.7	508	528.8
17-1/2	9.02	2017	1992	339.73	2012
12-1/4	68.12	3019	2802.5	244.48	2835
8-1/2	84.13	3410	2879.15	177.8	3408.58
5-7/8	93.3	3800	2868.42	4.5	3796.95

7.3.2　高密度井段钻井液体系使用情况

1. F7H 井井眼净化措施

1)12-1/4″井眼净化措施

本井段井斜跨度大，井眼净化难度较大：从 2380m 开始以 2.5°/30m 的增斜率增斜，至井段 TD(3019m)，井斜为 68.5°。本井段净化采用 5-7/8″钻杆提高环空返速；12-1/4″井段控制钻速在 30m/h 左右，排量 3800～4000L/min；100～120r/min 高转速；用 Versa HRP 和 VersaGel 调控 6 转读数在 6～10；倒划眼时开大排量，充分循环，清除干净滞留在井内的钻屑(图 7-6)。

2)8-1/2″井段井眼净化措施

本井段井斜从 68.5°增加至中完时的 84°，井斜变化率较大，井眼净化难度也较大。用 Versa HRP 和 Versa Gel 调控 6 转读数为 5～7，YP 10～14lb/100ft^2；中转速 80～100r/min；倒划眼时开大排量，充分循环，以清除干净滞留在井眼内的钻屑。

通过以上措施的合理使用，从而有效地保证了井眼的净化。

图 7-6　F7H 井 12-1/4″井段钻进时振动筛返出岩屑

2. 降低摩阻措施

(1)在钻水泥塞时，先向井浆中加入 1% G-Seal(进口石墨)，然后根据实钻的扭矩情况，再逐步以 0.5%~1% 的梯度逐渐补充加入；

(2)根据实钻的扭矩情况，适当地提高油水比(从 80/20 逐步提高至 87/13)，通过提高钻井液中的油含量加强润滑性降低摩阻；

(3)在保证井控安全的前提下，钻井液比重维持在低限，减小压差造成的黏性摩阻；

(4)加强井眼净化，减小环空钻屑摩阻；

(5)工程上优化钻井参数、钻井工具等，通过机械减阻降低摩阻。

3. F7H 井井控及防漏措施

(1)钻井液比重在满足井控的前提下尽量低控以减小压差；

(2)控制钻速、排量、钻井液流变性至下限以获得较低的 ECD 值；

(3)钻入 IIb 砂体前，向钻井液中预先加入 Carb10/40 等较细颗粒的封堵材料；进入产层后，补充含加入 Carb250、G-Seal 等较粗颗粒堵漏材料的胶液，保证钻井液具有较强的封堵性；

(4)钻进中密切观察井眼状况，遇到漏速<5m³/h 的渗漏，则将井浆中的封堵材料(碳酸钙、G-Seal 等)的浓度提高到 3% 以上，提高钻井液的封堵性；

(5)进入 IIb 砂体后，控制钻速<10m/h，钻速、扭矩有较大变化时先停钻循环观察，确定井下正常后再继续钻进；

(6)通过平稳操作、控制起下钻速度、开泵小排量打通再逐渐提高排量、井下静止时间较长时分段循环等措施来减少或避免压力激动或抽汲。

4. F7H 井井壁稳定措施

(1)由于油基钻井液是强抑制性体系，基本消除了井壁失稳的化学方面因素，如出现井壁失稳，主要应是物理力学平衡的原因。因此在钻进时根据地层压力逐

步提高钻井液比重;

(2)通过调整油基钻井液水相中 $CaCl_2$ 的浓度(25%左右),使钻井液水相的活度等于或略高于地层水的活度(Aw),使钻井液的渗透压大于或等于地层(页岩)吸附压,从而防止钻井液中的水向岩层运移,防止页岩地层的渗透水化。

(3)严格失水控制(滤液必须全是油),结合防塌剂、封堵剂的使用提高泥饼质量;

(4)适当地加入防塌剂(Soltex/Versatrol HT)和封堵剂($CaCO_3$/G-Seal)以加强钻井液的充填封堵性,提高井壁的稳定性;

(5)工程优化钻具组合,避免人为因素(如开泵过猛、起下钻过快)对井壁的机械损害,井下静止时间较长则分段循环等措施减少或避免压力激动。

5. F7H 井钻井液流变性控制

控制钻井液流变性处于低限,为钻井液比重的提高和性能调整留足空间;减少压差,降低井漏的风险;钻井液性能控制整体较平稳。

6. F7H 井目的层段储层保护措施

(1)降低压差,保持钻井液微过平衡钻进;同时保持钻井液流变性处于低限,控制 ECD 值,根据 ECD 来调整钻速和排量;

(2)钻入产层前,向钻井液预先加入 Carb10/40 等较细颗粒的封堵材料,保证钻井液具有较强的封堵性;

(3)在产层钻进时,保持边钻边缓慢向循环系统补充含较粗颗粒封堵材料(Carb40/250、G-Seal 等)的胶液,补充消耗并提高钻井液的封堵性;

(4)严格控制钻井液的高温高压失水<3.0mL(滤液全部是油),提高泥饼的致密性,减小滤液对产层的侵入;

(5)选用细筛布(>170 目),发挥固控设备的作用,结合胶液稀释控制井浆 LGS <4%以减少劣质固相对储层的污染。

参 考 文 献

艾关林. 2012. 用于高造浆地层的平衡抑制稳流钻井液体系研究 [D]. 湖北：长江大学.

艾俊哲，贾红霞，舒福昌，等. 2002. 油气田二氧化碳腐蚀及防护技术 [J]. 湖北化工，(3)：3-5.

白小东. 2007. 新型水合物抑制剂 HBH 的评价研究 [J]. 石油钻探技术，35(2)：36-38.

白杨. 2014. 深井高温高密度水基钻井液性能控制原理研究 [D]. 成都：西南石油大学.

白真权，李鹤林，刘道新，等. 2003. 模拟油田 H_2S/CO_2 环境中 N80 钢的腐蚀及影响因素研究 [J]. 材料保护，(04).

蔡利山，林永学，田璐，等. 2011. 超高密度钻井液技术进展 [J]. 钻井液与完井液，28(5)：70-78.

曹长娥. 1998. 高耐腐蚀耐酸性气体的 13%Cr 油井用钢管的开发 [J]. 钢管，27(5)：51-56.

曹楚南，陈家坚. 1997. 缓蚀剂在油气田的应用 [J]. 石油化工腐蚀与防护，14(4)：34.

曹楚南. 2004. 腐蚀电化学原理(2 版) [M]. 北京：化学工业出版社.

陈安猛. 2008. 耐高温聚合物钻井液降滤失剂的合成及作用机理研究 [D]. 济南：山东大学.

陈乐亮，汪桂娟. 2003. 甲酸盐基钻井液完井液体系综述 [J]. 钻井液与完井液，20(1)：31-36.

陈卓元，张学元，王凤平，等. 1998. 二氧化碳腐蚀机理及影响因素 [J]. 材料开发与应用，13(5)：34-40.

崔迎春，张琰. 1999. 储层损害和保护技术的研究现状和发展趋势 [J]. 探矿工程，1999 年增刊.

窦旭明，刘灵童，王建立，等. 2012. 浅谈钻井过程中的储层损害及保护措施 [J]. 内蒙古石油化工，18：51-53.

杜海燕，路民旭，吴荫顺，等. 2006. 油酸酰胺的合成及其性能研究 [J]. 腐蚀科学与防护技术，18(5)：370-373.

樊世忠，陈元千. 1988. 油气层保护与评价 [M]. 北京：石油工业出版社：5-69.

樊世忠，何纶. 2005. 国内外油气层保护技术的新发展(I)—钻井完井液体系 [J]. 石油钻探技术，33(1)：1-5.

方丙炎，韩恩厚，朱自勇. 2001. 管线钢的应力腐蚀研究现状及损伤机理 [J]. 材料导报，15(12)：1-3.

冯萍，等. 2012. 交联型油基钻井液降滤失剂的合成及性能评价 [J]. 钻井液与完井液，29(1)：9-14.

付学忠，赵斌，郭振莲. 2008. 塔河油田阿克亚苏区块低渗透层对水平井的影响 [J]. 西部探矿工程，(7)：108-111.

高海洋，等. 2000. 新型抗高温油基钻井液降滤失剂的研制 [J]. 西南石油学院学报，22(4)：61-64.

管志川. 2003. 温度和压力对深水钻井油基钻井液液柱压力的影响 [D]. 中国石油大学学报，27(1)：48-52.

郭建华，等. 2006. 高温高压井 ECD 计算 [J]. 天然气工业，26(8)：72-74.

郭永峰，郭士升，李会亮. 2004. 平湖油气田钻杆刺漏现象研究 [J]. 中国海上油气，16(2)：107-111.

哈利伯顿公司. 1989. 油田二氧化碳使用手册 [M]. 东营：中国石油大学出版社.

郝广业. 2008. 抗高温油基钻井液有机土的研制及室内评价 [J]. 内蒙古石油化工，(01).

何健，康毅力. 2005. 孔隙型与裂缝-孔隙型碳酸盐岩储层应力敏感研究 [J]. 钻采工艺，3(2)：84-86.

何秀武，曹阳，王丽君. 2013. 橡胶耐液体试验中常见问题分析 [J]. 橡胶科技，9：45-47.

侯瑞雪，等. 2014. 处理剂对抗高温高密度油基钻井液沉降稳定性的影响 [J]. 钻井液与完井液，31(5)：46-48.

胡鹏飞，文九巴，李全安. 2003. 国内外油气管道腐蚀与防护技术研究现状及进展 [J]. 河南科技大学学报，24(2)：100.

黄金营，魏慧芳，张利墙，等. 2004. 咪哩琳油酰胺的合成及在油气井产出液中的缓蚀性能 [J]. 油田化学，21(3)：230-233.

黄金营，魏慧芳. 2003. 油井腐蚀因素探讨 [J]. 湖北化工，15(2)：41 -42.

姜放，戴海黔，曹小燕，等. 2005. 油管套在 CO_2 和 H_2S 共存时的腐蚀机理研究 [J]. 石油与天然气化工，34(3)：213-215.

靳秀菊，姚合法，刘振兴，等. 2006. 低渗致密砂岩气田储层损害评价及保护措施 [J]. 现代地质，16(4)：408-411.

鞠斌山，伍增贵，邱晓凤，等. 2001. 油层伤害问题的研究概述及进展 [J]. 西安石油学院报(自然科学版)，16(3)：12-17.

巨小龙，等. 2006. MEG 钻井液页岩抑制性研究. 钻采工艺，29(6)：10-12.

黎金明. 2010. 低渗透气田水平井钻井(完井)液技术 [J]. 钻采工艺，33(zl)：15-21.

李白力，冯叔初. 1996. 油气混输管道内壁的腐蚀 [J]. 油气田地面工程，15(1)：47-52.

李斌. 2008. 抗高温钻井液技术研究与应用 [D]. 济南：山东大学.

李春福，罗平亚. 2004. 油气田开发过程中二氧化碳腐蚀研究进展 [J]. 西南石油学院学报，26(2)：42-46.

李春福，王斌，代家林，等. 2004. Ni-Fe-P 化学镀层结构及抗 CO_2 腐蚀性能研究 [J]. 表面技术，33(3)：19-21.

李春福，张颖，王斌，等. 2004. X56 钢油气集输管道的 CO_2 腐蚀电化学研究 [J]. 天然气工业，24(12)：145-148.

李春霞，黄进军，徐英. 2002. 一种新型高温稳定的油基钻井液润湿反转剂 [J]. 西南石油学院学报，24(5)：21-23.

李春霞. 2001. 一种新型抗高温有机土的研制及性能评价 [J]. 西南石油学院学报，23(4)：54-56.

李公让. 2009. 超高密度高温钻井液流变性影响因素研究 [J]. 钻井液与完井液，26(1)：12-14.

李国敏，李爱魁，郭兴蓬，等. 2003. 油气田开发中的 CO_2 腐蚀及防护技术 [J]. 材料保护，36(6)：1-5.

李鹤林，李平全，冯耀荣. 1999. 石油钻柱失效分析及预防 [M]. 北京：石油工业出版社.

李鹤林，路民旭. 1999. 腐蚀科学与防腐工程技术新进展 [M]. 北京：化学工业出版社.

李辉. 2011. 高温高密度钻井液研究 [D]. 东营：中国石油大学(华东).

李建平，赵国仙，郝士明. 2005. 几种因素对油套钢 CO_2 腐蚀行为影响 [J]. 中国腐蚀与防护学报，25(4)：241-244.

李静. 2000. 油套管钢腐蚀行为与机理研究 [D]. 北京：北京科技大学.

李茜. 2014. 水基钻井液防塌抑制剂及作用机理研究 [D]. 成都：西南石油大学.

李士伦，张正卿. 2001. 注气提高石油采收技术 [M]. 成都：四川科学技术出版社.

李云波，乌效鸣，黄志文，等. 2003. 生物酶在水平井钻井液中的应用 [J]. 新疆石油学院学报，15(4)：45-47.

李哲. 2011. 抗高温油基钻井液体系的研制 [D]. 北京：中国石油大学.

廖军，李海涛，王亚南，等. 2010. 低渗透气藏水平井割缝衬管完井设计 [J]. 重庆科技学院学报(自然科学版)，12(3)：55-85.

林玉珍，杨德钧. 2007. 腐蚀与腐蚀控制原理 [M]. 北京：中国石化出版社.

刘道新. 2006. 材料的腐蚀与防护 [M]. 西安：西北工业大学出版社.

刘德胜，左凤江，孟尚志，等. 2002. 特低渗砂岩油层保护剂 RP-3 的研制与应用 [J]. 石油钻采工艺，22(6)：14-19.

刘合. 2003. 油田套管损坏防治技术 [M]. 北京：石油工业出版社.

刘江华，等. 2009. 高密度水基钻井液抗高温作用机理及流变性研究 [D]. 东营：中国石油大学(华东).

刘克飞. 2009. 超高温水基钻井液技术研究与应用 [D]. 东营：中国石油大学(华东).

刘新民，吴霞. 2003. SBS 基热塑性弹性体的老化性能研究 [J]. 弹性体，13(5)：16-20.

刘兴衡. 1996. 橡胶的耐腐蚀性能及应用 [J]. 云南化工，4：18-21，30.

刘元清，刘强，李志远，等. 2002. 油田气井腐蚀因素与防护对策研究 [J]. 石油化工安全技术，18(4)：29-31.

刘震寰. 2008. 超高密度高温钻井液体系与流变性调控机理研究 [D]. 东营：中国石油大学(华东).

刘志良，周大辉，王风屏，等. 2008. 高密度甲酸钾钻井液的研究 [J]. 新疆石油天然气，4(3)：45-48.

龙凤乐，郑文军，陈长风，等. 2005. 温度、CO_2 分压、流速、pH 对 X65 管线钢 CO_2 均匀腐蚀速率的影响规律 [J]. 腐蚀预防护，26(7)：290-294.

路民旭，白权真，赵新伟，等. 2002. 油气采集储运中的腐蚀现状及典型案例 [J]. 腐蚀与防护，23(3)：105-113.

路民旭，赵新伟，赵国仙，等. 2003. 油气采集储运中的腐蚀现状及典型案例 [J]. 腐蚀与防护，23(3)：36-40.

吕占鹏，等. 1995. 二氧化碳腐蚀机理及影响因素 [J]. 石油学报，16(3)：976-979.

马涛，张贵才，葛际江，等. 2004. 改性咪唑啉缓蚀剂的合成与评价 [J]. 石油与天然气化工，33(5)：359-361.

孟翠峰，薛玲，陈曦. 2013. CO_2 驱封隔器胶件力学性能实验研究 [J]. 中国高新技术企业，15，14-16.

牛耀玉. 2000. 天然气中成膜型碳钢缓蚀剂的评价 [J]. 腐蚀与防护，(7)：306-309.

攀治海，赵国仙，吕祥鸿，等. 2004. 在模拟油田腐蚀环境中 P110 钢的 CO_2 腐蚀规律 [J]. 石油矿场机械，33(3)：45-48.

彭建雄，刘烈炜，胡倩. 2000. 碳钢在 H_2S-CO_2 体系中的腐蚀规律研究 [J]. 腐蚀与防护，21(2)：60-63.

蒲仁瑞，刘唯贤，李敏. 2003. 气井管柱腐蚀机理研究及防治 [J]. 钻采工艺，26(1)：86-88.

齐藤孝臣. 1996. 各种橡胶的老化机理 [J]. 橡胶参考资料，26(6)：9-20.

钱红莲，王平粤，陈鹰. 2005. 老化对环氧化天然橡胶分子结构及性能的影响 [J]. 应用化学，22(10)：1145-1147.

钱会，李俊亭. 1996. 混合水 pH 计算 [J]. 水力学报，7：16-22.

钱会，刘国东. 1994. 不同 P_{CO_2} 条件下水溶液中的 pH 及溶液中化学组分平衡分布计算 [J]. 中国溶岩，13(2)：137-140.

钱会，张益谦. 1995. 开放系统中 $CaCO_3$ 的溶解与沉淀对水溶液的成分及其性质的影响 [J]. 中国溶岩，14(4)：352-360.

沙东，汤新国，许绍营. 2003. 甲酸盐无固相钻井液体系在大港滩海地区的应用 [J]. 石油钻探技术，31(2)：29-32.

沈丽，等. 2014. 一种水基抗温钻井液的高温流变性研究 [J]. 石油与天然气化工，43(4)：428-432.

施里宇，等. 2008. 温度和膨润土含量对水基钻井液流变性的影响 [J]. 石油钻探技术，38(1)：20-22.

石林，蒋宏伟，郭庆丰. 2010. 易漏地层的漏失压力分析 [J]. 石油钻采工艺，32(3)：40-44.

石晓兵，陈平，徐进，等. 2006. 油气井套管 CO_2 点状腐蚀剩余强度分析 [J]. 天然气工业，26(2)：95-99.

史凯娇，等. 2011. 甲酸铯/钾无固相钻井液和完井液研究 [J]. 石油钻探技术，39(2)：73-76.

史凯娇，徐同台，彭芳芳，等. 2010. 国外抗高温高密度甲酸铯/钾钻完井液处理剂与配方 [J]. 油田化学，27(2)：227-232.

唐威，王铭，何世明，等. 2006. 油气井中的二氧化碳腐蚀 [J]. 钻采工艺，29(5)：107-110.

陶怀志. 2012. 抗高温抗盐钙水基钻井液降滤失剂合成、表征与作用机理研究 [D]. 成都：西南石油大学.

田惠等. 2015. 水基钻井液用抗高温降滤失剂的合成及性能评价 [J]. 钻井液与完井液，32(2)：34-38.

田增艳，黄达全，伍勇，等. 2006. 超低渗广谱油层保护技术在板深 51 区块的应用 [J]. 钻井液与完井液，23(2)：11-14.

王昌军，王正良，罗觉生. 2011. 南海油田低渗透储层防水锁技术研究 [J]. 石油天然气学报(江汉石油学院学报)，33(9)：113-115.

王富华，等. 2010. 高密度水基钻井液高温高压流变性研究 [J]. 石油学报，31(2)：306-310.

王富华，邱正松，丁锐，等. 2001. 氧化法消除钻井完井液固相损害的室内实验 [J]. 钻井液与完井液，18(2)：10-13.

王富华，邱正松. 2003. 复杂储层保护技术实验研究 [J]. 石油钻探技术，31(5)：42-45.

王富华，王瑞和，于雷，等. 2010. 固相颗粒损害储层机理研究 [J]. 断块油气田，17(1)：105-108.

王富华. 2009. 抗高温高密度水基钻井液作用机理及性能研究 [D]. 青岛：中国石油大学.

王贵, 等. 2008. 水基钻井液高温高压密度特性研究 [J]. 石油钻采工艺, 30(3)：38-41.

王健. 2014. 高温高压全油基钻井液流变性研究与评价 [J]. 辽宁化工, 11.

王利中. 2003. 甲酸盐钻井完井液体系室内研究 [J]. 西部探征工程, 15(7)：77-79.

王书礼, 唐许平, 李伯虎. 2001. 低渗透油藏水平井开发设计研究 [J]. 大庆石油地质与开发, 20(1)：23-24.

王思静, 熊金平, 左禹. 2009. 橡胶老化机理与研究方法进展 [J]. 合成材料老化与应用, 38(2)：23-33.

王娅莉. 1994. 金属腐蚀及油田设备防腐 [M]. 哈尔滨：哈尔滨工程大学出版社.

王业飞, 由庆, 赵福麟. 2006. 一种新型咪唑啉复配缓蚀剂对 A3 钢在饱和 CO_2 盐水中的缓蚀性能田 [J]. 石油学报, 22(3)：74-78.

王正波, 岳湘安, 韩冬. 2007. 黏土矿物及流体对低渗透岩心渗流特征的影响 [J]. 油气地质与采收率, 14(2)：89-92.

王中华. 2009. 超高温钻井液体系研究（I）—抗高温钻井液处理剂设计思路 [J]. 石油钻探技术, 37(3)：1-7.

王中华. 2011. 国内外超高温高密度钻井液技术现状与发展趋势 [J]. 石油钻探技术, 39(2)：1-7.

王中华. 2012. 关于聚胺和"聚胺"钻井液的几点认识 [J]. 中外能源, 11(1)：36-41.

魏宝明. 1984. 金属腐蚀理论及应用 [M]. 北京：化学工业出版社.

吴亮. 2010. 低渗透油藏水平井试井分析及应用 [J]. 西部探矿工程, 22(10)：44-47.

吴诗平, 鄢捷年. 2003. 国外保护油气层钻井液技术新进展 [J]. 中国海上油气(地质), 17(4)：280-284.

肖纪美. 2006. 不锈钢的金属学问题 [M]. 北京：冶金工业出版社.

谢晓永, 孟英峰, 唐洪明, 等. 2008. 裂缝性低渗砂岩气藏水基钻井液欠平衡钻井储层保护 [J]. 石油钻探技术, 28(5)：51-53.

徐同台, 赵敏, 熊友明. 2003. 保护油气层技术 [M]. 2 版. 北京：石油工业出版社, 68-100.

许房燕, 杨军, 胡锌波, 等. 2001. 低渗透油藏水平井技术应用难点分析 [J]. 特种油气藏, 8(4)：36-39.

鄢捷年, 等. 2005. 深井油基钻井液在高温高压下表观黏度和密度的快速预测方法 [J]. 石油钻探技术, 33(5)：35-39.

鄢捷年. 2001. 钻井液工艺学 [M]. 北京：石油大学出版社.

阎醒. 2001. 用作钻井液和完井液的甲酸盐溶液 [J]. 钻采工艺, 24(5)：77-80, 90.

颜红侠, 张秋禹. 2002. 油气开发中 CO_2 腐蚀及其缓蚀剂的选用 [J]. 应用化工, 31(1)：7.

杨凤丽, 侯中昊. 2003. 油层伤害：原理、模拟、评价和防治 [M]. 北京：石油工业出版社.

杨仕伟. 2014. 有机_无机杂化碱激发抗高温降失水剂的研制 [D]. 北京：中国地质大学.

杨文治. 1989. 缓蚀剂 [M]. 北京：化学工业出版社.

杨小华. 2012. 国内超高温钻井液研究与应用进展 [J]. 中外能源, 17：42-44.

杨晓波. 2013. 溴化丁基橡胶装置的腐蚀及防腐蚀措施 [J]. 石油化工腐蚀与防护, 30(3)：30-32.

杨晓露, 曾德智, 曹大勇, 等. 2012. 橡胶 O 型圈的抗酸性介质腐蚀性能 [J]. 合成橡胶工业, 35(6)：420-424.

姚晓. 1998. CO_2 对油气井管材腐蚀的预测与防护 [J]. 石油钻采工艺, 20(3)：44-49.

姚晓, 冯玉军. 1996. 国内外气田开发中管内 CO_2 腐蚀研究进展 [J], 油气储运, 15(2)：97-99.

姚晓, 冯玉军. 1996. 气田开发中 CO_2 对井内管线的腐蚀及预防 [J]. 钻采工艺, 19(6)：31-32.

叶春艳, 王占榜, 任呈强, 等. 2004. J55 油钢管及其镍磷镀层的抗 CO_2 腐蚀性能研究 [J]. 石油矿场机械, 33(2)：25-26.

易灿. 2009. 超深井水基钻井液高温高压流变性试验研究 [J]. 石油钻探技术, 27(1)：10-13.

阴艳芳. 2007. 水平井技术在薄层低渗透油藏开发中的应用 [J]. 石油地质与工程, 21(6)：49-52.

油气田腐蚀与防护技术手册编委会. 1999. 油气田腐蚀与防护技术手册(上) [M]. 北京：石油工业出版社.

岳前升, 白超峰, 张育, 等. 2014. 东方 1-1 气田 I 气组储层损害机理研究 [J]. 长江大学学报(自科版),

11(31)：116-118.

岳前升，向兴金，范山鹰，等．2005．东方 1-1 气田水平井钻井液技术［J］．天然气工业，25（12）：62-64.

臧伟伟，徐同台，赵忠举，等．2010．甲酸铯及其他甲酸盐水溶液的物理化学特性．油田化学，27（1）：100-106.

张斌．2010．超深井、超高温钻井液技术研究［D］．北京：中国地质大学.

张军平，章丘禹，颜红侠，等．2003．高效气-液双相缓蚀剂的研究［J］．腐蚀科学与防护技术，15（4）：241-243.

张林霞．2006．大牛地气田套管内腐蚀防护技术［D］．成都：西南石油大学.

张清，李全安，文九巴，等．2004．CO_2 分压对油管钢 CO_2/H_2S 腐蚀的影响［J］．钢铁研究学报，16（4）：72.

张三平，萧以德．2002．应重视西部环境对材料的腐蚀［J］．材料保护，35（7）：8-10.

张绍槐，罗平亚．1995．保护储集层技术［M］．北京：石油工业出版社，25-85.

张锡波，林文兴．2001．肯西油田的井下腐蚀与化学防腐蚀［J］．油田化学，18（3）：235-237.

张晓黎．2009．低渗透油藏水平井开发渗流规律研究［D］．中国石油大学（华东），1-81.

张学元，邸超，雷良才．2000．二氧化碳腐蚀与控制［M］．北京：化学工业出版社.

张学元，王凤平，于海燕，等．1997．二氧化碳腐蚀与防腐对策研究［J］．腐蚀与防腐，18（3）：104-107.

张琰，崔迎春．2000．低渗气藏主要损害机理及保护方法的研究［J］．地质与勘探，35（5）：76-78.

张燕芬，刘鹤鸣．2007．国内外油气井抗 CO_2 腐蚀缓蚀剂的研究进展［J］．当代石油化工，15（9）：21-24.

张燕芬，刘鹤鸣．2007．国内外油气井抗 CO_2 腐蚀缓蚀剂的研究进展［J］．石油和化工设备，（4）：53-57

张英菊，王荣良，彭乔，等．2003．含氮杂环季按缓蚀剂在 $CO_2-3‰$ NaCl 溶液体系中的电化学行为［J］．材料保护，36（8）：26-27.

张友南，杨军，陈忠海．2002．天然橡胶制品抗疲劳性能的因素简析［J］．世界橡胶工业，29（6）：35-39.

张育林．1993．CO_2 对气井油管的腐蚀—川 100 井的腐蚀实例［J］．天然气工业，（13）：72-76.

张忠铧，郭金宝．2000．CO_2 对油气管材的腐蚀规律及国内外研究进展［J］．宝钢技术，（4）：54-58.

张忠铧，黄子阳，郭全金．2002．经流型抗 CO_2 腐蚀油管用低合金钢的研究［J］．宝钢技术，（4）：37-40.

赵春鹏，李文华，张益，等．2004．低渗气藏水锁伤害机理与防治措施分析［J］．断块油气田，11（3）：45-46.

赵峰，唐洪明，王生奎，等．2011．钻井液浸泡时间对返排效果的影响模拟研究［J］．西南石油大学学报（然科学版），33（5）：126-130.

赵国仙，陈长风，白权真，等．2002．LN5 井油管腐蚀掉井原因分析［J］．理化检验（物理分册），38（3）：31-32.

赵国仙，陈长风，路民旭．2002．添加 Cr 对碳钢在 CO_2 水溶液中耐蚀性的影响［J］．材料保护，（8）：15-16.

赵国仙，严密林，路民旭，等．1998．石油天然气工业中 CO_2 腐蚀的研究进展［J］．腐蚀与防腐，19（2）：51-54.

赵红，麒麟，吴庆华．2008．化工设备中应力腐蚀的机理及防护［J］．现代化工，28（增刊1）：67-68.

赵胜英，等．2009．油基钻井液高温高压流变参数预测模型［J］．石油学报，30（4）：603-606.

赵淑芬．2009．胜利油田低渗透稠油区水平井钻井技术及应用［J］．科技成果管理与研究，（4）：56-60.

赵志正．1972．耐化学橡胶在强腐蚀液中的耐磨性［J］．生胶与橡皮，2：25-26.

郑家燊，傅朝阳，刘晓武，等．1999．中原油田文 23 气田气井腐蚀原因分析［J］．中国腐蚀与防护学报，18（3）：227.

郑家燊，吕战鹏，彭芳明．1994．新型咪唑啉类缓蚀剂的合成、结构表征及缓蚀性能研究［J］．油田化学，11（2）：163-167.

郑家燊．1996．二氧化碳腐蚀机理［J］．断块油气田，1（3）：62-65.

植田昌克．2005．合金元素和显微结构对 H_2S/CO_2 环境中腐蚀产物稳定性的影响［J］．石油与天然气化工，34（1）：43-52.

中国腐蚀与防腐学会. 2001. 石油工业中的腐蚀与防护［M］. 北京：化学工业出版社.

中国科学院. 1984. 金属腐蚀与防护研究所和四川石油管理勘察设计研究院. 油气工业用钢的 CO_2 腐蚀研究（鉴定资料汇编）.

钟汉毅. 2012. 聚胺强抑制剂研制及其作用机理研究［D］. 东营：中国石油大学(华东).

周波，崔润炯. 2003. 浅谈 CO_2 对油井管的腐蚀及抗蚀套管的开发现状［J］. 钢管，(32)：21-24.

周琦，徐鸿麟，周毅，等. 2004. 二氧化碳腐蚀研究进展［J］. 兰州理工大学学报，30(6)：30-34.

周琦，朱学谦. 2002. 高含水油藏开发效果评价［J］. 新疆石油学院学报，14(4)：53-56.

朱达江，林元华，邹大鹏，等. 2014. CO_2 驱注气井封隔器橡胶材料腐蚀力学性能研究［J］. 石油钻探技术，42(5)：126-130.

朱景龙，孙成，王佳，等. 2007. CO_2 腐蚀及控制研究进展［J］. 腐蚀科学与防护技术，19(5)：350-353.

朱自强. 2000. 超临界流体技术——原理和应用［M］. 北京：化学工业出版社.

GB/T 528—2009. 硫化橡胶或热塑性橡胶拉伸应力应变性能的测定［S］.

SY/T5358—2010. 储层敏感性流动实验评价方法［S］.

Ahmadi Tehrani，Angelika Cliffe，Michael H. Hodder，et al. 2014. Alternative drilling fluid weighting agents：a comprehensive study on ilmenite and hematite. SPE 167937.

Al-Otaibi M A，BinMoqbil K H，et al. 2013. Single-stage chemical treatment for oil-based mud cake cleanup：lab studies and field case. 127795-MS.

Al-Saeedi M J，Al-Khayyat B，Al-Enezi D，et al. 2010. Successful HPHT application of potassium formate/manganese tetra-oxide fluid helps improve drilling characteristics and imaging log quality. SPE 132151.

ArildSaasen，David Burkhead，Per Cato Berg，et al. 2002. Drilling HT/HP Wells using a cesium formate based drilling fluid. SPE74541.

Audibert A. Argllier J F，Iadva K J. 1999. Role of polymers on formation damage［J］. SPE 54767.

Barklm，Cunha J C. 2009. Olefin-based synthetic-drilling-fluid volumetric behavior under downhole condition［R］. SPE108159.

Benjamin Heahaft，lionel rousseau. 2003. Influence of temperature and clay/emulsion microstructure on oil-based mud low shear rete Rheology. SPE86197.

Benjamin Herzbaft，Lionel Rousseau. 2003. Influence of temperature and clays/emulsion microstructure on oil-based mud low shear rate rheology. SPE 86197.

Bennion D，et al. 2013. Formation damage processes reducing productivity of low permeability gas reservoirs. SPE 60325.

B F M Pots，R C John. 2002. Improvement on de-waard milliams corrosion prediction and application to corrosion management. Corrosion，(02)：02235.

Carneiro R A，et al. 2003. The influence of chemical composition and microstructure of API linepipe steel on hydrogen induced cracking and sulfide stress corrosion cracking［J］. Materials Science and engineering A，357：104-111.

Chauveteau G，Nabzar L，Coste J P，et al. 1998. Physics and modeling of per-meability damage induced by particle deposition［J］. SPE 39463.

Crolet J L. 1994. Predicting CO_2 corrosion in oil and gas industry［J］. London：The institute of Materials.

David Carbajal，Charlotte Burress，Bill Shumway，et al. 2009. Combining proven anti-sag technologies for HPHT North Sea applications：clay-free oil-based fluid and synthetic，sub-micron weight material. SPE119378.

Davison J M. Jones M. 2001. Oil-based muds for reservoir drilling：their performance and clean-up characteristics. SPE 72063.

Downs J. 2011. Life without barite：ten years of drilling deep HPHT gas wells with cesium formate brin. SPE 145562.

Downs J D，Blaszcynski M，Turner J，et al. 2006. Drilling and completing difficult HP/HT wells with the aid of cesium formate Brines-a performance review，SPE 99068.

Dye W, Daugereau K, Hansen N, et al. 2006. New water-basedmud balances high-performance drilling and environmental compliance [J]. SPE Drilling &. Completion, 21(4): 255-267.

Elkatatny M S, Nasr-El-Din A H, Al-Bagoury M, et al. 2012. Evaluation of micronized ilmenite as weighting material iwater-based drilling fluids for HPHT applications. SPE163377.

EmanuelStamatakis, Steve Young, Guido De Stefano. 2012. Meeting the ultra HTHP fluid challenge. SPE 153709.

Erik Hoover, John Treneiy, Greg Mullen, et al. 2009. Water based fluid designed for depleted tight gas sands eliminates NPT. SPE/IADC Drilling Conference. Marchl 7-19.

Fierro G, et al. 1989. XPS-investigation on the corrosion behavior of 13Cr martensitic stainless steel in CO_2-H_2S-Cl environment [J]. Corrosion, 45(10): 814-821.

Friedheim J E. 1990. Second-generation synthetic drilling fluids [J]. SPE 38251.

Gregoire Michel, Hodder Mike, Peng Shuangjiu, et al. 2009. Successful drilling of a deviated, ultra-hthp well using a micronised barite fluid. SPE/IADC 119567.

Gregoire Michel, Hodder Mike, Peng Shuangjiu, et al. 2009. Successful drilling of a deviated, ultra-hthp well using a micronised barite fluid. SPE/IADC 119567.

Hamed Soroush, Vamegh Rasouli. 2011. A novel approach for breakout zone identification in tight gas shale. 143072-MS.

Hausler R H, Stegmann D E. 1988. CO_2 corrosion and its prevention by chemical inhibition oil and gas production [J]. corrosion, 44(1): 5-9.

Hayatdavoudi A, Ghalambor A. 1998. Controlling formation damage caused by kaolinite clay minerals [J]. SPE39464.

Ikeda A, Ueda M, Muka S. 1983. CO_2 behavior of carbon and Cr steels in hausler R H. Giddard HP(EDS). Corrosion Paper NACE, 39 : 131-137.

Ikede A, Uede M. 1994. CO_2 Corrosion Behavior of Containing Steel [A]. A working peport on predicting CO_2 corrosion in oil and gas industry [C]. Houston USA , 59 -63.

Ives K J A. 1985. Mathematical models and design methods in solid-Liquid speration [M]. Rushton: Martinus Nijhoff Publisher.

J Electrochem Soc, 119(11): 1457.

JUVKAM-WELDH C, WU Jiang. 1992. Casing deflection andcentralizer spacing calculation [J]. SPE Drilling Engineering, December, 268-274.

Kaishu Guan, Xinghua Zhang, Xuedong Gu, et al. 2005. Failure of 304 stainless bellows expansion joint [J]. Engineering Failure Analysis, 12: 387-399.

Kerman M B, Morshed A. 2003. Carbon dioxide corrosion in oil gas production-A compendium critical review of corrosion science and engineering [J]. Corrosion, (59)8: 659-683, Nace Intenational.

Ladva H K J, Brady M E, Sehgal P, et al. 2001. Use of oil-based reservoir drilling fluids in Open-hole horizontal gravel-packed completions: damage mechanisms and how to avoid them. 68959-MS.

Lee J, Shadravan A, Young S. 2012. Rheological properties of invert emulsion drilling fluid under extreme HPHT conditions [C]. SPE 151413.

Lohodny-Sarc O. 1994. Corrosion in oil gas drilling and production operations. A working party report on corrosion inhibitions, 104-120.

Mao X. Liu X. Revie X W. 1994. Pitting corrosion of pipeline steel in dilute bicarbonate solution with chloride ions [J]. Corrosion, 50(9): 651-657.

Masamura K, et al. 1987. Polarization behavior of high-alloy OCTG in CO_2 environment as affected by chlorides and sulfides [J]. Corrosion, 43(6): 359-368.

Mcmordie W C, Bland R, Hauser J M. 1982. Effect of temperature and pressure on the density of drilling fluids. SPE 11114.

Michael A S, Saeed A R, Darrell F. 2009. Application and recycling of sodium and potassium formate brine drilling fluids for ghwar field HT gas wells [R]. OTC 19801.

Miller. 2009. Drilling fluids containing biodegradable organophilic clay. US: EP7521399.

Nikolaevskily, et al. 2002. The near-well state of stress and induced rock damage. SPE 58716.

Nilskageson-lee, Russell Watson, Ole locabPrebensen, et al. 2007. Formation-damage observation on oil-based-fluid systems weighted with treated micronized barite [C]. SPE 107802.

Ping Jiang, Knut Taugbol. New low-solids oil-based mud demonstrates improved returns as a perforating kill pill. SPE 83696.

Ping Jiang, KuntTaugbo. 2003. New low solids oil-based mud demonstrafes improved returns as a perforating kill pill. SPE 83696.

Randolph B S, Young G A , Dorrough S D. 1992. Use of a unique weighting agent for slimhole drilling. SPE 24595.

Robert J, Chin. 1972. Electrodissolution kinetics of iron in chloride solution [J].

Rommetveit R, et al. 1997. Temperature and pressure effects on drilling fluid rheology and ECD in very deep wells [J]. SPE/IADC.

Russell E Lewis, David Barbin. 2000. Selecting internal coatings for sweet oil well tubing service. Naceinternational, (02).

Schmitt G. 1984. Famdamental aspects of CO_2 corrosion in Hausler R H. Giddard HP(EDS)advances in CO_2 corrosion. NACE(I), Houston Texas, 3: 43-51.

Srinivasan S, et al. 1999. Experimental simulation of multiphase CO_2/H_2S system [J] . Corrosion, 55 (4): 1168-1182.

Tchis tiakov A. 2000. A colloid chemistu of in-situ clay induced formation damage. SPE 58747.

Tsai S. Y, Shih H C. 1996. A statistical failure distribution and lifetime assessment of the SHLA steel plates in H_2S containing environments [J]. Corrosion Science, 38: 705-712.

U. S. Department of Energy. Energy Information Administration. 2006. International Energy Outlook 2006. DOE/EIA-0484.

Vedage H, et al. 1993. Electrochemical growth of iron sulfide films in H_2S-saturated chloride media [J]. Corrosion, 49(2): 114-121.

Videm K, Dugstad A. 1990. Effect of flow velocity, pH, Fe^{2+} and steel guality on the CO_2 corrosion of carbon steels [C]. NACE Corrosion, Houston USA .

Videm K. 1992. The effect of some envirment variables on the aqueous CO_2 corrosion of carbon steels, A working party report on prediction CO_2 corrosion in oil and gas industry, 134-150.

Vikrant Wagle, Shadaab Maghrabi, Kushabhau Teke, et al. 2012. Making good HPHT invert emulsion fluids great. SPE 153705.

Waard C, Lozt U. 1994. Prediction of CO_2 corrosion of carbon steel [A]. A working party report on prediction CO_2 corrosion in oil and gas corrosion of carbon steel [C]. Corrosion'94, Houston, TX: NACE International, 1-21.

Woha Godwin(Jnr), Joel Ogbonna, Oriji Boniface. 2011. Advances in mud design and challenges in HPHT wells. SPE 150737.